高等学校教材

化学化工软件应用教程

胡桂香　主　编

卢运祥　金海晓　副主编

化学工业出版社

·北京·

本书介绍了 7 款常用化学化工软件的应用,从内容上分为三部分。前两章为统计分析软件,介绍了 Origin 和 Statistica 软件的基本操作和主要应用,第 3~5 章为化学计算软件,介绍了 Gaussian、ChemOffice 和 Tsar 软件的基本操作以及其在量子化学计算、化学结构式及反应流程绘制、定量构效关系等方面的应用,第 6 章和第 7 章为制图软件,介绍了 AutoCAD 和 SmartDraw 软件在化工制图方面的应用。

本书图文并茂,实例丰富,既可作为化学、化工、制药等专业高年级本科生的教材,同时也可作为相关专业大学生和研究生、科技人员的教学或科研参考用书。

图书在版编目(CIP)数据

化学化工软件应用教程 / 胡桂香主编. —北京:化学工业出版社,2013.7(2023.2 重印)
高等学校教材
ISBN 978-7-122-17377-5

Ⅰ. ①化⋯　Ⅱ. ①胡⋯　Ⅲ. ①化学-应用软件-高等学校-教材　②化学工业-应用软件-高等学校-教材
Ⅳ. ①06-39②TQ-39

中国版本图书馆 CIP 数据核字(2013)第 102194 号

责任编辑:窦　臻　陆雄鹰　　　　　　　文字编辑:郑　直
责任校对:蒋　宇　　　　　　　　　　　装帧设计:王晓宇

出版发行:化学工业出版社(北京市东城区青年湖南街 13 号　邮政编码 100011)
印　　装:北京建宏印刷有限公司
787mm×1092mm　1/16　印张 21　字数 521 千字　　2023 年 2 月北京第 1 版第 6 次印刷

购书咨询:010-64518888　　售后服务:010-64518899
网　　址:http:// www. cip. com. cn
凡购买本书,如有缺损质量问题,本社销售中心负责调换。

定　　价:49.00 元　　　　　　　　　　　　　　　　版权所有　违者必究

前　言

随着现代科技的飞速发展，计算机技术已经广泛应用到化学化工的各个领域，应用化学化工软件来解决实际问题是新技术发展的必然趋势，将计算机引入大学专业教学是当今教育改革的基本特征。一个成熟的化学化工专业工作者应当熟练地使用相关的软件，使自己的工作更加方便、高效与可靠。化学化工行业中需要利用计算机来解决的问题涉及很多方面，因此，出现了各式各样的化学化工工具软件，但这些软件的应用方法介绍多散见于书刊或软件说明书，很少有将这些软件有机结合在一起的实例教程。因此，涉及化学化工方面软件应用教程的编写对于培养具有创新意识和应用能力的专业人才以及今后我国化学化工业健康稳步的发展具有十分重要的意义。

近年来，国内关于化学化工软件应用的书籍陆续出版了一些，但其内容各有侧重。编写一部针对性强、实用性强、涉及面广的教程已经迫在眉睫。编者曾对毕业的学生进行调查，学生普遍反映，工作中经常用到专业软件解决实际问题，可是由于没有接受过系统训练，使用起来束手束脚，甚至不了解什么软件可以解决什么样的问题；而国内有些高校已经意识到培养学生软件使用能力的重要性，开始设置相关课程的教学。

在这样的背景下，我们编写了这部《化学化工软件应用教程》。本教程涉及三大类型共7个软件：统计分析类软件，包括 Origin 和 Statistica；化学计算类软件，包括 Gaussian、ChemOffice 和 Tsar；工程制图类软件，包括 AutoCAD 和 SmartDraw。每章对应一个软件，介绍内容包括：软件基本介绍，操作界面，应用方法，应用实例，习题，参考文献等。本书既可作为化学、化工、制药等专业高年级本科生的教材，同时也可作为相关专业大学生和研究生、科技人员的教学或科研参考书使用。

本书具有以下特色。

1. **定位清晰**　本书定位为本科生教材，力求通俗易懂、条理清晰。撰写的内容可以满足一个初学者拿到本书即可比较轻松地使用软件。

2. **涉及面广**　涉及三大类型共7个软件，涵盖了化学及化工类常用软件。

3. **实用性强**　针对专业问题介绍软件，突出化学化工软件的实例应用，重点培养使用者的知识应用能力。另外，通过专业实例来学习软件，初学者更容易接受和理解，学习起来不再枯燥。

4. **图文并茂，实例丰富**　图文并茂可以实现一本书"手把手"地教。参与编写的人员对所编写的软件具有丰富的教学经验或长期应用软件进行科研工作，对软件的应用非常熟练，针对软件有丰富的科研成果，并作为实例编写入教程。

本书由浙江大学宁波理工学院胡桂香组织编写。第1章和第6章由浙江大学宁波理工学院张艳执笔；第2章和第4章由胡桂香执笔；第3章由华东理工大学卢运祥执笔；第5章由宁波大学金海晓执笔，第7章由浙江大学宁波理工学院雷引林执笔完成。全书的校对、统稿工作和最后的审阅由胡桂香完成。

在编写过程中，我们得到了化学工业出版社的大力支持，在此表示衷心的感谢。

本书编写力求严谨，但由于编者的水平有限，书中的疏漏及不足在所难免，殷切希望读者不吝批评指正。

编　者

2013 年 5 月

目 录

第1章 Origin

Origin 是美国 OriginLab 公司（其前身为 Microcal 公司）开发的图形可视化和数据分析软件，是科研人员和工程师常用的高级数据分析和制图工具。Origin 是公认的简单易学、操作灵活、功能强大的软件，既可以满足一般用户的制图需要，也可以满足高级用户数据分析、函数拟合的需要。Origin 自 1991 年问世以来，由于其操作简便、功能开放，很快就成为国际流行的分析软件之一，是公认的快速、灵活、易学的工程制图软件。本章将对 Origin 7.0 版的软件及模块功能进行介绍。

1.1 软件功能介绍

使用 Origin 就像使用 Excel 和 Word 那样简单，只需点击鼠标，选择菜单命令就可以完成大部分工作，获得满意的结果。Origin 是个多文档界面应用程序。它将所有工作都保存在 Project(*.OPJ)文件中，该文件可以包含多个子窗口，如 Worksheet、Graph、Matrix、Excel 等，各子窗口之间是相互关联的，可以实现数据的即时更新。子窗口既可以随 Project 文件一起存盘，也可以单独存盘，以便其他程序调用。

Origin 具有两大主要功能：数据分析和绘图。Origin 的数据分析主要包括统计、信号处理、图像处理、峰值分析和曲线拟合等各种完善的数学分析功能。准备好数据后，进行数据分析时，只需选择所要分析的数据，然后再选择相应的菜单命令即可。Origin 的绘图是基于模板的，Origin 本身提供了几十种二维和三维绘图模板，而且允许用户自己定制模板。绘图时，只要选择所需要的模板就可以了。用户可以自定义数学函数、图形样式和绘图模板；可以和各种数据库软件、办公软件、图像处理软件等方便地连接。Origin 可以导入包括 ASCII、Excel、pClamp 在内的多种数据。另外，它可以把 Origin 图形输出为多种格式的图像文件，譬如 JPEG、GIF、EPS、TIFF 等。

1.2 主 界 面

Origin 软件的主界面如图 1-1 所示。主界面包含 5 个区，分别为菜单栏、常用工具栏、辅助工具栏、数据统计绘图工具栏及数据分析区。

菜单栏位于主界面的最上边，单击每项菜单均会出现与菜单相关的命令。

常用工具栏位于菜单栏下方，主要提供新建、打开、数据导入、打印、视图放大缩小等功能；辅助工具栏位于最左侧，提供了可供选择的绘图工具，同时还提供了文字编写功能；数据统计绘图工具栏位于数据分析区的左下方，主要提供图形绘制功能。以上工具栏中彩色实标显示表示选择该项工具可执行相关操作，灰色虚标显示表示该工具不可执行，工具栏中的命令在菜单栏下拉菜单中均有对应的操作命令。

数据分析区位于灰色空间，在里面可以出现类似于 Excel 的表格。将数据输入该表格，即可运用相应工具进行数据分析及绘图工作，所绘制的图形也同样可以出现在该灰色区域中。表格和图形可同时多个进行操作。

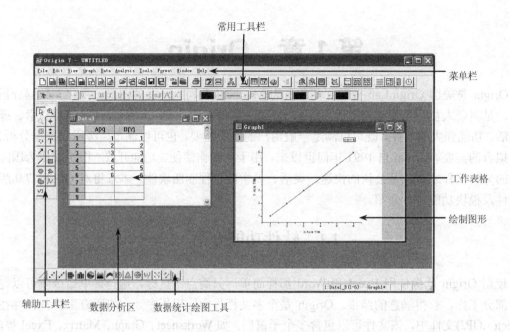

图 1-1　Origin 的主界面（激活图形窗口时）

1.2.1　菜单栏

Origin 软件共有两套菜单，当激活"绘制图形"的窗口时，菜单栏显示如图 1-1 所示；而当激活"表格"窗口时，菜单栏显示如图 1-2 所示。

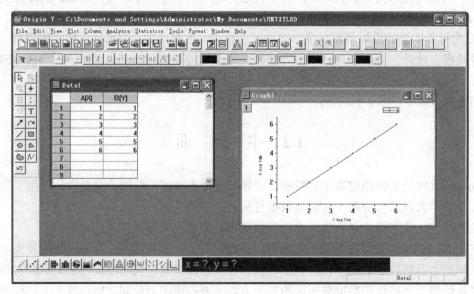

图 1-2　Origin 的主界面（激活表格窗口时）

1.2.1.1　图形窗口菜单

图形窗口菜单中共有 10 项，分别为 File，Edit，View，Graph，Data，Analysis，Tools，

Format，Window，Help。每项菜单下又包含与之相关的各项命令。如果命令后有三角符号，则表明该条命令有子菜单；如果命令显示为灰色，表示该条命令暂时尚未激活；如果命令后有"…"，则表明该命令被激活后会出现对话框，进行指令或参数的输入后，才能完成该项命令。在某些命令后面所显示的为快捷键，即按照菜单中所显示的键盘按键操作也可以实现该命令的调用。如在 Copy Page 后面有 Ctrl+J，这表明同时按下 Ctrl 键和 J 键，即可调用 Copy Page 命令，即复制命令。

（1）File 菜单　主要对数据分析文件进行相关操作，如新建（New）、打开（Open）、关闭（Close）、保存（Save Project）、另存为（Save Project As）等。也可以进行数据导入（Import ASCII）和图形导入（Import Image）操作，如图 1-3 所示。

（2）Edit 菜单　主要对绘图进行剪切（Cut）、复制（Copy 和 Copy Page）、粘贴（Paste）、添加坐标轴[New Layer（Axes）]和坐标图旋转（Rotate Page）等操作（见图 1-4）。

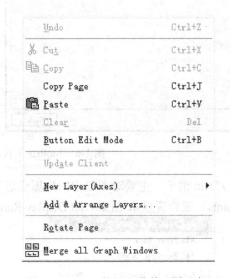

图 1-3　Origin 的 File 菜单（图形窗口）　　　图 1-4　Origin 的 Edit 菜单（图形窗口）

（3）View 菜单　主要进行工具栏的设定（Toolbars）、视图模式（View Mode）、视图的放大（Zoom In）或缩小（Zoom Out），甚至可以全屏显示视图窗口（Full Screen）等操作（见图 1-5）。其中，当激活 Toolbars 后，会出现如图 1-6 所示的对话框。在对话框中的 Toolbars 一栏中显示的是 Origin 软件中的各种工具名称，勾选其前面的复选框，即可在工具栏中显示相应的工具命令；也可单击 Button Groups 标签，根据相应图标选择工具种类。

（4）Graph 菜单　主要对数据进行分析后进行坐标图的绘制，包括直线图（Line）、散点图（Scatter）、直线符号图（Line+Symbol）、柱状图（Column）或面积图（Area）等。另外，对某些数据的输入作图时，该命

图 1-5　Origin 的 View 菜单（图形窗口）

令可将该数值的相对误差（Add Error Bars）也在图形上标出。**Graph** 菜单还可实现增加图标（New Legend）、改变 X-Y 坐标轴的位置（Exchange X-Y Axis）等功能（见图 1-7）。

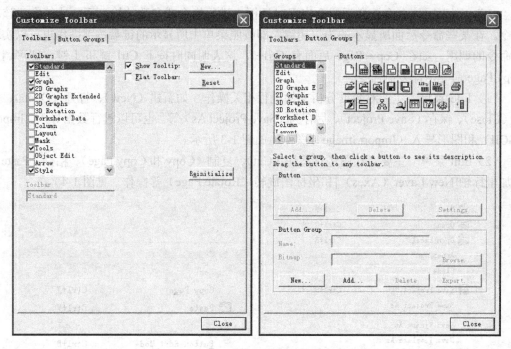

图 1-6　Toolbar 工具对话框（图形窗口）

（5）**Data 菜单**　主要对图形中的数据点进行移动（Move Data Points）、删除（Remove Bad Data Points）或设置显示范围（Set Display Range）等操作（见图 1-8）。

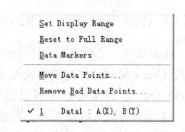

图 1-7　Origin 的 Graph 菜单（图形窗口）　　　　图 1-8　Origin 的 Data 菜单（图形窗口）

（6）**Analysis 菜单**　主要对数据点进行平滑（Smoothing）、上下移动（Translate）、微分（Differentiate）、积分（Integrate）以及拟合（线性 Fit Linear、多项式 Fit Polynomial、指数衰减拟合 Fit Exponential Decay、指数增长拟合 Fit Exponential Growth、S 曲线 Fit Sigmoidal、高斯 Fit Gaussinan、多峰 Fit Multi-peaks）等操作（见图 1-9）。其中，指数衰减拟合和指数增长拟合可以按照不同阶数进行拟合。

（7）**Tools 菜单**　可以对绘图窗口进行选项（Options）和层（Layer）控制；提取峰值（Pick Peaks）；绘制基线（Baseline）和平滑（Smooth）；也可以进行线性（Linear Fit）、多项式（Polynomial Fit）和 S 曲线（Sigmoidal Fit）拟合，见图 1-10。

图 1-9 Origin 的 Analysis 菜单（图形窗口）

（8）Format 菜单 可以进行控制菜单格式（Menu）；改善图形页面（Page）、图层（Layer）和线条样式（Plot）控制；栅格捕捉（Snap Axes to Grid 和 Snap Objects to Grid）；坐标轴样式控制（Axes）和调色板（Color Palette）等操作，如图 1-11 所示。

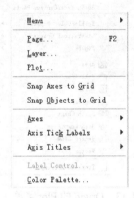

图 1-10 Origin 的 Tools 菜单（图形窗口）　　　　图 1-11 Origin 的 Format 菜单（图形窗口）

（9）Window 菜单 包括对主界面窗口的调整命令。

（10）Help 菜单 帮助命令。

1.2.1.2 表格窗口菜单

表格窗口菜单中共有 11 项，分别为 File，Edit，View，Plot，Column，Analysis，Statistics，Tools，Format，Window，Help。每项菜单下又包含与之相关的各项命令，如图 1-12 所示。虽然从菜单上看，表格窗口菜单与图形窗口菜单有某些重复的菜单名称，但在子命令上却有不同的功能。

图 1-12 Origin 的菜单（表格窗口）

File、Edit、View、Window、Help 的命令功能与图形窗口的命令相似，这里不再赘述。

（1）Plot 菜单　主要对表格数据进行统计分析后进行绘图的命令工具，主要提供二维绘图（直线 Line、散点 Scatter、直线加符号 Line+Symbol、特殊线加符号 Special Line/Symbol、条状图 Bar、柱状图 Column、特殊条/状图 Special Bar/Column 和饼图 Pie）、三维绘图（3D）、气泡/彩色映射图（Bubble/Color Mapped）、统计图（Statistical Graphs）、图形版面布局（Panel）、特种绘图（面积图 Area、极坐标图 Polar、向量 Vector 等）和模板（Template Library），见图 1-13。

（2）Column 菜单　主要对数列进行功能操作，比如设置列的属性（将选中的某列数据作为 X 轴/Y 轴/Z 轴 Set as X/Y/Z，将选中的某列数据设置为 X/Y 轴的误差列 Set as X/Y Error），增加列（Add New Columns）等，见图 1-14。

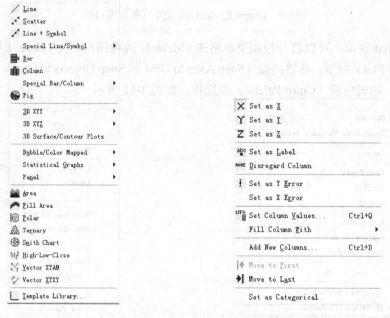

图 1-13　Origin 的 Plot 菜单（表格窗口）　　　图 1-14　Origin 的 Column 菜单（表格窗口）

（3）Analysis 菜单　进行工作表数据的提取（Extract Worksheet Data）；排序（Sort Columns，升序 Ascending，降序 Descending）；数字信号处理（快速傅里叶变换 FFT、相关 Correlate、卷积 Convolute、解卷 Deconvolute）；非线性曲线拟合（Non-linear Curve Fit）等，见图 1-15。

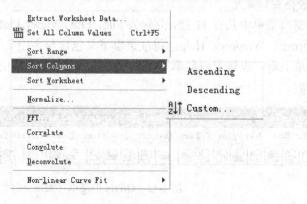

图 1-15　Origin 的 Analysis 菜单（表格窗口）

（4）Statistics 菜单　对工作表数据进行描述统计（Descriptive Statistics）、假设统计（Hypothesis Testing）、方差分析（ANOVA）、生存分析（Survival Analysis）等，见图 1-16。

（5）Tools 菜单　与图形窗口中的 Tools 命令稍有不同，该命令除了可以进行选项控制（Options），线性（Linear Fit）、多项式（Polynomial Fit）和 S 曲线（Sigmoidal Fit）拟合以外，还增加了对工作表脚本设置的操作命令（Worksheet Script），见图 1-17。

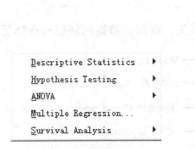

图 1-16　Origin 的 Statistics 菜单（表格窗口） 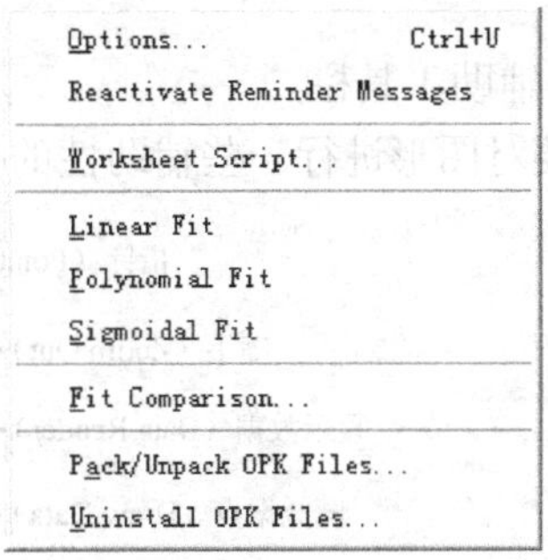　　　图 1-17　Origin 的 Tools 菜单（表格窗口）

（6）Format 菜单　与图形窗口中 Format 命令的不同之处为，该命令除了可以进行菜单设置（Menu）、栅格捕捉（Snap to Grid）和调色板（Color Palette）以外，还可以对工作表（Worksheet）以及数列（Column）的显示进行控制，见图 1-18。

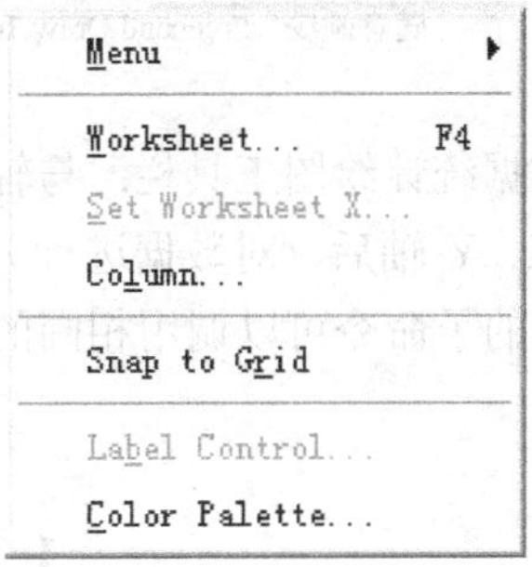

1.2.2　工具栏

工具栏由常用工具栏、辅助工具栏、数据统计绘图工具栏三部分组成，其功能的调用可以通过直接单击相应图标获得，也可以通过单击菜单中的相应命令获得。

1.2.2.1　常用工具栏

对于表格窗口主要提供新建、打开文件、保存、打印、数据增列等一般功能；对图形窗口，除前述功能外，还提供图形放大或缩小、图标/图层的设置、数轴的增加等功能。当鼠标放置在相应图标上时，系统会自动弹出该图标的功能注释，初学者可以予以利用。

图 1-18　Origin 的 Format 菜单（表格窗口）

：该组图标主要为新建，比如新建 Origin 新工作对象（New Project）、新建工作表（New Worksheet）、新建 Excel 工作表（New Excel）、新建矩阵（New Matrix）、新建函数（New Function）等。也可以通过 File 菜单中的相应子命令进行调用。

：该组图标主要为打开和保存，比如打开文件（Open）、打开模板（Open Template）、打开 Excel 表格（Open Excel）、保存（Save）、保存模板（Save Template）。

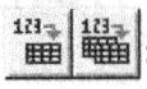

：该组图标主要为数据导入。为一个数据文件的导入；为多个文件可以同时导入。

：打印（Print）。

：该组图标主要为刷新（Refresh）、复制（Duplicate）、查找（Project Explore）以及结果栏设置（Results Log）等。

▐▌：数据列表中列的增加（Add New Columns）。

▩▩▤▨：该组图标主要为图形的放大或缩小，比如图形的放大（Zoom in）、图形缩小（Zoom Out）、整页显示（Whole Page）等。

▣▦▩：主要为图层（Layer）的管理。

▣▦◷：该组图标主要为图标（New Legend）、数轴（Add XY Scale）及时间（Date &Time）的设置。

1.2.2.2　辅助工具栏

主要对图形进行一些辅助性的操作，比如绘制箭头、画圆、数据的捕捉与选择等。

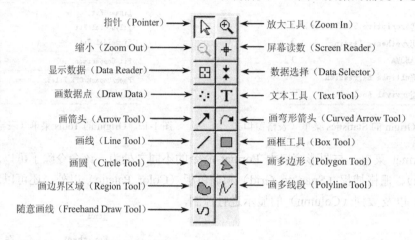

指针（Pointer）→ 放大工具（Zoom In）
缩小（Zoom Out）→ 屏幕读数（Screen Reader）
显示数据（Data Reader）→ 数据选择（Data Selector）
画数据点（Draw Data）→ 文本工具（Text Tool）
画箭头（Arrow Tool）→ 画弯形箭头（Curved Arrow Tool）
画线（Line Tool）→ 画框工具（Box Tool）
画圆（Circle Tool）→ 画多边形（Polygon Tool）
画边界区域（Region Tool）→ 画多线段（Polyline Tool）
随意画线（Freehand Draw Tool）→

数据统计绘图工具栏：与辅助绘图工具栏不同，此工具栏是根据工作表中的数据，在确定好 X、Y 轴后，对数据进行分析后绘图的工具，比如绘制点、线、柱状图等。Plot 菜单中有相应的子命令可以调用相同的操作程序。图形标志的解释可参照 1.2.1 节中对 Plot 菜单的介绍。

1.3　工作表格与数据处理

Origin 的工作表格与 Excel 相似，由列和行组成，行列交叉之处所形成的格子被称为单元格。单元格内可以填充数字、文本、日期以及时间等。

1.3.1　工作表的增加与删除

工作表格可以同时展开多个，选择 File→New…命令，会弹出如图 1-19 所示的对话框，选择 Worksheet 后单击 OK 即可添加新工作表，该表的模板（Template）可以通过选择 Path 中的路径来进行调用；或者也可以单击常用工具栏中的▥按钮来实现。

当删除工作表时，单击所要删除的工具表右上角的✕按钮，即可删除。

1.3.2　工作表数据的导入

Origin 工作表中的数据导入可以有多种方式。

◇　可选择单元格后，通过键盘直接输入数据。

图 1-19　New 对话框

◇ 当数据较多时，可以将整个数据文件导入工作表格。

◇ 可以通过将剪贴板上或其他工作表中的数据粘贴到目标工作表格中。

◇ Origin 软件中也提供了与 Excel 兼容的功能，可直接利用 Excel 表格中的数据进行绘图操作。

导入整个数据文件时，选择 File→Import 命令，在出现的子菜单（图 1-20）中即为可以导入的文件类别。较为常用的是 ASCII 文件。导入 ASCII 的命令可以通过上述菜单命令激活，也可以在工具栏中找到 按钮，单击该按钮来激活导入 ASCII 的命令。

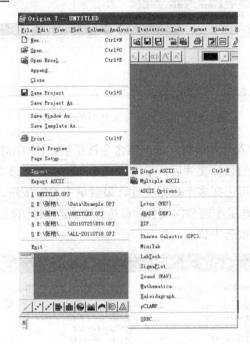

图 1-20　导入文件类别

单击 按钮后，出现如图 1-21 所示的对话框。在"查找范围"下拉列表框中选择目标文件夹，在"文件类型"下拉列表框选择所要的文件类型，单击"打开"，在工作表格中即可导入相应数据，如图 1-22 所示。

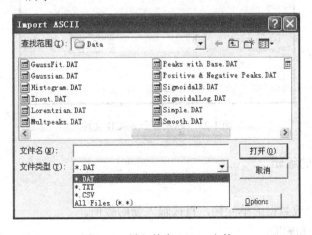

图 1-21　导入单个 ASCII 文件

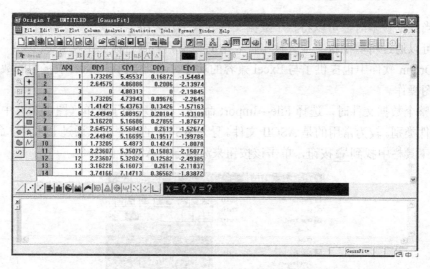

图 1-22　导入 ASCII 文件后的工作表格

　　为多个文件同时导入命令按钮。单击该命令按钮后，出现如图 1-23 所示的对话框。在目标文件夹中选择合适的目标文件后，单击 Add File(s)按钮，该文件就会出现在下方的空白栏处，重复该步骤，即可选择多个数据文件。最后单击 OK 按钮，多个文件就可同时导入工作表中。如果误操作多选了不需要的文件，可选择下方空白处的文件，单击 Remove File(s)按钮，此文件就会处于不被选中状态。

图 1-23　导入多个 ASCII 文件

1.3.3　工作表数据的编辑

1.3.3.1　数据的修改

　　单击选中需要修改数据的单元格，直接输入新的数值。

1.3.3.2　单元格添加和删除

　　在 Origin 中，可以实现新的数据行或列的添加或删除。

　　增加新数据的操作为，先选定拟插入新单元格下方的一行，然后选择 Edit→Insert 命令，新单元格将会插在所选定数据行的上方。也可以在选定数据行处单击右键，在出现的子菜单中选择 Insert 命令，同样可实现数据行的插入。

【例 1-1】向图 1-24(a)中的数据表中插入一行，并填入数值 3。

步骤：

◇　首先选择需要插入行的下面一行数据，如图 1-24(a)所示。

◇　然后选择菜单栏中的 Edit→Insert 命令，如图 1-24(b)所示。新的数据行将会插在所选定数据行的上方，如图 1-24(c)所示。

◇　在数据单元格内填入数字 3，如图 1-24(d)所示，则完成本题要求。

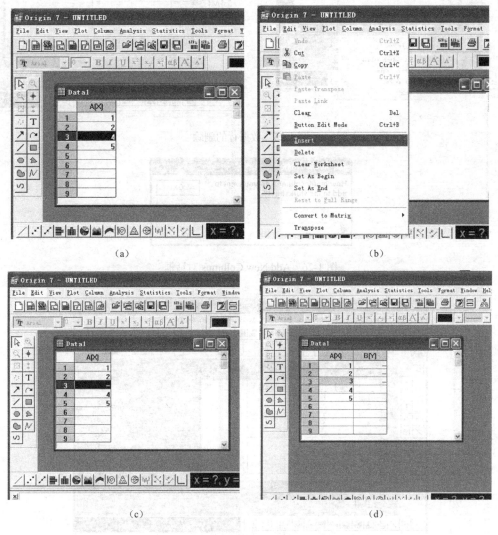

图 1-24　数据行的插入

　　删除数据行时，操作步骤与插入步骤类似，只需选择 Edit→Delete 命令，或者选定数据行后单击右键，在出现的子菜单中选择 Delete 命令，也可实现数据行的删除，如图 1-25 所示。

　　增加数据列的操作为，选择 Column→Add New Column...命令，会出现如图 1-26 所示的对话框，在空白处填入所需要增加列的数目，即可在所选择列的右侧新增数据列（图 1-27）。

或者也可以单击常用工具栏上的 按钮来实现新增列。

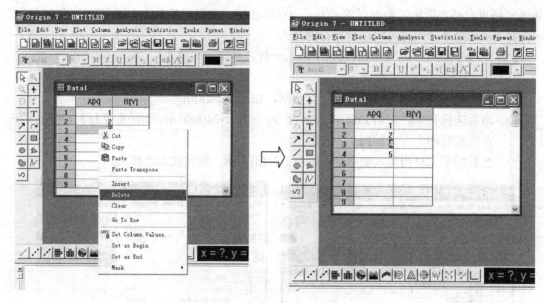

图 1-25　数据行的删除

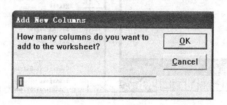

图 1-26　Add New Columns 对话框

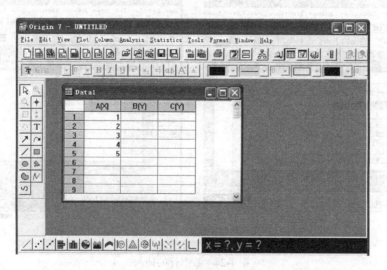

图 1-27　新增列后的工作表格

　　删除数据列时，选择某一待删除列，单击右键，在出现的子菜单中选择 Delete 命令即可。

1.3.3.3　数据的删除

　　如果删除工作表中的全部数据，可以选中所有表格，按键盘上的 Delete 键直接删除；也可以选择 Edit→Clear Worksheet 命令。

如果保留单元格，而删除单元格区域中的内容，单击单元格后，选择 Edit→Clear 命令。

如果删除单元格和单元格区域中的内容，单击单元格后，选择 Edit→Delete 命令。

1.3.3.4　数据的运算

有些数据需要加以一定的数学运算，单击某一数列后，选择 Column→Set Column Values 命令，会出现如图 1-28 所示的对话框。

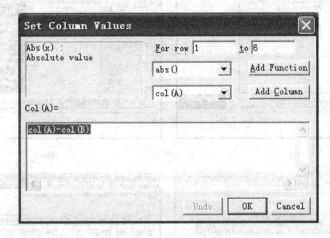

图 1-28　Set Column Values 对话框

在"Col(A)="下方的空白区域中所显示的函数关系即为数据 A 列的计算公式，如图 1-28 所示，其意义为 A 数列的数值为原数列 A 减去原数列 B 所得。

数据的运算命令 Set Column Values 也可以在选中的数列上单击右键，在弹出的菜单中找到。

【例 1-2】将表 1-1 中的数列 A 除以数列 B 后的数值放在数列 C 中。

表 1-1　例 1-2 中的数列

A	B	C
20	4	
30	6	
40	8	
50	10	

步骤：

◇　首先在原有数列 A 和数列 B 的基础上，选择 Column→Add New Column…命令，增加数列 C，如图 1-29(a)所示。

◇　然后选择数列 C，单击右键，在弹出的菜单中选择 Set Column Values 命令，如图 1-29(b)所示。

◇　在弹出的对话框中，根据题意，在"Col(A)="下方的空白区域中所显示的函数关系应设置为"col(A)/col(B)"，如图 1-29(c)所示，然后单击 OK 按钮。

◇　则此时数列 C 中已填入计算好的数值，如图 1-29(d)所示，完成了本题要求。

计算所需要的函数关系在 Origin 中有多种。对于加减乘除等简单的数学运算可以通过键盘直接输入，其他复杂的函数关系可以通过单击图 1-30 中所示的下箭头，在下拉菜单中选择函数公式。常用的函数关系介绍见表 1-2。

图 1-29　设置数列数值计算示例

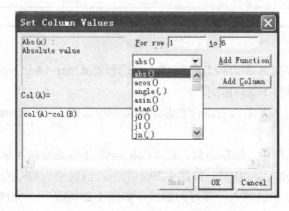

图 1-30　Origin 中的函数显示

表 1-2　常用的函数关系

函数	意义	函数	意义
abs()	绝对值	sin()	正弦函数
acos()	反余弦函数	exp()	指数函数
asin()	反正弦函数	ln()	自然对数函数
cos()	余弦函数	log()	对数函数

1.3.3.5　数据的排序

有时所列数据需要进行一定的排序操作。选择 Analysis→Sort Columns 命令中的相应子命令可以实现升序、降序或其他排序方式（见图 1-31）。

（a）升序排列　　　　　　　　　　（b）降序排列

图 1-31　数列的排列

1.3.3.6　数据的格式类型

数据列的名称、类型、显示格式等也可以在 Origin 工作表中进行编辑和修改。双击某一数列的列标签，即可弹出如图 1-32 所示的对话框。

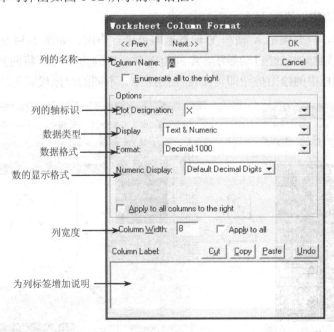

图 1-32　Worksheet Column Format 对话框

　　从图 1-32 中可以看出，数列以及其中的数据均可以进行格式上的修改。其中数据类型可以有多种，比如数字型（Numeric）、文本型（Text）、时间（Time）、日期（Date）等；数据格式有十进制格式（Decimal:1000）、科学计数格式（Scientific:1E3）、工程技术格式（Engineering:1k）、有千分位分隔符的十进制格式（Decimal:1,000），如图 1-33 所示。

（a）数据类型

（b）数据格式

图 1-33　数据类型和数据格式的下拉菜单

1.4　图形的绘制和编辑

1.4.1　图形的绘制

1.4.1.1　二维图形的基本绘制方法

　　对于二维图形，只要确定 X 轴和 Y 轴数据即可进行作图。如图 1-34 所示，首先选择工作表图中两数列的轴标识已经自动显示，A 列为 X 轴，B 列为 Y 轴。将两列数据选中，单击数据统计绘图工具栏中的绘图按钮即可实现绘图操作。不同的绘图模式见图 1-34。

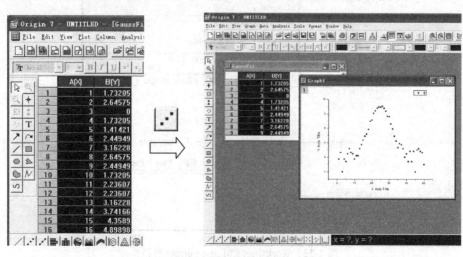

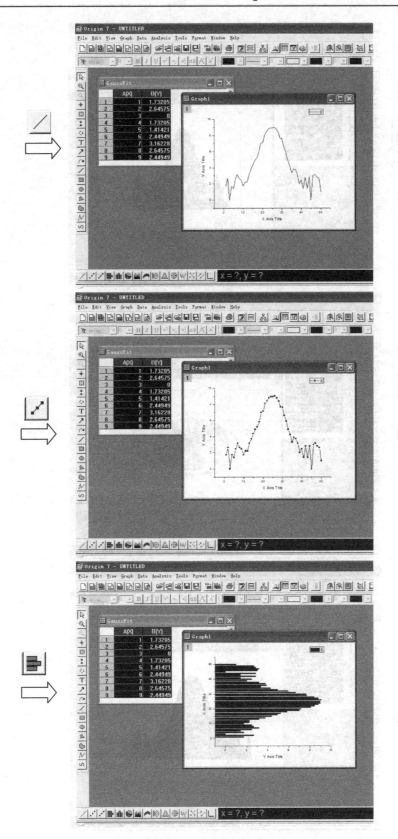

图 1-34

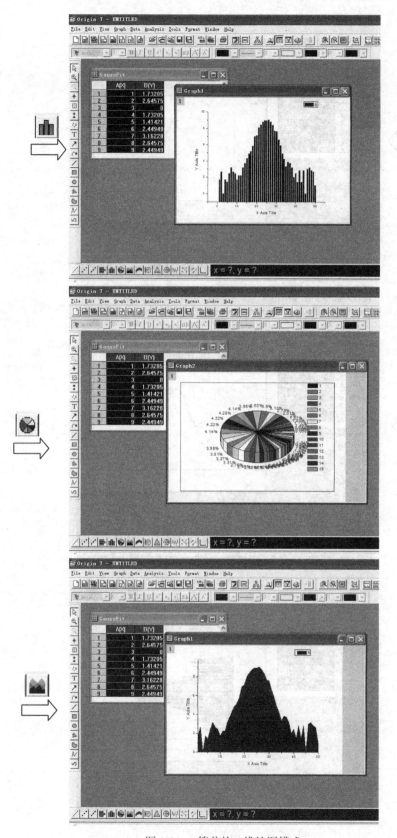

图 1-34　简单的二维绘图模式

1.4.1.2　二维图形的多条线绘制方法

在二维图形中，有时会出现在同一张图上绘制多条线的情况，如图 1-35 所示。

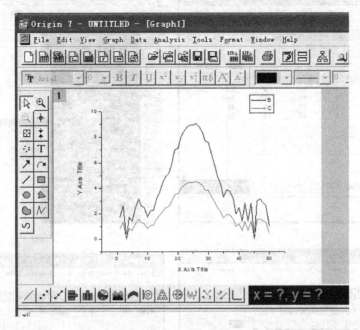

图 1-35　多条曲线绘制在同一幅图上

此时所对应的数列一般为三列或三列以上。首先同时将工作表的多个数列选中，然后单击数据统计绘图工具栏中的绘图按钮即可。

这里需要注意的是，在绘图之前一定要看清所选数列的轴标识，设置好正确的轴标识后再进行作图。多列数据列的轴标识有多种，如 X、Y、XYY、XY XY、XYY XYY 等。轴标识的设置要先选中数列，然后在数列上单击右键，在出现的子菜单中选择 Set As 命令，在其后续子菜单中单击选择相应的轴标识设置。

【例 1-3】将表 1-3 中的数列 A 到数列 D 的所有数列按照 XY XY 的模式进行作图。

表 1-3　例 1-3 中的数列

A(X)	B(Y)	C(X)	D(Y)
2	15	4	20
3	25	6	30
4	35	8	40
5	45	10	50

步骤：

 ◇ 首先建立新的工作表，一般默认为两列，可选择 Column→Add New Column…命令，增加数列 C 和数列 D，并将例题中的数值填入，如图 1-36(a)所示。可以看出，此时数列轴标识为 XYYY，需要按例题要求设置成 XY XY。

 ◇ 然后选择所有数列，单击右键，在弹出的菜单中选择 Set As→XY XY 命令，如图 1-36(b)所示。

 ◇ 此时数列的轴标识则变为题目所需要的 XY XY 模式，如图 1-36(c)所示。

✧ 最后单击 ![按钮，即可完成本题作图要求，如图 1-36(d)所示。

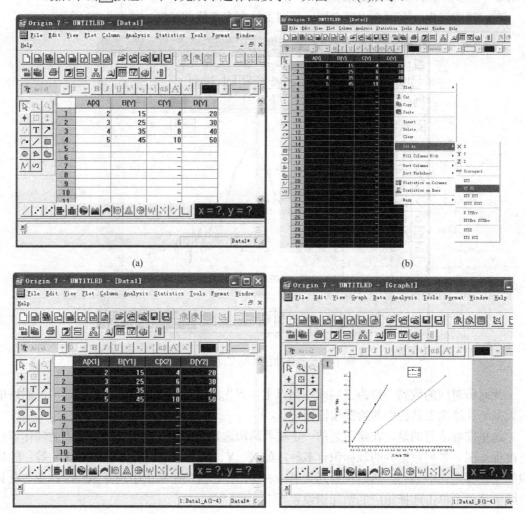

（a）	（b）
（c）	（d）

图 1-36 数列轴标识设置示例

轴标识的设置也可以单独选择某一列，仅进行 X 轴或 Y 轴的设置。

1.4.1.3 二维图形的双 Y 轴绘制方法

双 Y 轴二维图形在化工绘图中会经常遇到，当两个 Y 轴所描述的意义不同时，需要分开标识，这时就需要用到双 Y 轴二维图，如图 1-37 所示。

双 Y 轴的绘制方法有两种。下面以例题的形式对这两种方法进行介绍。

【例 1-4】将表 1-4 中的数列 A 作为 X 轴，数列 B 作为 Y 轴进行作图的同时，还要作以数列 A 为 X 轴，数列 C 为另一 Y 轴的曲线图形。

第一种方法步骤：

✧ 首先建立具有三个数列的工作表，并将表 1-4 中的数据全部输入，并根据例题要求将数列轴标识设置为 XYY。

✧ 按住 Ctrl 键，将同为 Y 轴数据的数列 B 和数列 C 同时选中，并在主菜单上选择 Plot→Special Line/Symbol→Double-Y 命令，如图 1-38(b)所示。

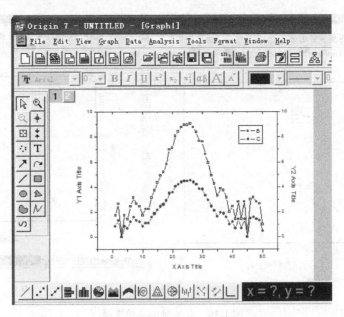

图 1-37 双 Y 轴二维图

表 1-4 例 1-4 中的数列

A(X)	B(Y)	C(Y)
2	15	1
3	25	2
4	35	3
5	45	4

✧ 这时会自动弹出以数列 A 为 X 轴数据，数列 B 和数列 C 为 Y 轴数据的坐标图，如图 1-38(c)所示。

✧ 双击各个坐标标题进行标题的修改，即可完成例题要求。

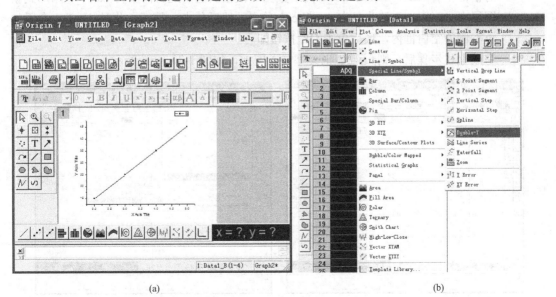

(a) (b)

图 1-38

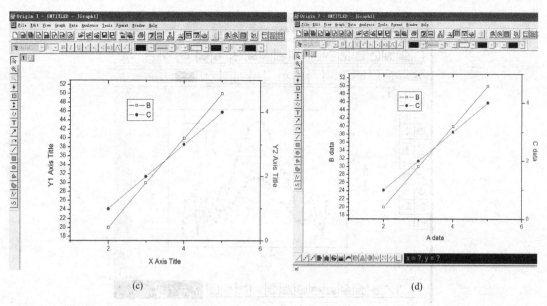

图 1-38 双 Y 轴的菜单选择

第二种方法：在原有单坐标图上添加新的图层（Layer）。

其操作步骤为：

◆ 先绘制 A 列（X）和 B 列（Y）数据，如图 1-39（a）所示。

◆ 单坐标图绘出之后，选择 Edit→New Layers(Axe)命令（见图 1-39(b)），在后续子菜单中有多种图层添加模式，如表 1-5 所示，可以根据需要选择添加图层/轴，对于本例题选择 Right Y。

◆ 然后在原图的左上角原有"1"的位置旁边会加上"2"，此时"2"的背景为灰色，表明已被选中，此时为第 2 图层。在"2"上单击右键，会弹出如图 1-39（c）所示的菜单，选择 Add/Remove Plot…命令，又会弹出如图 1-39(d)所示的对话框。此时对话框中有 data1_b 和 data1_c 两组数据，根据例题，此时需要将 data1_c 添加到新图层中去。添加方法为，在 data1_c 上单击，然后单击 → 按钮，此时 data1_c 会添加至右侧的空白框内，最后单击 OK 按钮即可。

◆ 完成上述步骤后，则数列 C 也会添加入图中，如图 1-39（e）所示。

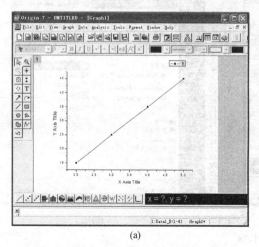

(a)

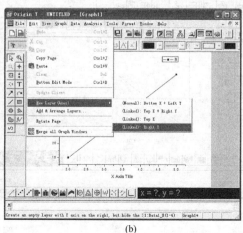

(b)

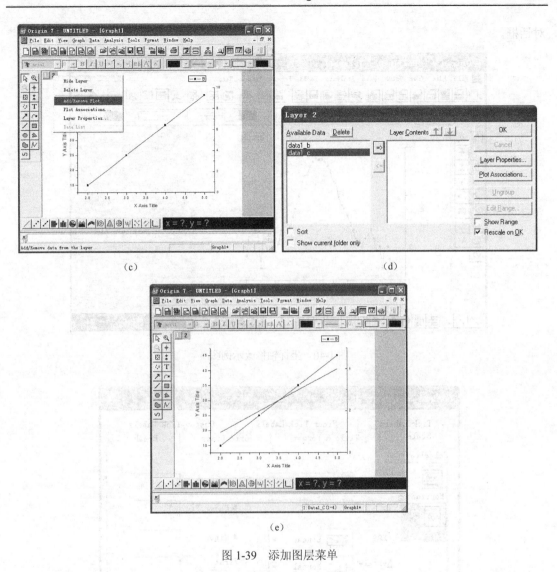

(c)　　　　　　　　　　　　　　(d)

(e)

图 1-39　添加图层菜单

表 1-5　图层添加菜单介绍

菜单名称	意义解释
Bottom X+ Left Y	添加底部 X 轴和左侧 Y 轴（会与原轴重合）
Top X+ Right Y	添加顶部 X 轴和右侧 Y 轴
Top X	仅添加顶部 X 轴
Right Y	仅添加右侧 Y 轴

1.4.2　图形的编辑

Origin 图形中的图线、符号、颜色、文字、数值的大小以及坐标轴样式都可以进行编辑修改。

1.4.2.1　坐标轴的编辑

坐标轴的编辑修改功能可以通过以下三种方式进行激活。

① 双击坐标轴，用鼠标双击图 1-40 中的坐标轴（Y 轴或 X 轴），会弹出如图 1-41 所示

对话框。

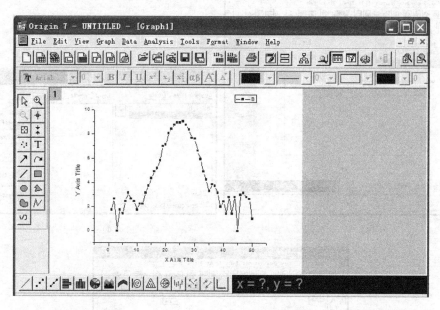

图 1-40　坐标轴修改示例图

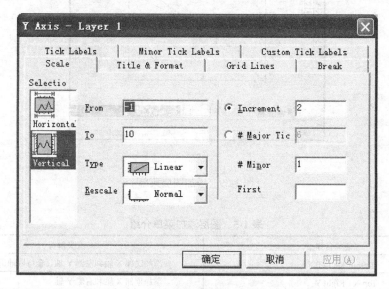

图 1-41　坐标轴轴编辑修改对话框 Scale 选项卡

　　Scale：设置横（Horizontal）、纵（Vertical）坐标轴的区域范围以及坐标轴类型。其中 From 和 To 是指坐标轴数值的起止点，Increment 是指显示数值增量步长，Type 是坐标轴类型（图 1-42），常用线性（Linear）、对数型（Log10）等类型。横纵坐标轴的转换可以通过单击左侧空白栏中的图标来实现。

　　Tick Labels：坐标轴上显示刻度数字的格式修改（图 1-43）。勾选 Show Major Label 复选框，则在坐标轴上显示数字，否则不显示数字；数字的类型（Type）一般为"数值型（Numeric）"、"文本型（Text）"等，如图 1-44 所示，通过单击下拉箭头进行选择；Format 为数字的格式；Font 用来定义数字的字体；Color 为选择数字显示的颜色；Point 可定义数字的大小。

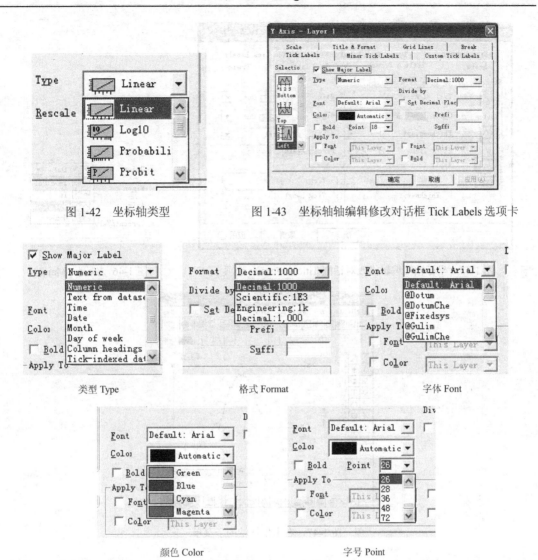

图 1-42 坐标轴类型   图 1-43 坐标轴轴编辑修改对话框 Tick Labels 选项卡

类型 Type   格式 Format   字体 Font

颜色 Color   字号 Point

图 1-44 坐标轴轴编辑修改对话框 Tick Labels 中的子菜单

Title & Format：坐标轴的颜色、名称以及刻度的编辑（图 1-45）。勾选 Show Axis & Tick 复选框，则显示坐标轴，否则不显示。Title 和 Color 分别为显示坐标轴的名称和颜色；Major 和 Minor 主要设置主刻度和副刻度的里外朝向以及是否显示刻度（图 1-46）；刻度的粗细程度和大小可以通过 Thickness 和 Major Tick 来定义。二维坐标图上分为上、下、左、右 4 个坐标轴，均可以通过该项标签进行编辑修改，坐标轴的转换可以通过单击左侧空白栏里相应的图标来实现。

② 选择需要编辑的坐标轴后，右击鼠标，在弹出的子菜单中选择 Axis 命令进行编辑，如图 1-47 和图 1-48 所示，编辑的后续步骤同①。

③ 选择 Format 菜单中的子菜单，激活坐标轴的编辑命令，其后续步骤同①。

1.4.2.2 文字的编辑

在 Origin 图形中会输入一些文字或符号来说明图形，如坐标轴的文字说明、图线说明以及所需要的其他文字说明等。

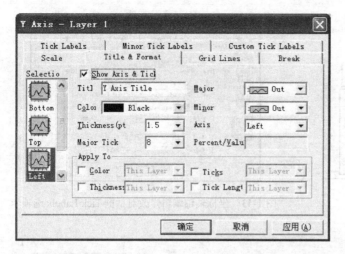

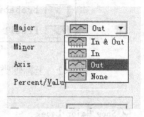

图 1-45　坐标轴轴编辑修改对话框 Title & Format 选项卡　　　　图 1-46　刻度（Major）

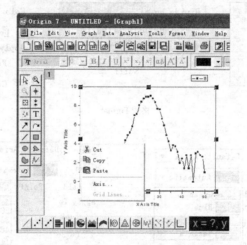

图 1-47　右击坐标轴的子菜单

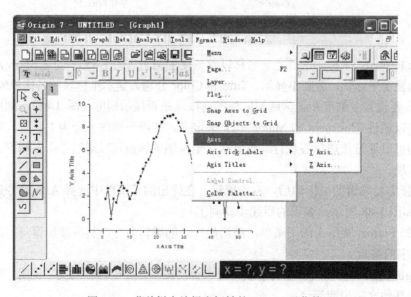

图 1-48　菜单栏中编辑坐标轴的 Format 子菜单

（1）文字的输入　如果需要添加一些新的文字说明，单击辅助工具栏中的 T 按钮，这时鼠标会变成"I"形，在图形上所需要的位置上直接单击，即可出现一个跳动的光标，表明已激活文字输入状态，从键盘上直接输入文字或符号即可。

（2）文字的修改　当需要对文字或符号进行修改时，双击该文字或符号，在原文字处会出现闪动的光标，将光标移动至所需要修改的文字或符号处，可直接进行修改。文字或符号的颜色、大小以及字体等可以在文字修改格式栏中选择修改，如图 1-49 所示。

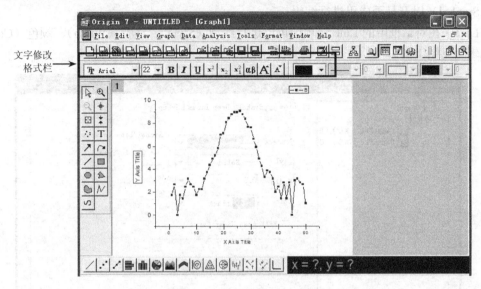

图 1-49　文字修改绘图界面

或者右击所需修改的文字，在弹出的子菜单中选择 Property 命令，会弹出如图 1-50 所示的 Text Control 对话框。在该对话框中可以进行文字的修改、设置文字背景（Background）、旋转文字（Rotate），以及设置字号（Size）、字体、颜色、上下标等。需要注意的是，在进行这些设置时，需要选中空白栏处的文字，如图 1-50 所示，否则将无法修改。

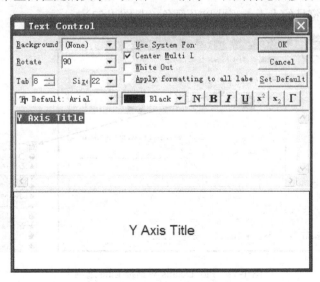

图 1-50　Text Control 对话框

（3）文字的移动　单击文字，当文字出现蓝色边框后，在文字处按住鼠标左键，拖动鼠标即可进行文字的移动；也可以利用键盘上的上下左右方向箭头进行文字的移动。

1.4.2.3　数据点和曲线的格式编辑

在 Origin 图形中，有时为了便于区分各组数据点或曲线，需要对数据点和曲线的显示格式进行编辑，比如图形符号、颜色、大小、粗细等格式的修改。其修改方法有以下几种。

① 双击数据点或曲线，出现如图 1-51 所示对话框。在该对话框中可以对线（Line）、符号（Symbol）以及是否成组进行编辑。

Line：在对话框中的 Line 选项中可以进行线型（Style）、线宽（Width）、颜色（Color）的编辑（见图 1-51）。

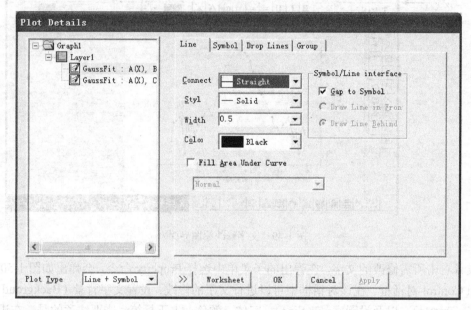

图 1-51　Plot Details 对话框 Line 选项卡

Symbol：编辑符号的大小、形状以及颜色（见图 1-52）。

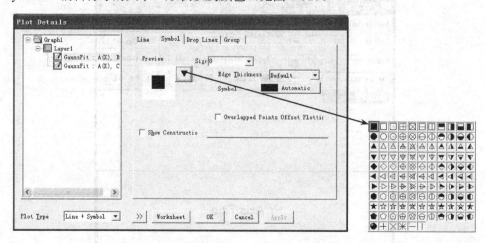

图 1-52　Plot Details 对话框 Line 选项卡

Group：主要设置在同一图中的多条曲线是否成组，即是否彼此独立。如果选择彼此不独立（Dependent），则多条曲线在绘制时，系统会根据用户设定在颜色、线型等方面自动设置为不同，以区分不同曲线，如图 1-53 所示。并且，如果用户修改了任意一条曲线或数据点的格式，其他的曲线或数据点也会被系统随之修改。如果选择彼此独立（Independent），则这些曲线和数据点均不相关，任意曲线或数据点的修改将不会影响其他，甚至修改后的效果与其他曲线或数据点相同，系统也不会自动修改其他部分。Incrementa 区域中为需要设置的不同的格式类型：符号类型（Symbol Type）、符号内部（Symbol Interior）、线型（Line Style）、线和符号颜色（Line and Symbol Color）。

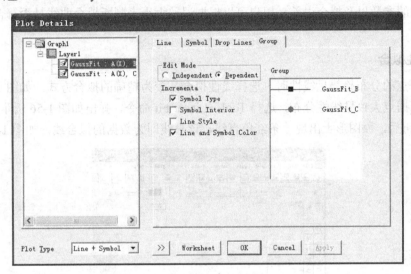

图 1-53　Plot Details 对话框 Group 选项卡

② 在图上单击鼠标右键，在弹出的子菜单中选择 Plot Details 命令，也会弹出 Plot Details 对话框，如图 1-54 所示。其他步骤参照①。

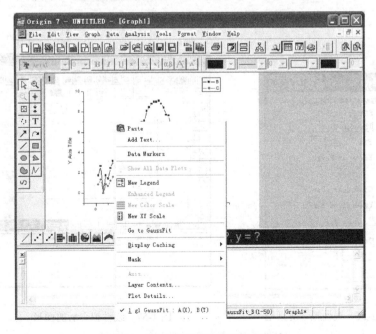

图 1-54　右击图形时所弹出的子菜单

③ 调用菜单命令，选择 Format→Plot 命令，可激活 Plot Details 对话框，其他步骤可参照①。

1.5　数 据 拟 合

在对化工数据进行分析时，往往通过拟合来获得数据的走向趋势，包括线性拟合、多项式拟合、高斯拟合等多种方式。Origin 软件对数据进行拟合后，会自动计算出拟合公式、公式中相对应的参数以及拟合误差，用户可以根据误差大小来判断拟合曲线是否符合数据的实际趋势。

1.5.1　线性拟合

当数据点的分布趋势呈线性时，选择线性拟合是较为精确的拟合方式。如图 1-55 所示，该图中的数据点大致呈线性分布，选择 Tool→Linear Fit 命令，弹出如图 1-56 所示的对话框。单击 Fit 按钮后，原图形上出现一条红色直线，该直线即为数据的拟合线，如图 1-57 所示。

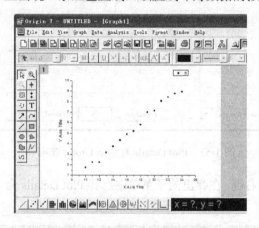

图 1-55　线性拟合图形示例

图 1-56　线性拟合对话框

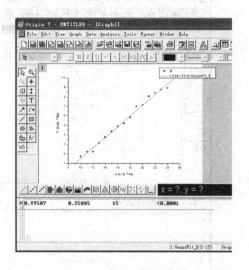

图 1-57　线性拟合后的图形

　　该线性公式显示在 Origin 操作界面的下方空白栏中，如图 1-58 所示。线性拟合的公式、各个参数的值以及相对误差都有所显示。拟合结果介绍见表 1-6。

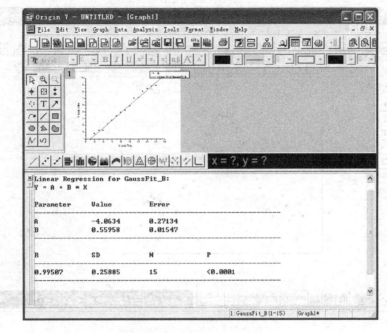

图 1-58　数据结果显示界面

表 1-6　数据结果介绍

数据结果参数	参数解释
Y=A+B*X	线性拟合公式
A	截距
B	斜率
Value	数值
Error	误差
R	拟合系数（越接近于 1 越好，越偏离 1 说明拟合度越差）
SD	拟合的标准误差
N	数据点的个数
P	R=0 的概率

1.5.2　多项式拟合

　　当数据点在坐标图上的分布呈曲线分布状态时，如图 1-59 所示，可考虑采用多项式拟合。选择 Tool→Polynomial Fit 命令，弹出如图 1-60 所示的对话框。其中，Order 项是指拟合多项式的最高指数，在图 1-60 中显示为 2，说明是二次多项式。单击 Fit 按钮后，原图形上出现一条红色曲线，该曲线即为数据的拟合线，如图 1-61 所示。

　　其拟合数据结果在下方空白栏中的显示如图 1-62 所示。该多项式拟合公式为：

$$Y = A + B_1 X + B_2 X^2 \tag{1-1}$$

该公式中的 A、B_1、B_2 的数值和误差均显示在数据结果栏中。拟合度 R（在这里显示为方差，R-square）只有 0.6 左右，偏离 1 的程度较大，说明没有很好地拟合出数据点的分布趋势，即选择 2 次的多项式拟合并不合适。可以再次激活如图 1-60 所示对话框，将 Order 中的数值予以改变，直到获得较好的拟合结果。

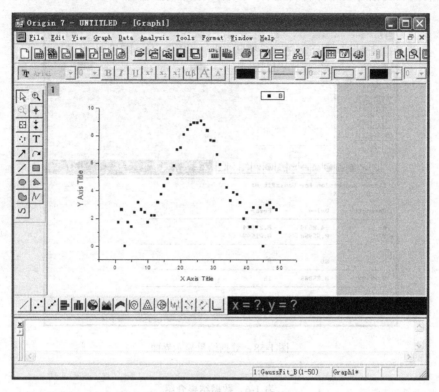

图 1-59　呈曲线分布的数据点

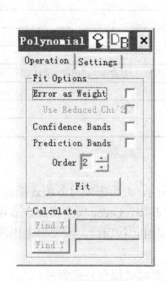

图 1-60　多项式拟合对话框

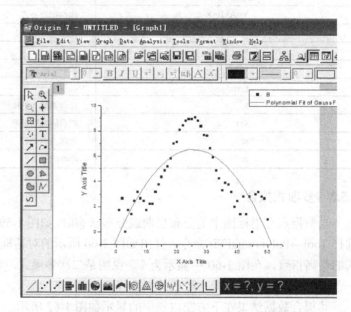

图 1-61　多项式拟合后的图形（Order=2）

　　经过多次拟合，当 Order 中的数值为 6 时，拟合曲线具有较好的拟合度（R=0.939），如图 1-63 和图 1-64 所示。

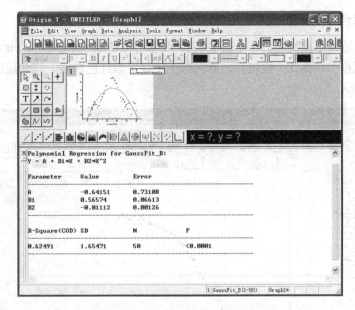

图 1-62 2 次多项式拟合数据结果

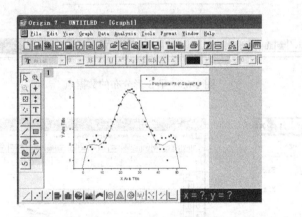

图 1-63 六次多项式拟合曲线

图 1-64 六次多项式拟合结果

1.5.3 S 曲线拟合

有时数据点呈 S 形曲线型时（见图 1-65），可以选择 Tool→Sigmoidal Fit 命令，弹出如图 1-66 所示的对话框。单击 Fit 按钮后，原图形上出现一条红色曲线，该曲线即为数据的拟合线，如图 1-67 所示。

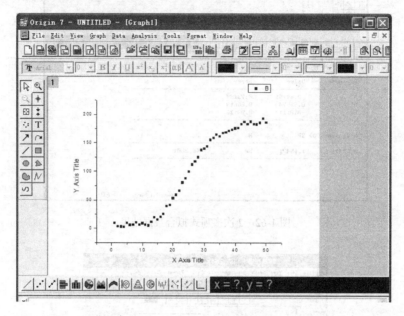

图 1-65　呈 S 形分布的数据点

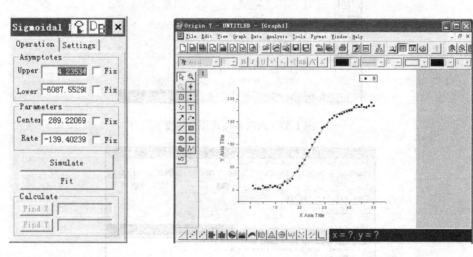

图 1-66　S 曲线拟合对话框　　　　　　　图 1-67　S 曲线拟合后的图形

S 曲线拟合结果见图 1-68。与线性拟合和多项式拟合不同的是，拟合结果中没有出现拟合度数值。

以上线性、多项式以及 S 曲线拟合均是在 Origin 中的工具菜单 Tools 中调用拟合命令完成的。当拟合命令被激活时，根据所提示的拟合对话框，选择想要拟合的数据设置，即可进行拟合。但是，在 Tools 菜单中仅提供了这三个拟合工具，更多的拟合工具可以在 Analysis 菜单中找到，如图 1-69 所示。但需要注意的是，与 Tools 菜单中的拟合命令不同，Analysis

菜单中大多数拟合命令没有参数说明，是执行自动拟合，即使有些参数可以进行修改，但仍将建议用基于你的数据的默认值。

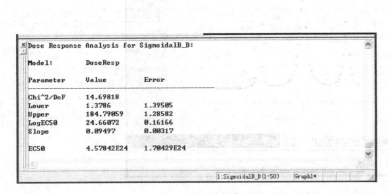

图 1-68　S 曲线拟合的相关参数　　　　　　　　图 1-69　Analysis 菜单中的拟合命令

1.5.4　高斯曲线拟合

选择 Analysis→Fit Gaussian 命令，拟合结果如图 1-70 所示。与 Tools 菜单中的拟合不同，曲线拟合结果在图形上会以浮动的空白窗口展示。在此空白窗口内所显示的信息为曲线的拟合公式、拟合误差以及相关参数的数值。该窗口可以利用鼠标拖动到合适的位置，也可以在被选中后按 Delete 键进行删除。同时，曲线拟合结果在最下方的结果空白栏中也有显示。

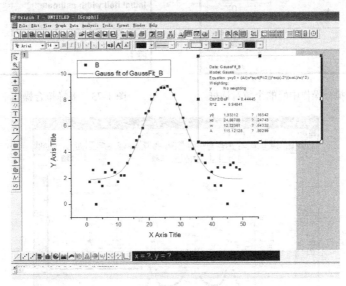

图 1-70　高斯曲线拟合

1.5.5　多峰曲线拟合

当数据点呈现多峰分布时（图 1-71），选择 Analysis→Fitting→Fit Multi-peaks 命令，会出现如图 1-72 所示对话框。

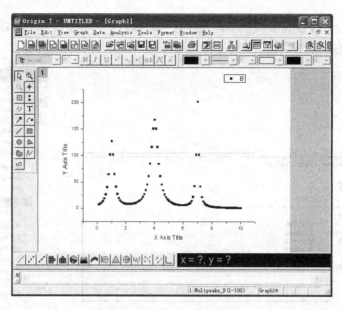

图 1-71 呈多峰分布的数据点

根据数据点的分布情况，选择峰的个数（图 1-72）和添加初始峰的半峰宽度（图 1-73）后，鼠标将变成一个十字形状，用鼠标依次双击数据点中峰的中间位置。每当选择一个峰，该峰的位置上会出现绿色的中轴线，表明峰已选择完毕。当所有的峰均被选择后，拟合曲线才会出现在图中，如图 1-74 所示。同时，曲线拟合结果在最下方的结果空白栏中也有显示。

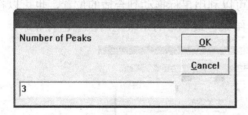

图 1-72 多峰拟合操作中峰的个数对话框

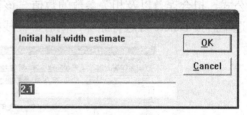

图 1-73 多峰拟合操作中半峰宽度

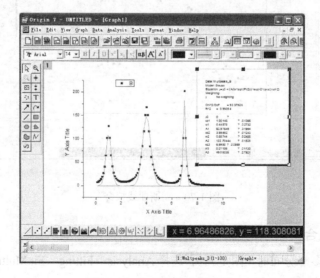

图 1-74 多峰曲线拟合结果

1.5.6　多条曲线拟合

如果有多列数据点需要拟合时，如图 1-75 所示。

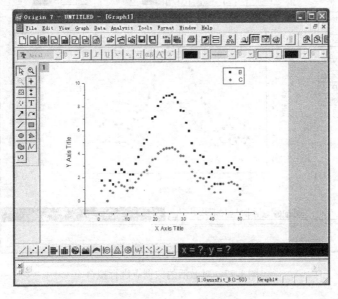

图 1-75　多列数据点的分布图

如果直接进行拟合，系统只会对其中一条曲线进行拟合。因此，对于其他数据点也需要进行拟合时，需要首先右击需要拟合的数据点，在弹出的子菜单中选择 Set as Active 命令，激活该数据点（如图 1-76 所示），然后再从 Analysis 菜单中选择想要哪种拟合类型，拟合结果如图 1-77 所示。

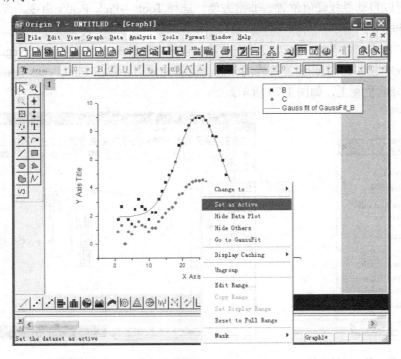

图 1-76　激活需要拟合的数据点

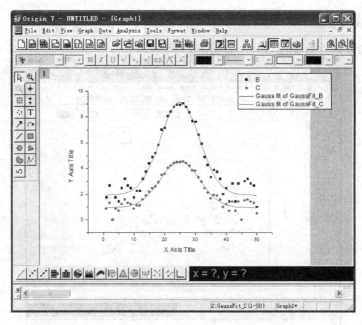

图 1-77　对激活的数据点进行拟合

1.6　其他常用功能

1.6.1　曲线寻峰

在化工图样中，比如红外谱图、核磁谱图等，需要对图样中的峰值所在位置进行说明。Origin 7.0 可以自动寻找峰值位置，非常方便。选择 Tools→Pick Peaks 命令，弹出如图 1-78 所示的对话框。

从图 1-78 中可以看出，可以设置需要寻找正峰（Positive）还是倒峰（Negative）、峰的宽度（Width）与高度（Height）等峰的信息。设置完成后，单击 Find Peaks 按钮，峰值可以自动出现在峰的位置上，如图 1-79 所示。

图 1-78　Pick Peaks 对话框

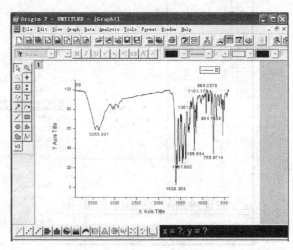

图 1-79　Origin 自动寻峰效果

1.6.2　曲线的平滑

当处理的曲线的"毛刺"较多，不够平滑时，Origin 提供了平滑功能，可以使曲线变得更加美观。选择 Analysis→Smoothing 命令，在出现的子菜单中有三种平滑模式：光滑滤波算子（Savitzky-Golay）、窗口平均化（Adjacent Averaging）、FFT Filtering（快速傅里叶变换滤波）。用户可以选择合适的模式进行平滑操作。以窗口平均化为例，选择 Adjacent Averaging 命令，会弹出如图 1-80 所示对话框。

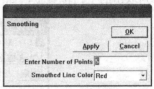

图 1-80　Smoothing 对话框

在 Smoothing 对话框中，用户可以设置平均化点的个数（Enter Number of Points）以及平滑线的颜色（Smoothed Line Color）。设置完成后，单击 OK，平滑后的曲线会出现在原曲线图上，将原曲线图删除后，效果如图 1-81 所示。其中，平均化点的个数越多，平滑后的曲线与原曲线差别越大。

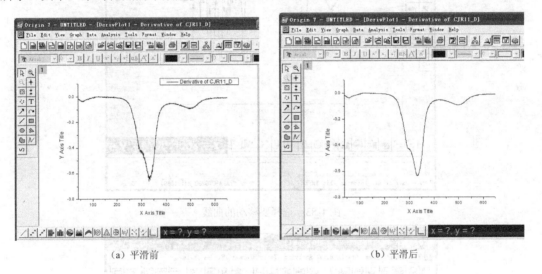

（a）平滑前　　　　　　　　　　　　（b）平滑后

图 1-81　平滑前后曲线对比

1.6.3　曲线的移动

多条曲线在同一图形上出现时，可能会出现重合现象，如图 1-82 所示。在纵坐标或横坐标可忽略的前提下，通过上下左右移动曲线，可使得曲线得以区分。

图 1-82　重叠的曲线图形

对于如图 1-83 所示图形的区分，可以选择 Analysis→Translate→Vertical 命令，这时指针变为 ⊞，双击需要移动的曲线（本例中选择虚线），这时在双击的曲线位置上会出现一个上下连接箭头，鼠标指针变为 ✛，如图 1-83 所示。在红色曲线的下方进行双击，虚线就会移动到双击的空白位置上，如图 1-84 所示。

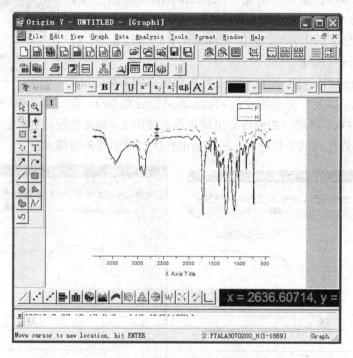

图 1-83 选择要移动的曲线

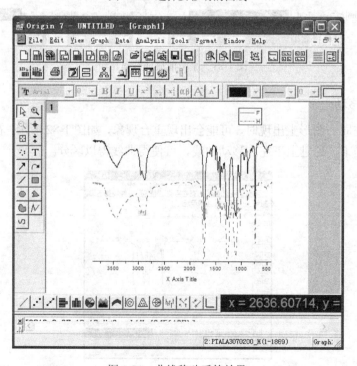

图 1-84 曲线移动后的效果

习　题

1．某化学实验研究中发现，适当提高反应温度会影响产物的分布情况，因此在保持其他条件不变的情况下，考察了 30～50℃温度范围内的该反应，结果见表 1-7。请用 Origin 软件进行下面数据的作图，要求将以下三个产物组成与温度的变化关系分别用三条曲线在同一个坐标轴上进行绘制。

表 1-7　温度对某实验产物分布的影响

温度/℃	产物组成/%		
	产物 1	产物 2	产物 3
30	52.1	34.7	13.2
35	55.5	28.9	15.6
40	62.1	26.0	11.9
45	56.2	26.4	17.4
50	48.7	25.8	25.5

2．请用柱状图和饼状图表示表 1-8 中不同催化剂类型时对所合成的产物产率的影响，并将坐标轴的刻度数字修改成不同的催化剂类型。

表 1-8　催化剂对产物分子量的影响

催化剂	产率/%	催化剂	产率/%
None	79.8	TSA	58.7
Sn	80.9	$SnCl_2$	80.0
SnO	89.7	$SnCl_2$+TSA	78.3
$Sn(Oct)_2$	45.6		

3．表 1-9 为某聚合物的分子量（M_n）与其玻璃化温度（T_g）之间的关系，该关系可以通过下式表达：

$$T_g = T_g(\infty) - K\frac{1}{M_n}$$

其中，分子量（M_n）与其玻璃化温度（T_g）数值已在表 1-9 中列出，请将常数 $T_g(\infty)$ 和 K 通过线性拟合的方式求出。

表 1-9　分子量与玻璃化温度的关系

分子量 M_n	玻璃化温度/℃	分子量 M_n	玻璃化温度/℃
1142	85.92	1315	109.55
1241	94.53	1377	117.45
1306	107.11	1604	128.45

4．请将表 1-10 中的数据用 Origin 软件作点图。

表 1-10　数据

x	y	x	y
0.6	10	2.3	39

续表

x	y	x	y
0.7	13	2.4	58
0.8	19	2.5	94
0.9	31	2.6	172
1.0	59	2.7	342
1.1	136	2.8	514
1.2	242	2.9	342
1.3	136	3.0	172
1.4	59	3.1	94
1.5	31	3.2	58
1.6	19	3.3	39
1.7	13	3.4	28
1.8	11	3.5	21
1.9	14	3.6	17
2.0	17	3.7	14
2.1	21	3.8	11
2.2	28	3.9	9

5. 请将习题 4 中的数据图进行峰面积积分。

参 考 文 献

[1] http://baike.baidu.com/view/70675.htm.

[2] 王秀峰，江红涛. 数据分析与科学绘图软件 Origin 详解. 北京：化学工业出版社，2011.

[3] 叶卫平，方安平，于本方. Origin 7.0 科技绘图及数据分析. 北京：机械工业出版社，2004.

[4] 周建平. 精通 Origin 7.0. 北京：北京航空航天大学出版社，2004.

[5] 肖信. Origin 8.0 实用教程:科技作图与数据分析. 北京：中国电力出版社，2009.

[6] 于成龙. Origin 8.0 应用实例详解. 北京：化学工业出版社，2010.

[7] 方安平，叶卫平. Origin 8.0 实用指南. 北京：机械工业出版社，2009.

第 2 章 Statistica

2.1 Statistica 基础

2.1.1 概述

Statistica 是当今世界上最大型的统计与图表分析软件之一，集统计资料分析、图表、资料管理、应用程序开发为一体，并提供了对其他技术、工程、工商企业资料挖掘应用的功能模块。此系统不仅包含统计上的一般功能及制图程序，还包含特殊的统计应用。全新的 Statistica 在功能上还提供了 4 种线性模型的分析工具，包括 VGLM、VGSR、VGLZ 与 VPLS。对使用者而言，提供了完整且可选择的使用界面，也可广泛使用程序语言向导建立模型或整合 Statistica 与其他应用程序进行计算。Statistica 能提供使用者所有需要的统计及制图程序，另外，能够在图表视窗中显示各种分析，及有别于传统统计范畴的最新统计作图技术。Statistica 是一个基本系列产品，可独立使用此模块，或搭配 Statistica 其他组合产品系列。

Statistica 数据统计分析项目主要有以下几个。

✧ 基本统计分析。包括描述性统计、相关性分析、独立或非独立样本的 t 检验、频数统计表、概率计算及其他差异显著性检验（两个均值或百分率的检验）等。这是用得最多的统计分析项目，一般简单的统计分析靠它就可以圆满解决问题。

✧ 非参数性统计分析。包括 Chi-square 卡方检验，Kolmogorov-smirnov 检验、Wilcoxon 配对符号等级检验、两个独立样本 Mann-Whitney 检验和多个相关样本 Cochran Q 检验等。

✧ 方差分析。有多因素方差分析、协方差分析和重复测量方差分析等。

✧ 多元回归分析。包括逐步回归分析、固定非线性分析、残差分析和基于回归模型的预测等。

✧ 非线性估计。包括一般非线性模型、逐步 Logit 分析、最大似然估计等。

✧ 时间序列及预测。此模块可以完成时间序列生成、探察、建模和预测技术选择等统计分析任务。

✧ 聚类分析。包括 K-Means 聚类、双边联合聚类等。

✧ 因子分析。包括初始因子模型、旋转因子模型等。

✧ 典型分析。包括典型相关性分析、典型因子协效应分析，主要用于研究两组多变量之间的相关性。

✧ 多维比例分析。可计算多维距离或进行相似性估计。

✧ 可靠性 / 项目分析。包括 trachoric 相关性分析、Crobach a 系数、分半（split-half）信度分析等。

✧ 判别分析。判别分析的模块可以根据已掌握的一批分类明确的样品，建立较好的判别函数，使产生错判的事例最少，进而对给定的一个新样品，判断它来自哪个总体。

✧ 逻辑线性分析。包括多维列联表、残差统计和自动最优模型选择等。

在本书中将对 Statistica 8.0 版本进行介绍。

2.1.2　主界面

如图 2-1 所示为 Statistica 的主界面。通常情况下，打开 Statistica 软件，显示的文件为上一次保存的数据表。Statistica 的主界面包括菜单栏、工具栏和数据表窗口。

菜单栏：菜单栏位于 Statistica 主界面的上方，共 12 项菜单，每个菜单项包括下拉菜单和子菜单，通过菜单栏，可以实现 Statistica 的所有功能。

工具栏：菜单栏下方是工具栏，一般最常用的功能都可以通过工具栏实现。

数据表：位于工具栏下方，默认的数据表为 10 变量×10 案例容量。

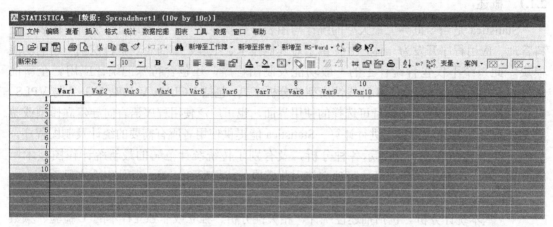

图 2-1　Statistica 的主界面

使用者可以同时打开多个 Statistica 窗口，且这些窗口可以同时执行相同或不同的数据分析任务。除此之外，在同一个 Statistica 窗口中，也可以同时执行多种分析任务，犹如同时打开几个数据文件一样。当同时执行几个数据分析命令时，分析任务的类型可以一致也可以不同，且分析任务的数据来源也可以是相同或不同的。

2.1.3　菜单栏

Statistica 共有 12 项菜单，分别为文件、编辑、查看、插入、格式、统计、数据挖掘、图表、工具、数据、窗口、帮助。单击主菜单，会出现下拉菜单，在子菜单前标示"√"的为子菜单功能已激活，灰色不可选的表示该项功能不可用。

"文件"：主要包括新建、打开、关闭、保存、打印文件等功能。

"编辑"：主要包括复原、重做、重复最后一项语法、剪切、复制、粘贴、选择性粘贴、填满/标准化区块、清除、删除、移动、选取全部、寻找、取代、动态数据库连接等功能。

"查看"：主要包括显示文本卷标、变量标题、显示案例名称、显示案例状态、忽略空案例名称、显示标题、网格线、变量列最大显示宽度、页首/页尾、显示标记之储存格、显示选取案例等。

"插入"：包括新增变量、复制变量、新增案例、复制案例、对象等。

"格式"：包括对储存格式、变量、案例、区块、电子表格等格式的设置和调整。

"统计"："统计"菜单是 Statistica 软件的核心模块，由此实现数据的统计分析。如图 2-2

所示，主要包括基本统计/表格、多元回归、方差分析、非参统计、分布拟合、进阶线性/非线性模型、多变量探索技巧、工业统计与 Six Sigma、效能分析、自动神经网络、PLS,PCA 多变量过程控制、方差估计与精确性、特定区块数据统计量、STATISTICA Visual Basic、批次（By Group）分析、概率计算器等。利用"多变量探索技巧"子菜单还可以实现聚类分析、因素分析、主成分与分类分析、正准分析、信度/项目分析、分类树、对应分析、多元尺度化、辨别分析、一般化辨别分析模型等。

"数据挖掘"：包括自动神经网络、机器学习、一般化分类与回归树模型、一般化卡方自动互动查看法模型、交谈式树状技巧、Boosted 树状分类器与回归、随机森林、广义可加性模型、多元适应性回归平滑式、广义 EM 与 K-Means 聚类分析、独立成分分析、文本与文件挖掘、关联规则、预测性模型之迅速部署、适合度分析、分类与预测等。数据挖掘模块功能强大，包含数据挖掘配置的 Statistica 是功能最全的版本。由于软件配置问题，本章对数据挖掘模块不做介绍。

"图表"：图表也是 Statistica 软件的主要功能之一，包括直方图、散点图、平均数与误差图、曲面图、2D 图形、3D 序列图形、3D 立体图形、矩阵图、特征图、分类图形、用户定义图、特定区块数据图表、输入数据图表、批次分析、多元图表版面等。其中，2D 图形、3D 序列图形、3D 立体图形、分类图形、用户定义图等还包含子菜单。例如，2D 图形另外包括袋图、盒型图、变化性图、全距图、正态概率图等，如图 2-3 所示。

图 2-2　"统计"菜单与子菜单

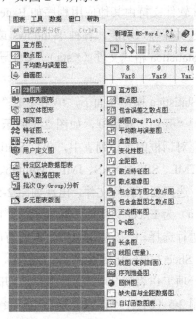

图 2-3　"图表"菜单与"2D 图形"子菜单

"工具"：包括分析列、选取条件、加权、标记储存格、锁定、审计轨迹、宏、自订、选项等。

"数据"：包括输入电子表格、转换、合并、数据过滤/重新编码、排序、自动过滤器、随机子集抽样、确认数据、变量规格、全部变量规格、变量圈选管理员、文本卷标编辑器、案例名称管理员、变量、案例、批次转换公式、重新计算电子表格公式、等级、重新编码、挪移（延滞）标准化、日期操作定义等。利用"数据"菜单可以实现对数据的管理。

"窗口"：当多个工作表存在时，利用窗口可以对工作表进行排列，包括全部关闭、串联、水平排列、垂直排列、排列图标，同时已打开的工作表在"窗口"菜单中也可以显示出来。

"帮助"：包括 Statistica 帮助、索引、字汇搜寻、统计顾问、快速参考指导、电子统计手册、动画影片、开启范例文件等，另外还包括 StatSoft 首页、技术支持以及 Statistica 版本信息等。

2.1.4 工具栏

工具栏位于菜单栏下方，将鼠标移至工具图标上，工具的功能就会显示出来。其主要包括开新文件、开启文件、储存文件、另存为 pdf、打印、打印预览、剪切、复制、粘贴、格式刷、复原、重做、寻找、新增至工作簿、新增至报告、新增至 MS-Word、取代、说明主题、背景说明等。利用工具栏也可以对数据表中的内容进行编辑，如字体字号的选择和设置、粗体斜体的设置、对齐方式、变量与案例的管理等。

2.2 数 据 表

2.2.1 数据输入

从其他 Windows 应用程序中获取数据文件最简便、最快捷的方法就是使用剪贴板工具。Statistica 软件支持由其他应用程序如 Excel 生成的剪贴板格式的数据文件。

通过文件导入功能，各种 Windows 或非 Windows 应用程序的数据文件都可以被打开或转化成 Statistica 格式文件（*.sta）。文件导入从"文件"菜单中选择"开启文件"命令进行数据输入。

在 Statistica 操作界面下，单击菜单"文件"→"开启文件"或单击"开启文件"工具按钮，出现"开启"对话框，如图 2-4 所示。可以对开启的文件进行查找、选择文件类型。文件类型在对话框的下拉列表中，包括 Statistica 文档、Excel、dBASE、Lotus/quattro 工作表、Text、HTML、SPSS、SAS、JMP、Minitab、XML、Rich Text、Word、PowerPoint 以及 Designer 文件等。选择要打开的文件，出现如图 2-5 所示的提示框。文件类型不同，提示框内容不同，图 2-5（a）为 Excel 文件打开的提示框，图 2-5（b）为文本文件*.txt 打开的提示框，可以根据需要进行选择。图 2-5（a）中"汇入所有的工作表到一项工作簿中"是指将文件中的 Sheet1、Sheet2、Sheet3 等转化到 Statistia 数据栏，"汇入一项已选取的工作表到一项电子表格中"指仅选择一项工作表到 Statistia 数据栏，"开启为一项 Excel 工作簿"指作为 Excel 工作簿打开文档。图 2-5（b）中"汇入为一项电子表格"是指将 txt 文本中的信息转化为表格形式打开，"汇入为一项报告"指文件以文本格式打开。单击每项后，又出现选择提示框或进入 Statistica 界面。如图 2-5（a）中选择后进入图 2-5（c），需要指定引入数据的引入范围，是否引入组和变量名称等。

使用文件输入工具取代剪贴板的明显优势在于能够准确指定数据的输入。另外，使用者可以通过这种方式导入剪贴板不容易或根本不能导入的数据类型。

Excel 数据在 Statistica 中直接以 Excel 工作表打开，因此可以同时打开 Excel 和 Statistica 数据文件。但需要注意的是，当选择"开启为一项 Excel 工作簿"时，数据是存在于 Statistica

中的，工具栏已经将 Excel 和 Statistica 的分析功能整合在一起。

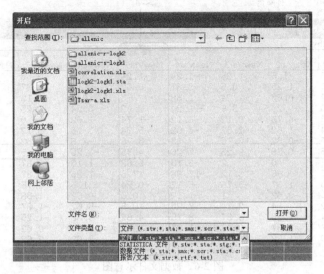

图 2-4　"开启"对话框

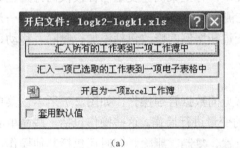

(a)

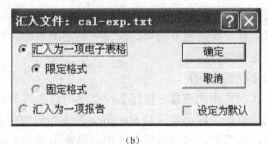

(b)

图 2-5　开启文件提示框

2.2.2　数据编辑

2.2.2.1　数据文件

如图 2-6 所示，数据表的最上方是标题栏。打开数据表后，数据文件的名称即在标题栏中显示，同时变量数量和案例个数等一并在文件中显示。标题栏下是一行式的文件抬头，是一个可选择性的关于数据文件的简短描述，双击此区域可以对文件抬头进行编辑。数据文件左上侧是讯息盒，双击讯息盒可以对该项内容进行编辑。

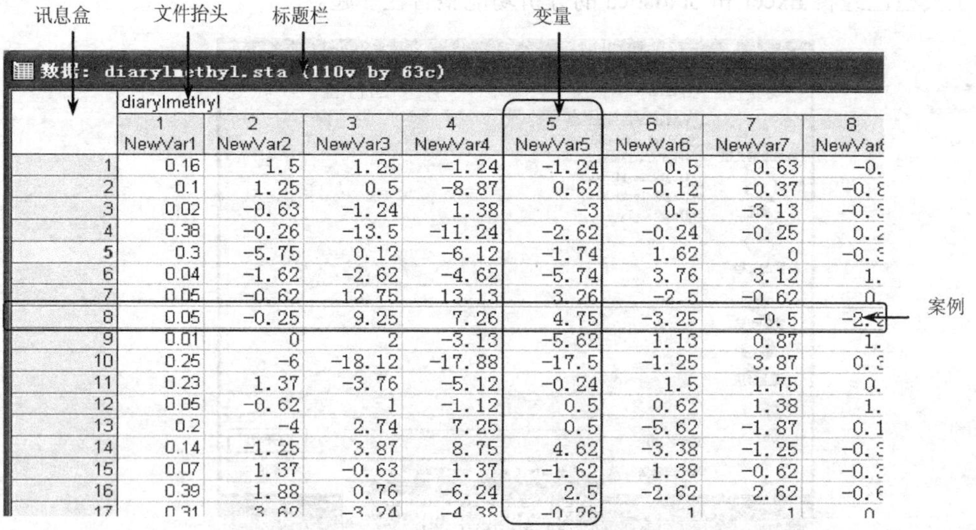

图 2-6　数据文件示意图

Statistica 数据文件由变量和案例组成。列是变量，行是案例。变量名称被横向排列在数据文件顶端，案例名称则竖列显示在数据文件的左侧。在图 2-6 中，NewVar1、NewVar2…是变量名称，讯息盒下的 1、2、3…是案例名称。变量和案例的修改包括添加、删除、移动、重新定义等。

2.2.2.2　变量操作

工具栏中的**变量 ▼**按钮下拉菜单中包含很多常见的数据管理操作，如图 2-7 所示。菜单上的所有命令项都默认对 Statistica 表中当前选定的变量进行操作。这些操作包括一些简单的任务，如新增、移动数据文件中已经选定变量的位置、复制、删除。同时还包括其他操作，如转变日期值、重新计算电子表格计算公式、滞后文件中的一个或多个变量、将文件中的行数据值进行等级转换、记录一个与数据文件中其他变量存在某种逻辑关系的变量以及创建一个数据子集等。需要注意的是，子菜单中的"复制"和"删除"命令与"编辑"菜单中的命令有很大差别。利用子菜单可选择性地复制变量并粘贴到需要的位置。

每个变量都有与之相关的一系列性质或格式界定。单击选中一个变量，或从**变量 ▼**下拉菜单中选择"规格"，或单击右键选择"变量规格"，或双击变量名称，将显示该变量属性对话框，如图 2-8 所示。

变量对话框中，"名称"文本框中是变量的名称，同时显示在数据表中每列数据的标题上。

"类型"文本框中是变量的数据类型，Statistica 表格数据文件支持 4 种基本的数据类型："双精准"是默认的数值存储格式，每一个数值都附有一个独特的文本标注，如果数据类型是两位，那么每个单元的存储会占用 8B，包括可选择的文本标注。"文本"数据类型最适于存储字符串，文本变量类型所保留的字符段的长度不是固定的，可以进行调整。"整数"是选择整个数值的数据类型，如果选择了该类型，就不能把包含小数的数值赋给此变量。每一个数值都附有一个独特的文本标注。当数据类型是整数时，每个单元的存储会占用 4B，包括可选择的文本标注。因此，整数存储数据时更加节约存储空间，适于在数据量大的文件中存储整数数据。"位"数据类型存储包含 0～255 之间的整数，因此不能把包含小数的数值赋给此类变量。每一个数值都附有一个独特的文本标注。把数据类型设为位的好处是，对小整数数值来说，位类型最节省存储空间，因此存储每个单元仅占用1B，包括可选择的文本标注。

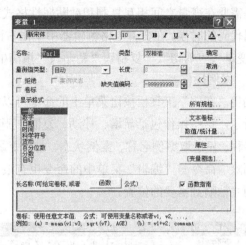

图 2-7　"变量"子菜单　　　　　　　　　　图 2-8　变量对话框

　　"量测值类型"下拉列表中是变量的各种度量尺度，可以设置为"尚未制定"、"自动"、"连续"、"类别"、"顺序"等。"长度"选项只有在将数据的类型设定为文本类型时才可以进行设定，主要用来规定变量最长的字节数。选择"拒绝"复选框，表示该变量不参与分析/画图。选择"卷标"复选框，表示所选变量的值通过变量标签进行解释和说明，可以用来识别特定图像上的点。"缺失值编码"是用来指定空白单元内的缺失数据或某些在计算过程中准备忽略的数值数据的。在"显示格式"选框中，可以为变量选择一种格式。当选择某种格式后，选框右侧空白处将显示一个附加的格式选框。"小数点位数"格式选框只有选择了数字、科学符号、货币或百分位数类型时才会显示，用来指定数据表中数字小数点后的位数。"长名称"选框是用来为变量提供更长描述的框，可以选择性地与统计分析结果一起打印出来。"长名称"选框可以用来定义数据表中的公式。

　　使用文本卷标有助于解释变量取值的含义。例如，在表格中一栏变量数据分别为1和2，单击"数据"→"文本卷标编辑器"，打开文本卷标编辑器，如图2-9所示，将数据值1指定为 MALE，2指定为 FEMALE，当单击"确定"按钮后，变量栏中所有1自动变为 MALE，2变为 FEMALE。

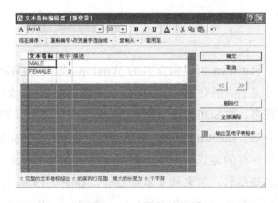

图 2-9　文本卷标编辑器

单击"变量"→"全部规格"可打开变量规格编辑器，在变量规格编辑器中可以检查或编辑所有变量的属性设定，如图 2-10 所示。这使得比较或编辑一些变量的属性格式非常方便，尤其是需要在变量之间相互复制和粘贴属性格式或扩展定义格式或一个接一个变量地填充缺失数据代码的时候。在变量规格编辑器中单击右键，会看到快捷命令菜单，包含"新增变量"、"删除变量"、"剪切"、"复制"、"粘贴"、"填满/向下复制"命令。

2.2.2.3 案例操作

利用"案例"工具栏按钮菜单上的命令可以执行数据文件中所选择的案例的操作，如图 2-11 所示，这些操作包括新增、移动、复制、删除、案例名称管理员、排序案例、删除所有案例名称、仅选取案例名称、案例状态。与"变量"子菜单类似，"案例"子菜单中的"复制"和"删除"命令与"编辑"菜单中的命令也有很大差别，利用"案例"子菜单可选择性地复制案例并粘贴到需要的位置。

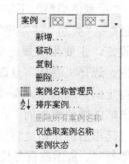

图 2-10 变量规格编辑器   图 2-11 "案例"子菜单

案例名称可用作表格中观测值结果的唯一标识符，也会在很多图形中作为默认标签。在数据表中输入案例名称的方法是：双击任一案例的灰色标题，即激活案例名称输入，在此区域输入样本的名称，按回车键，就会完成输入并移到下一案例名称区域。单击"案例"工具栏子菜单，案例名称管理器激活对话框，即可对案例名称的宽度和高度进行设置；也可以拖动表格边界线进行改动。

2.2.3 数据输出

通过文件输出工具，Statistica 可以向众多的 Windows 以及非 Windows 应用程序输出数据。从"文件"下拉菜单中选择"另存为"选项即显示相应的对话框，如图 2-12 所示。Statistica 可以保存的文件类型有很多，如 Statistica 表格、Excel、SPSS、SAS、JMP、Minitab、dBASE、Text、HTML、Lotus 工作表、quattro Pro/Dos 以及 PDF 文件。选择完需要另存为的文件类型后，需要指定文件被转化保存的方式。例如，要将文件另存为 Excel 工作表，需要确定数据文件的范围以及是否输出变量名、组名和文本标签等，如图 2-13 所示。

Statistica 直接导出结果的基本途径有 4 种：工作簿、报告、Word 和独立的窗口。单击"工

具"→"选项"菜单命令，即出现"选项"对话框，单击"输出管理员"选项卡，如图 2-14
所示，即可调整 Statistica 输出选项。

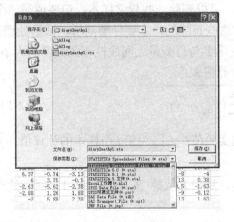

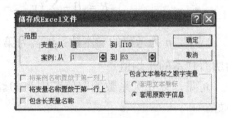

图 2-12 "另存为"对话框　　　　　　　　　　　　　图 2-13 输出设置

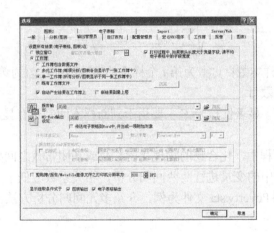

图 2-14 "输出管理员"选项卡

2.3 统 计 分 析

2.3.1 多元回归

2.3.1.1 介绍

多元回归（multiple regression）概念由 Person 在 1908 年首次提出，主要是为了分析多个
自变量、预测变量与因变量或尺度变量之间的关系。多元回归分析在社会科学和自然科学中
应用十分广泛。一般来说，多元回归可以让研究者研究（并很有可能找到答案）一些一般性
的问题，比如"预测（或影响）……的最好变量是什么？"。例如，教育学研究者可能想知道
最能影响高校成功者的因素是什么；心理学家可能想了解影响社会适应度的个体因素是什么；
社会学家可能想从社会众多因素中找到最能影响移民群体适应和融入新社会的变量；药学家
可能对什么因素引起药物高效更感兴趣等。

在回归分析中，为了评价回归结果的好坏，常用到以下几个重要指标。

（1）样本数 n 样本数即案例数，样本数目不能过少，一般不能少于 10 个，10 个以下的样本一般意义不大，样本数目越多越好。最后建立的回归方程，要求样本数目至少是变量数的 5 倍以上。同时，为了建立的模型预测能力强，可以删除一些异常样本，但要遵循一个原则：删除样本不能超过总样本数的 10%，同时对这些删除的样本要仔细剖析，慎重处理。

（2）复相关系数 R 复相关系数描述方程中因变量 Y 与自变量之间线性相关程度的大小，一般以字母 R 表示。复相关系数一般由式（2-1）计算得来：

$$R = \sqrt{1 - \sum_{i=1}^{n}(y_{\exp,i} - y_{\text{calc},i})^2 \Big/ \sum_{i=1}^{n}(y_{\exp,i} - \overline{y})^2} \tag{2-1}$$

式中，n 为考察的样本数；$y_{\exp,i}$ 为第 i 个样本的实验值；$y_{\text{calc},i}$ 为第 i 个样本的计算值；$\overline{y}$ 为所有样本的平均值。

可见，复相关系数的取值范围为 $0 \leqslant R \leqslant 1$，显然，复相关系数 R 越接近于 1，回归效果越好。

（3）标准偏差 S 标准偏差是判断回归效果好坏的又一个标准，反映了数据的离散程度。其计算式如下：

$$S = \sqrt{\sum_{i=1}^{n}(y_{\text{calc},i} - y_{\exp,i})^2 \Big/ (n - m - 1)} \tag{2-2}$$

式中，n 为考察的样本数；$y_{\exp,i}$ 为第 i 个样本的实验值；$y_{\text{calc},i}$ 为第 i 个样本的计算值；m 为回归方程中自变量的数目。

（4）显著性检验 F 显著性检验 F 主要用于判断样本间是否有显著差别。F 越大，说明样本间差别越显著。

另外，在最后的方程中，化合物的物理化学参数或基团常数之间要呈正交性。判别正交性的简单办法是将方程中的变量进行两两回归分析，相关系数应低于 0.8。

下面以软件自带的 Poverty.sta 文件为例，介绍多元回归分析方法。

2.3.1.2 分析方法

（1）基本过程 一个国家对 30 个地区的相关信息进行了统计，并将数据保存为 Poverty.sta 文件。打开 Datasets 文件夹中案例 Poverty.sta 文件，数据表包括 7 个变量，30 个案例（分别代表 30 个地区）。单击"变量/全部规格"，弹出"变量规格编辑器"对话框，如图 2-15 所示，7 个变量分别代表 1960～1970 年人口变化（POP_CHNG）、从事农业的人数（N_EMPLD）、贫困线以下家庭比重（PT_POOR）、住宅农田税率（TAX_RATE）、拥有电话的居民比重（PT_PHONE）、农村人口比重（PT_RURAL）、平均年龄（AGE）。为了找到导致国家贫困的影响因素，可以将 PT_POOR 变量作为因变量，其余变量作为自变量来进行回归分析。

选择"统计"菜单下的"多元回归"命令，显示"多元线性回归"对话框，如图 2-16 所示。选择"进阶"选项卡，单击"变量"按钮，出现如图 2-17 所示的反应变量与独立变量列表。左侧为反应变量（因变量），右侧为独立变量（自变量），选择 3-PT_POOR 为因变量，其余 6 项为自变量，单击"确定"按钮，返回至图 2-16 对话框，选择"进阶选项（逐步或脊回归）"复选框，单击"确定"按钮，进入"模型定义"对话框，如图 2-18 所示。

在"模型定义"对话框中，可以对回归方法进行选择。可选择的方法有标准回归、向前逐步回归、向后逐步回归。"标准回归"可以计算得到所有自变量的标准相关系数矩阵，得到的方程中自变量按照数据表中的顺序排序；"逐步回归"通过调整进入模型之 F 值，可以对自变量进行筛选，选出影响大的变量，剔除影响小或无影响的变量。

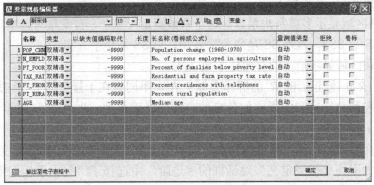

图 2-15　Poverty.sta 文件中的变量信息

图 2-16　"多元线性回归"对话框

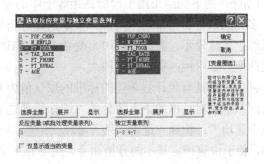

图 2-17　反应变量与独立变量列表

在如图 2-18 所示的对话框的"方法"下拉列表框中选择"标准"，单击"确定"按钮，得到如图 2-19 所示的多元回归分析结果。"多元回归分析结果"对话框中包含三部分内容。

图 2-18　"模型定义"对话框

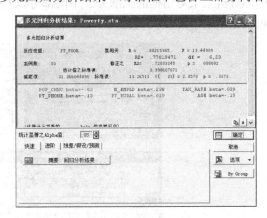

图 2-19　多元回归分析结果

多元回归分析结果的上部分汇总了以下信息。

反应变量：该区域显示因变量的名称。

复相关 R：该区域显示复相关系数，是 R^2 的正平方根。这个统计量在多元回归（即有多个自变量）中描述变量之间的关系非常有用。

F/df/p（F 值/自由度/p 值）：这三个值用作检验因变量和一定自变量之间关系的整体 F 检验。这里 F=回归均方/残差均方。

R^2（R^2）：该区域显示多重判决系数，这个系数测量（多个）自变量对因变量的解释程度。R^2=1−（残差 SS/总 SS），残差 SS 是残差平方和，总 SS 是总平方和。

案例数：该区域显示最小的有效样本数（N）。

修正之 R^2（R^2）：修正后的 R^2 的解释类似于 R^2，不同点在于修正的 R^2 考虑了自由度。它是由残差平方和和总平方和除以它们各自的自由度修正得到。R^2=1−[（残差 SS/自由度）/（总 SS/自由度）]。

估计值之标准误差：该项测量的是实际观测值分散在回归直线的离散程度。

截距项：如果在"模型定义"对话框的"进阶"中选择了"包含于模型中"，则在此显示截距值。如果选择"设定为零"，则该项不显示。

标准误差：截距的标准误差。

t 和 p：两者的结果用于检验截距等于零的原假设。

多元回归分析结果的中间部分显示的是分析中各变量的系数。具有统计显著性的回归系数用红色字体显示。在此分析中，变量 POP_CHNG 和 PT_RURAL 呈红色，表示是显著的，即这两个因素对地区贫困影响很大。

判定是否具有统计显著性的标准的默认值为 0.05，也可以对该值进行修改，方法是：在多元回归结果对话框的下方部分的"统计显著之 Alpha 值"后面进行设置。此外，下方还包括三个选项卡：快速、进阶、残差/假设/预测。一般情况下，"快速"选项卡中包含最常用的选项，便于快速指定基本的分析命令，免除在多个选项中寻找的麻烦。"进阶"选项卡除了包含"快速"选项卡中的选项外，还包含一些不太常用的选项。"残差/假设/预测"选项卡主要对残差、预测进行分析。

单击"快速"选项卡下的"摘要：回归分析结果"按钮，会出现三个文件，分别对应多元回归分析结果对话框的上部分、中间部分以及汇总的 Word 文档，如图 2-20 所示。回归方程可根据结果中的 B 列写出。

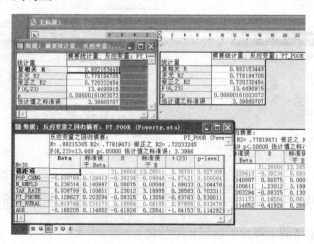

图 2-20　回归分析结果内容

"进阶"选项卡中可以显示更多的结果，如方差分析（整体适合度检验）、协方差、逐步回归摘要等。需要注意的是，只有当进行逐步回归时，"逐步回归摘要"才是可用项，单击会产生一个逐步回归过程的汇总。

利用"标准回归"进行分析的结果说明该分析是显著的，且模型的自变量解释了因变量近 78% 的变化。其中，人口变化和农村人口比重是最显著的自变量。

对上述例子如果采用"向前逐步回归"方法，当进入模型之 F 值设置为 1 时，结果显示变量数为 5，剔除掉一个变量；当设置为 2 时，除了显著相关的两个自变量，其余变量均被剔除。同样，采用"向后逐步回归"方法，通过设置进入模型之 F 值与自模型中移除之 F 值，也可以达到剔除变量的目的。可见，当自变量数量较多时，可采用逐步回归方法剔除无用或相关性不大的变量，使样本数/变量数满足 5 倍关系。

（2）结果分析　单击"残差/假设/预测"按钮可对结果进行进一步分析。在进行回归分析时，应该始终检查预测值和残差值，尤其是极端异常值可引起严重偏差导致错误结论。在"残差/假设/预测"选项卡下单击"执行残差分析"按钮，显示"残差分析"对话框，如图 2-21 所示。"残差分析"对话框中有 8 个标签：快速、进阶、残差、预测值、散点图、概率图、奇异值、储存。该对话框包含多重检验残差的方法，有助于对多元回归分析中的一些基本假设进行分析。

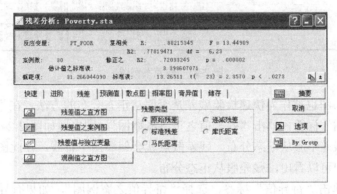

图 2-21　"残差分析"对话框

单击"残差"标签，如图 2-21 所示，在右边"残差类型"中选择"原始残差"单选按钮，单击"残差值之直方图"，则显示如图 2-22 所示的残差直方图。利用直方图可以探索观测值、预测值和残差值是否近似服从正态分布。从图中可以看出，残差基本服从正态分布。

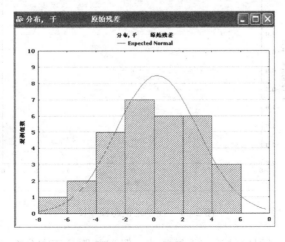

图 2-22　残差直方图

在"残差"选项卡中单击"残差值之案例图",则显示如图 2-23 所示的残差案例图。从图中可以明确看出,没有超出两倍偏差的案例,即当前数据中没有极端异常值。该例中正偏差最大案例为 Haywood,负偏差最大案例为 Morgan。需要注意的是,如果在偏差类型中选择其他选项,"残差值之案例图"可能会输出不同的结果并显示异常值。

数据:原始残差 (Poverty.sta)

原始残差 (Poverty.sta)　　反应变量: PT_POOR

案例名称	原始残差值 (-3s · 0 · +3s)	观测	预测值	残差	标准预测值	标准残差	标准误预测值	马氏距离	逮距残差	库氏距离
Benton		19.00000	19.04284	-0.04284	-0.69977	-0.01260	1.687446	6.18251	-0.0569	0.000010
Cannon		26.20000	30.66326	-4.46326	1.34996	-1.31326	1.610880	5.54199	-5.7549	0.091931
Carrol		18.10000	20.07600	-1.97600	-0.51753	-0.58141	1.437604	4.22222	-2.4066	0.012817
Cheatheam		15.40000	15.82975	-0.42975	-1.26653	-0.12645	2.307038	12.39639	-0.7970	0.003620
Cumberland		29.00000	24.72018	4.27982	0.30166	1.25929	1.536954	4.96420	5.3801	0.073216
DeKalb		21.60000	24.16319	-2.56319	0.20341	-0.75419	1.750005	6.72242	-3.4880	0.039896
Dyer		21.00000	21.20206	0.69794	-0.31890	0.20536	0.950961	1.30383	0.7572	0.000555
Gibson		18.90000	18.91778	-0.01778	-0.72183	-0.00523	1.343078	3.58230	-0.0211	0.000001
Greene		21.10000	22.14058	-1.04058	-0.16336	-0.30618	0.963812	1.36561	-1.1316	0.001274
Hawkins		23.80000	23.09570	0.70430	0.01512	0.20723	0.964227	1.36762	0.7660	0.000584
Haywood		40.50000	34.80323	5.69677	2.08022	1.67621	2.305833	12.38243	10.5557	0.634560
Henry		21.60000	17.98786	3.61214	-0.88586	1.06283	1.637697	5.76718	4.7045	0.063563
Houston		25.40000	21.34889	4.05111	-0.29301	1.19199	1.356520	3.65340	4.8188	0.045754
Humphreys		19.70000	17.49837	2.20163	-0.97220	0.64780	1.400980	3.91780	2.6523	0.014785
Jackson		38.00000	35.51002	2.48998	2.20489	0.73265	1.876218	7.87151	3.5815	0.048350
Johnson		30.10000	28.48853	1.61148	0.96636	0.47416	1.449629	4.30867	1.9698	0.008730
Lawrence		24.80000	24.19155	0.60845	0.20941	0.17903	0.767543	0.51245	0.6412	0.000269
McNairy		30.30000	26.64635	3.65365	0.64142	1.07504	0.993994	1.51397	3.9954	0.016888
Madison		27.60000	17.63004	1.86996	-0.94898	0.55021	1.329487	3.47110	2.2078	0.009226
Marshall		15.60000	20.48490	-4.88490	-0.44540	-1.43732	1.258301	3.00859	-5.6609	0.054329
Maury		18.60000	18.60646	-1.40646	-0.77674	-0.41383	1.157579	2.03765	-1.6910	0.003632
Montgomery		18.40000	17.47347	0.92653	-0.97659	0.27262	2.127943	10.40217	1.5240	0.011261
Morgan		19.20000	33.69400	-6.39400	1.88456	-1.88136	1.924923	8.33633	-9.4139	0.351614
Sevier		19.20000	22.53623	-3.33623	-0.08357	-0.98165	1.460538	4.38910	-4.0919	0.038246
Shelby		16.80000	17.45804	-1.45804	-0.83820	-0.42901	3.237884	25.35532	-15.7891	2.798852
Sullivan		13.20000	16.69266	-3.49266	-1.11432	-1.02767	1.221400	2.77886	-4.0107	0.025695
Trousdale		29.70000	27.25473	2.44527	0.74873	0.71949	1.400021	3.95447	2.9450	0.018203
Unicoi		21.80000	21.86838	-2.06838	-0.20137	-0.60855	1.765652	6.86053	-2.8330	0.026792
Wayne		27.70000	31.32223	-3.62223	1.46620	-1.06580	2.386245	13.32971	-7.1441	0.311191
Weakley		20.50000	18.15275	2.34725	-0.85677	0.69065	1.108113	2.11627	2.6265	0.009070
最小值		13.20000	15.82975	-6.39400	-1.26653	-1.88136	0.767543	0.51246	-15.7891	0.000001
最大值		40.50000	36.61002	5.69677	2.20489	1.67621	3.237884	25.35532	10.5557	2.798852
平均		23.01000	23.01000	0.01000	0.00000	0.00000	1.557254	5.80000	-0.5022	0.157146

图 2-23　残差案例图

残差概率分布图也被作为快速检验残差是否服从正态分布的方法。在"残差分析"对话框中单击"概率图"标签,单击"残差值之正态概率图",则出现如图 2-24 所示的残差之正态概率图。如果残差不服从正态分布,残差散点就会偏离图中直线,在此图中,异常值也会变得明显。从图中可以看出,残差服从正态分布。

也可以直接单击"奇异值"标签,选择"奇异值之案例图",如果有异常值存在,则会显示对应的对话框,如果没有,则显示"数据文件中未包含奇异值"。

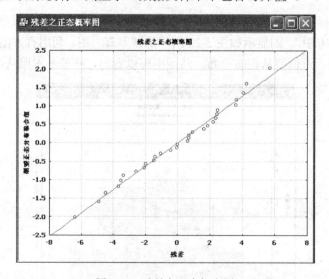

图 2-24　残差之正态概率图

从残差分析结果可以得出结论:无异常值,且残差服从正态分布。因此,回归分析结果可以接受。

　　在"残差/假设/预测"选项下，单击"描述统计"，则显示"查看描述统计"对话框，如图 2-25 所示。对话框中包括三个标签：快速、进阶、矩阵。这些标签的选项中包含所有变量的描述统计、变量间的相关系数和方差、分析中变量间的关系和变量的分布等。为了进行后续分析，可单击"矩阵"标签下的"矩阵"按钮保存相关系数矩阵。

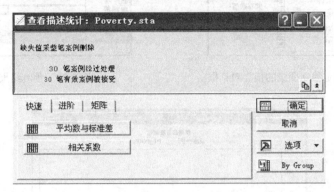

图 2-25　"查看描述统计"对话框

　　单击"相关系数"按钮，即可显示模型中所有变量的相关系数矩阵，如图 2-26 所示。由于因变量是 PT_POOR，需要注意各自变量对于因变量的相关系数。从图中可以看出，相关系数最大的自变量是 PT_PHONE，其次为 POP_CHNG。对因变量显著相关的两个自变量 POP_CHNG 和 PT_RURAL 之间的相关性为 –0.018770，表现为不相关。

变量	POP_CHNG	N_EMPLD	TAX_RATE	PT_PHONE	PT_RURAL	AGE	PT_POOR
POP_CHNG	1.000000	0.040296	0.130987	0.378333	-0.018770	-0.146903	-0.649111
N_EMPLD	0.040296	1.000000	0.103548	0.355492	-0.657735	-0.363706	-0.167687
TAX_RATE	0.130987	0.103548	1.000000	-0.038022	0.023300	-0.046692	0.008984
PT_PHONE	0.378333	0.355492	-0.038022	1.000000	-0.748583	-0.078356	-0.733467
PT_RURAL	-0.018770	-0.657735	0.023300	-0.748583	1.000000	0.314420	0.512603
AGE	-0.146903	-0.363706	-0.046692	-0.078356	0.314420	1.000000	0.020675
PT_POOR	-0.649111	-0.167687	0.008984	-0.733467	0.512603	0.020675	1.000000

图 2-26　变量的相关系数矩阵

　　对于得到的模型，可以利用它来对未知的案例或样本进行预测。在"残差/假设/预测"选项下，单击"反应变量之预测值"，则显示"制定独立变量的值"对话框，如图 2-27 所示。在此对话框中，可以输入自变量的指定值，以便预测因变量的值，也可根据需要输入共同值，单击"套用"按钮。例如，输入第一个案例 Benton 的各项数值，单击"确定"按钮，则得到预测值结果，如图 2-28 所示。从图中可以看出，预测值为 19.0428，与"预测值之案例图"显示的预测结果一致。

　　为了显示因变量实验值和预测值之间的相关性图形，在"残差分析"下单击"散点图"标签，单击"预测值与观测值"按钮，即出现预测值与观测值相关性图，如图 2-29 所示。默认的横坐标为预测值，纵坐标为观测值。实线直线为拟合直线，虚线为 95% 的置信区间。双击图形空白处，出现如图 2-30 所示界面，可以根据需要对图形进行相关设置。

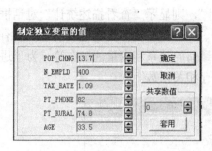

图 2-27 "制定独立变量的值"对话框

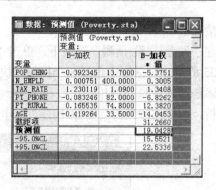

图 2-28 预测结果图

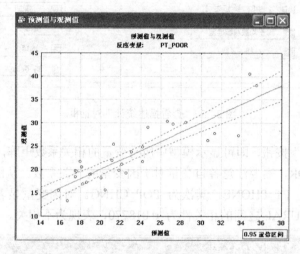

图 2-29 预测值与观测值相关性图

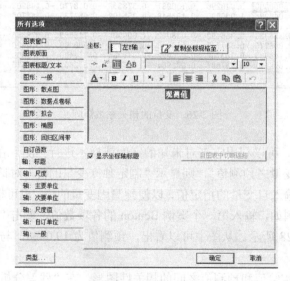

图 2-30 图形设置界面

2.3.1.3 实例

【例 2-1】对羟基苯甲酸酯类抑制真菌活性 $\log 1/C$(以 Y 表示)与化合物的疏水参数 $\log P$

（以 X 表示）有一定的关系，数据列于表 2-1 中。请确定活性与疏水参数之间的关系。

$$HO—\langle\bigcirc\rangle—COOR$$

表 2-1　对羟基苯甲酸酯类活性和疏水参数数据

项目	1	2	3	4	5	6	7
R	CH_3	C_2H_5	C_3H_7	C_4H_9	C_5H_{11}	C_6H_{13}	C_7H_{15}
X	1.45	1.95	2.45	2.95	3.45	3.95	4.45
Y	1.80	2.40	3.00	3.00	3.20	3.60	4.22

步骤：

✧ 打开 Statistica 软件，新建一个变量数为 2，案例数为 7 的文件，保存为 benzoate.sta。

✧ 将表 2-1 中的数据输入到文件中。为了便于区分自变量与因变量，将 Y 数据输入至文件中的第一列，将 X 数据输入至第二列。

✧ 更改变量名称分别为 Y、X，保存。

✧ 单击"统计"→"多元回归"命令，在弹出对话框中单击"变量"，选择 Y 为反应变量，X 为独立变量，单击"确定"按钮。

✧ 单击"确定"按钮，得出回归结果。R 为 0.971；X 变量系数为 0.971，呈红色，表示为显著相关。

✧ 单击"摘要：回归分析结果"，如图 2-31 所示。

✧ 根据结果可以得出活性与疏水参数之间的定量关系模型为：

$$Y = 0.704 \quad X + 0.954 \tag{2-3}$$
$$N = 7, R = 0.971, S = 0.205, F = 82.924$$

✧ 单击"残差/假设/预测"选项下的"执行残差分析"按钮，在"散点图"标签下单击"预测值与观测值"按钮，即出现预测值与观测值相关性图，如图 2-32 所示。从图中可以看出预测值与观测值相关性良好。

图 2-31　例 2-1 的回归结果

【例 2-2】N, N-二甲基-2-溴苯乙胺衍生物是肾上腺素能阻断剂。R_1、R_2 为苯环上的取代基。结构信息参数采用通常的取代基疏水参数 p，电子参数 s，活性指标采用大鼠半数有效量 ED_{50}[表中的 $log1/C = log(MW/ED_{50})$]，见表 2-2。请利用多元线性回归方法建立 $log1/C$ 与参数之间的定量构效关系模型。

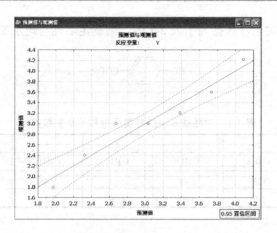

图 2-32　例 2-1 的相关性图

表 2-2　*N, N*-二甲基-2-溴苯乙胺衍生物结构、性质与活性

序号	取代基		疏水参数				电子参数			ED_{50}	$\log 1/C$
	R_1	R_2	p_{R_1}	p_{R_2}	$\sum \pi$	$(\sum \pi)^2$	s_{R_1}	s_{R_2}	$\sum \sigma$		
1	H	H	0	0	0	0	0	0	0	35.00	7.46
2	F	H	0.15	0	0.15	0.02	0.06	0	0.06	7.00	8.16
3	Cl	H	0.70	0	0.70	0.49	0.23	0	0.23	2.10	8.68
4	Br	H	1.02	0	1.02	1.04	0.23	0	0.23	1.30	8.89
5	I	H	1.26	0	1.26	1.59	0.28	0	0.28	0.56	9.25
6	CH_3	H	0.52	0	0.52	0.27	−0.17	0	−0.17	0.50	9.30
7	H	F	0	0.13	0.13	0.02	0	0.34	0.34	30.00	7.52
8	H	Cl	0	0.76	0.76	0.58	0	0.37	0.37	7.00	8.16
9	H	Br	0	0.94	0.94	0.88	0	0.39	0.39	5.00	8.30
10	H	I	0	1.15	1.15	1.32	0	0.35	0.35	4.00	8.40
11	H	CH_3	0	0.51	0.51	0.26	0	−0.07	−0.07	3.50	8.46
12	F	Cl	0.15	0.76	0.91	0.83	0.06	0.37	0.43	6.40	8.19
13	F	Br	0.15	0.94	1.09	1.19	0.06	0.39	0.45	2.70	8.57
14	F	CH_3	0.15	0.51	0.66	0.44	0.06	−0.07	−0.01	1.50	8.82
15	Cl	Cl	0.70	0.76	1.46	2.13	0.23	0.37	0.60	1.30	8.89
16	Cl	Br	0.70	0.94	1.64	2.69	0.23	0.39	0.62	1.20	8.92
17	Cl	CH_3	0.70	0.51	1.21	1.46	0.23	−0.07	0.16	1.10	8.96
18	Br	Cl	1.02	0.76	1.78	3.17	0.23	0.37	0.60	1.00	9.00
19	Br	Br	1.02	0.94	1.96	3.84	0.23	0.39	0.62	0.45	9.35
20	Br	CH_3	1.02	0.51	1.53	2.34	0.23	−0.07	0.16	0.60	9.22
21	CH_3	CH_3	0.52	0.51	1.03	1.06	−0.17	−0.07	−0.24	0.50	9.30
22	CH_3	Br	0.52	0.94	1.46	2.13	−0.17	0.39	0.22	0.30	9.52

　步骤：

　✧ 打开 Statistica 软件，新建一个变量数为 8、案例数为 22 的文件，保存为

phenethylamine.sta。

❖ 将表 2-2 中的活性数据列 log1/C 输入到文件第一列中，将其余参数输入至后面列中并修改变量名称。

❖ 单击"统计"→"多元回归"命令，选择"进阶"选项，在对话框中单击"变量"按钮，选择第一列为反应变量，其余为独立变量，单击"确定"按钮。

❖ 在"进阶"选项（逐步或脊回归）前打上钩，单击"确定"按钮。

❖ 在"模型定义"对话框下选择"向前逐步"作为回归方法，单击"确定"按钮，得出回归结果。R 为 0.954。共有 5 个变量进入方程，分别为 p_{R_1}、$\sum\pi$、$(\sum\pi)^2$、s_{R_1}、s_{R_2}，其中 4 个为红色，显著相关。

❖ 选择"残差/假设/预测"选项卡，单击"描述统计"按钮，在出现的对话框中选择"快速"标签，单击"相关系数"，如图 2-33 所示。从结果可以看到，$\sum\pi$ 与 $(\sum\pi)^2$ 两个变量之间的相关性为 0.955，s_{R_2} 与 $\sum\sigma$ 之间的相关性也有 0.817。前面说过，方程中的变量之间相关系数一般不能超过 0.8，否则，方程可能不稳定。s_{R_2} 与 $\sum\sigma$ 中仅 s_{R_2} 进入方程，但 $\sum\pi$ 与 $(\sum\pi)^2$ 却同时存在于方程里，因此要进行调整。

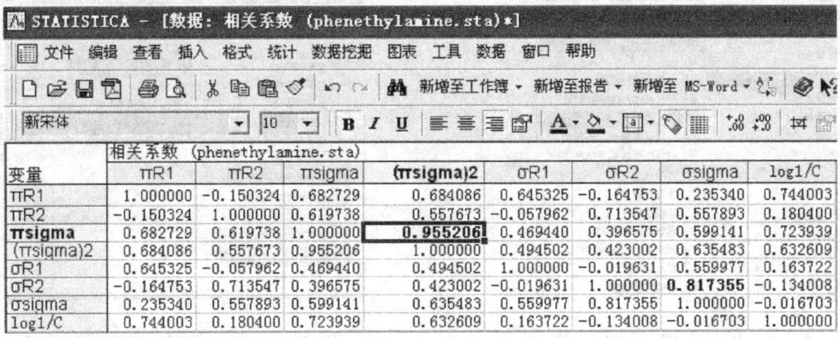

变量	相关系数 (phenethylamine.sta)							
	πR1	πR2	πsigma	(πsigma)2	σR1	σR2	σsigma	log1/C
πR1	1.000000	-0.150324	0.682729	0.684086	0.645325	-0.164753	0.235340	0.744003
πR2	-0.150324	1.000000	0.619738	0.557673	-0.057962	0.713547	0.557893	0.180400
πsigma	0.682729	0.619738	1.000000	**0.955206**	0.469440	0.396575	0.599141	0.723939
(πsigma)2	0.684086	0.557673	0.955206	1.000000	0.494502	0.423002	0.635483	0.632609
σR1	0.645325	-0.057962	0.469440	0.494502	1.000000	-0.019631	0.559977	0.163722
σR2	-0.164753	0.713547	0.396575	0.423002	-0.019631	1.000000	**0.817355**	-0.134008
σsigma	0.235340	0.557893	0.599141	0.635483	0.559977	0.817355	1.000000	-0.016703
log1/C	0.744003	0.180400	0.723939	0.632609	0.163722	-0.134008	-0.016703	1.000000

图 2-33　例 2-2 的相关系数

❖ 关闭结果界面，单击左下角的"查看描述统计"，单击两次"取消"按钮，进入"模型定义"对话框。

❖ 在"逐步"标签下，将"进入模型之 F 值"设置为 3（可根据结果多次设定，直至结果满意），单击"确定"按钮。回归结果为 $R=0.947$。共有 4 个变量进入方程且全部为红色，分别为 p_{R_1}、$\sum\pi$、s_{R_1}、s_{R_2}。

❖ 查看"奇异值"，结果显示 1 号化合物为异常值。

❖ 删除 1 号化合物的活性值，即仅删除数值 7.46 即可。

❖ 单击"统计"→"多元回归"命令，选择"进阶"选项，在对话框中单击"变量"，选择第一列为反应变量，p_{R_1}、$\sum\pi$、s_{R_1}、s_{R_2} 为独立变量，在"方法"中选择"标准回归"，单击"确定"按钮，得出回归结果，R 为 0.956。

❖ 查看"残差值之直方图"，残差呈正态分布。

❖ 根据结果可以得出活性与参数之间的定量关系模型为：

$$\log 1/C = 0.647 \times p_{R_1} + 0.737 \times \sum\pi - 1.983 \times s_{R_1} - 1.025 \times s_{R_2} + 8.029 \tag{2-4}$$

$$N=21, R=0.956, S=0.168, F=42.027$$

❖ 从方程可以看出，p_{R_1}、$\sum\pi$ 与活性呈正相关，即参数越大，活性越高；s_{R_1} 与 s_{R_2} 和活性呈负相关，即参数越大，活性越低。局部参数较整体参数重要。

2.3.2 高级回归

2.3.2.1 介绍

以软件自带的文件为例，简单介绍高级回归使用方法。此例中，以三个月为研究时间段，基于人们花费在其他 9 种活动（包括家务劳动、看电视、购物、照看孩子、睡觉等）上的时间，分析人们花费在工作上的时间长短是如何被决定的。除此之外，本例还要考虑性别和人们居住区域两个分类变量。

2.3.2.2 基本过程

打开 Datasets 文件夹中的实例文件 Activities.sta，文件包含 28 个案例，12 个变量，其中第 11 和 12 个变量为性别和居住区域分类变量。如图 2-34 所示，单击"统计"→"进阶线性/非线性模型"菜单，选择"一般化回归模型"选项，出现"一般化回归模型"对话框，如图 2-35 所示。在"分析类型"中选择"一般化线性模型"，单击"确定"按钮，显示"一般化线性模型"对话框，如图 2-36 所示。对话框中有两个选项卡，分别为"快速"和"选项"。

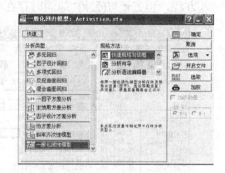

图 2-34 "一般化回归模型"菜单　　　　图 2-35 "一般化回归模型"对话框

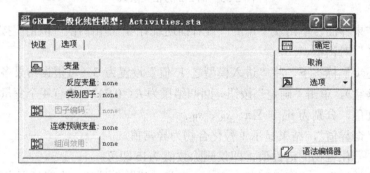

图 2-36 "一般化线性模型"对话框

在"快速"选项卡中，单击"变量"按钮，出现变量选择的对话框，如图 2-37 所示。选择 1-WORK 为反应变量，11 和 12 为类型预测变量，2~10 为连续预测变量。单击"确定"按钮。

在"选项"选项卡中，选择"最佳子集"为模型建立方法，如图 2-38 所示。软件会自动搜索被选自变量所有可能的子集，也可选择控制搜索最佳子集的各附加选项。在本例中，由于有交互作用（GENDER 和 GEO.REGION），所以将停止值增加 1，由默认的 11 改为 12，即所选自变量的个数最大为 12。其他选项均设为默认值，以搜索得到的模型 R^2 最大。需要注意的是，当模型中有很多自变量时，所有可能子集的总数变得过大。

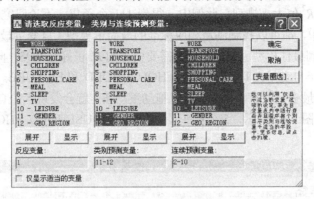

图 2-37　变量选择

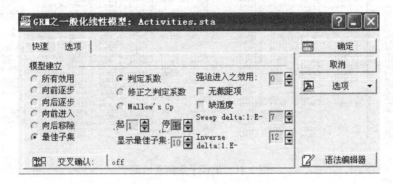

图 2-38　模型建立方法选择

2.3.2.3　结果分析

单击"确定"按钮，显示 GRM 结果，如图 2-39 所示。

结果包含很多项，使用者可根据需求选择相应的标签单击。在"快速"选项卡中，单击右边"所有效用"按钮，将出现三个表格，如图 2-40 所示，分别为：显著性之单变量检验、参数估计、整体模型平方和与残差平方和之检验。从整体模型平方和与残差平方和之检验结果可以看出，R^2 为 0.996，即当前模型可以解释 WORK（工作时间）99% 以上的信息量。

图 2-39　GRM 结果

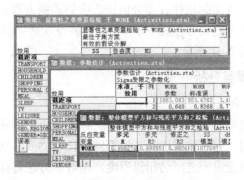

图 2-40　所有效用结果

单击“最佳子集回归摘要”按钮，将以表格形式给出所有模型子集，如图 2-41 所示，模型子集的顺序按照 R^2 值大小排列。此例中，得到 111 个子集。不论研究者对 R^2 的标准要求是多少，在此表格中，都可以找到满足相应标准的最简单模型（自变量最少）；也可以根据自变量的要求数量得到最佳模型。例如，如果需要模型的 R^2 正好是 0.95，向下拖动滚动条，就可发现模型仅有三个自变量：TRANSPORT, HOUSEHOLD 和 LEISURE。或者，按照 5 倍关系，本例 28 个样本最多只能有 5 个自变量，拖动滚动条，就会发现 5 个自变量的模型最好的是 R^2 为 0.9936，如图 2-42 所示，5 个自变量分别是：HOUSEHOLD, SHOPPING, SLEEP, TV, LEISURE。

数据：最佳子集摘要．变量：WORK (Activities.sta)

最佳子集摘要：变量：WORK (Activities.sta)
R2 与标准化
回归系数，于每一项次模型

子集编号	R2	数目效用	TRANSPORT	HOUSEHOLD	CHILDREN	SHOPPING	PERSONAL CARE	{8}MEAL	{9}SLEEP	{10}TV	LEISURE	GENDER	GEO.REGION	1*2
1	0.996551	12	0.135341	-0.60985	-0.035930	-0.195423	-0.051023	-0.132858	-0.105181	-0.198360	-0.155087	-0.018921	0.160788	0.027547
2	0.996533	11	0.149853	-0.58687	-0.024668	-0.200471	-0.054394	-0.161152	-0.091785	-0.212701	-0.152030		0.191972	0.029080
3	0.996501	11	0.185530	-0.57683		-0.208796	-0.060195	-0.184899	-0.072041	-0.221537	-0.142942	-0.002494	0.218107	0.034380
4	0.996500	10	0.185309	-0.57455		-0.208950	-0.060285	-0.187069	-0.071496	-0.222819	-0.143078		0.220501	0.034269
5	0.996362	11	0.048430	-0.71339	-0.089276	-0.148946	-0.035171		-0.173389	-0.164952	-0.181967	-0.061221	0.037513	0.015845
6	0.996344	11		-0.70860	-0.091244	-0.171935	-0.033147	-0.039416	-0.176615	-0.159773	-0.180687	-0.042248	0.048723	0.017342
7	0.996314	10		-0.73031	-0.100888	-0.154950	-0.030781		-0.188700	-0.155105	-0.186336	-0.057029	0.020962	0.014556
8	0.996300	11	0.021122	-0.71826	-0.100316	-0.167437	-0.020141	0.002228	-0.175271	-0.133531	-0.183812	-0.070009		0.016042
9	0.996300	10	0.021071	-0.71670	-0.100013	-0.169340	-0.019546		-0.174170	-0.132291	-0.183443	-0.069771		0.016261
10	0.996288	10		-0.72705	-0.104272	-0.165928	-0.021524	0.001959	-0.183830	-0.136031	-0.185927	-0.065355		0.015213
11	0.996288	9		-0.72566	-0.103997	-0.167605	-0.020997		-0.182844	-0.134936	-0.185597	-0.065155		0.015408
12	0.996255	11	0.067573	-0.63953	-0.074249	-0.215213		-0.068248	-0.134022	-0.132303	-0.168880	-0.039461	0.045924	0.026077
13	0.996244	11	0.060876	-0.67346	-0.090874	-0.148855	-0.048193	-0.041056	-0.157340	-0.182191	-0.184228	-0.036893	0.078420	
14	0.996241	10		-0.67672	-0.077526	-0.178441	-0.036888	-0.086436	-0.161855	-0.186025	-0.179883		0.098041	0.018469
15	0.996229	11	0.278309	-0.48640	0.037168	-0.241764	-0.066250	-0.279628		-0.237384	-0.126963	0.024176	0.298421	0.041854
16	0.996219	10	0.030738	-0.68504	-0.094977	-0.195103		-0.019952	-0.160507	-0.119800	-0.179133	-0.058912		0.020735
17	0.996218	10	0.036697	-0.70693	-0.103999	-0.137178	-0.041785		-0.177483	-0.170582	-0.190570	-0.052056	0.039803	
18	0.996197	10	0.027722	-0.69661	-0.099325	-0.183368			-0.169874	-0.124506	-0.182552	-0.061196	-0.007077	0.019272
19	0.996193	10		-0.69303	-0.099613	-0.196792		-0.025375	-0.171158	-0.122952	-0.181455	-0.049228	0.002435	0.020209
20	0.996193	9		-0.69482	-0.100369	-0.195688		-0.022643	-0.171842	-0.122140	-0.181827	-0.050777		0.019974
21	0.996192	9	0.034982	-0.69230	-0.096817	-0.181328			-0.168937	-0.130380	-0.182066	-0.057773		0.019715
22	0.996191	10		-0.71594	-0.110624	-0.145332	-0.038686	-0.007480	-0.186780	-0.163775	-0.192591	-0.046310	0.032348	
23	0.996190	9		-0.72042	-0.112049	-0.142559	-0.037976		-0.189060	-0.162616	-0.193406	-0.049393	0.026866	
24	0.996180	9		-0.70811	-0.105588	-0.184400			-0.179397	-0.121604	-0.185150	-0.058663	-0.013720	0.018234
25	0.996166	9		-0.72809	-0.117998	-0.143433	-0.030166	0.018457	-0.190912	-0.146994	-0.195208	-0.061966		
26	0.996157	8		-0.70478	-0.103359	-0.179852			-0.183401	-0.134749	-0.185649	-0.048161		0.018673

图 2-41 最佳子集摘要结果

数据：最佳子集摘要：变量：WORK (Activities.sta)

最佳子集摘要：变量：WORK (Activities.sta)
R2 与标准化
回归系数，于每一项次模型

子集编号	R2	数目效用	TRANSPORT	HOUSEHOLD	CHILDREN	SHOPPING	PERSONAL CARE	{8}MEAL	{9}SLEEP	{10}TV	LEISURE	GENDER	GEO.REGION	1*2
50	0.994612	7		-0.66541	-0.163508	-0.233694			-0.175896		-0.176406	-0.139696	-0.103835	
51	0.994543	7		-0.80757		-0.146396			-0.161734	-0.207934	-0.194593		0.032707	0.032738
52	0.994358	7		-0.79794		-0.161201		-0.030684	-0.124915	-0.171581	-0.199982			0.028165
53	0.994288	6		-0.81688		-0.141544			-0.141072	-0.188562	-0.203626			0.027808
54	0.993723	6	0.046413	-0.78790		-0.131773			-0.117998	-0.190459	-0.211943			
55	0.993721	6		-0.82144		-0.148819			-0.148736	-0.186481	-0.204362	-0.021842		
56	0.993683	6		-0.81260		-0.138254			-0.150296	-0.204531	-0.208376		0.016087	
57	0.993677	6		-0.82676		-0.125055	-0.011039		-0.136405	-0.197617	-0.214703			
58	0.993670	6		-0.80057		-0.153479		-0.026871	-0.126050	-0.179682	-0.208986			
59	0.993616	5		-0.81716		-0.136323			-0.140210	-0.194486	-0.212082			
60	0.993419	6		-0.90578			-0.126767		-0.181670	-0.338675	-0.215652		0.156809	
61	0.992638	6		-0.82410	-0.114245			0.164993	-0.230568	-0.261221	-0.243643			
62	0.992505	6		-0.94172			-0.048141	0.106308	-0.169757	-0.274454	-0.242954			
63	0.991721	5	0.208826	-0.71641		-0.096222				-0.189346	-0.232439			
64	0.991059	5		-0.74820		-0.222689		-0.172799		-0.115127	-0.217779			
65	0.990615	5		-0.94519				0.143039	-0.192562	-0.291342	-0.245326			
66	0.990178	5		-0.54331	-0.103987	-0.308371		-0.257244			-0.193843			
67	0.990067	5		-0.93538			-0.069600		-0.082827	-0.240409	-0.252923			

图 2-42 5 个自变量的最佳模型

也可以用此软件打印分析报告中的预测方程。选择 GRM 结果对话框中的“报告”选项卡并单击预测式方程式（可以根据需要设置数字位数），带有预测方程的报告窗口就会显示出来，如图 2-43 所示。

2.3.3 聚类分析

2.3.3.1 介绍

聚类分析（cluster analysis）又称群分析、类聚群分析、簇丛分析等，于 1939 年被 Tryon 首次使用。它是按照样品（如不同的化合物或不同的取代基）或变量（如不同的结构信息参数或虚潜变量）之间的相似程度，用数学方法将样品或变量定量分组成群的一种多元统计方法。当获得一批原始数据时，可利用聚类分析，根据分子结构、取代基及物理化学性质、生物性质等对化合物进行分组，进一步研究各组之间的关系。其基本思想是：从一批样本的多个观测指标中，找出能度量指标之间相似程度（亲疏关系）的统计量，构成一个对称的相似性矩阵。在此基础上进一步找寻各变量组合之间的相似程度，按相似程度的大小，把变量逐一归类。关系密切的归类聚集到一个小的分类单位，关系疏远的聚集到一个大的分类单位，直到所有的变量都聚集完毕，形成一个亲疏关系谱系图，用以更自然和直观地显示分类对象（个体或指标）的差异和联系。聚类分析可以对不同的化合物、不同的取代基或不同的结构信息参数等观察对象进行分类，使相似的化合物、相似的取代基或相似的结构信息参数分别聚在一起，达到分类的目的。利用聚类分析有助于挑选变量，分析影响活性的原因。

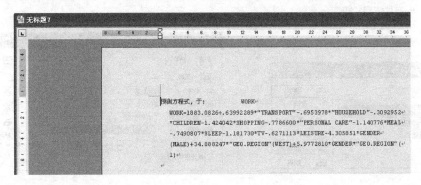

图 2-43　预测方程式

2.3.3.2　分析方法

（1）树状聚类　以软件自带的文件为例，简单介绍聚类分析使用方法。此例中，对不同的汽车进行了调查，收集到一些汽车性能的数据。打开 Datasets 文件夹中实例文件 Cars.sta，文件中包含 22 个案例，案例名称为汽车品牌；5 个变量，分别为价格（PRICE），加速度（ACCELERATION），制动器性能（BRAKING），行使性能（HANDLING），油耗（即每加仑汽油行使的里程，MILEAGE）。为了使数据具有可比性，分析结果不至于出现偏差，所有变量的参数均经过标准化处理。处理方法为，单击"数据"菜单，选择"标准化"子菜单，出现"数值标准化"对话框，如图 2-44 所示，单击"变量"按钮，在出现的对话框中选择所有要标准化的变量，单击"确定"按钮，案例默认为 ALL，单击"确定"按钮即可。本例中，打开的数据为已经标准化处理过的数据。

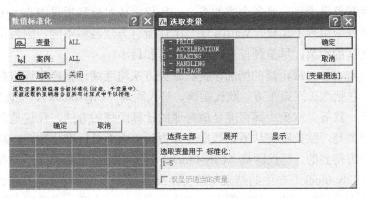

图 2-44　"数值标准化"和选取"变量"对话框

单击"统计"→"多变量探索技巧"菜单，选择"聚类分析"命令，出现"聚类方法"对话框，如图 2-45 所示，选择"结合（树状聚类）"方法，单击"确定"按钮。

在出现的"聚类分析：结合（树状聚类）"对话框中，有两个标签，分别为"快速"和"进阶"。"快速"标签下仅有"变量"一个按钮，单击选择所有变量。但这时软件默认聚类依据为变量（列），即对变量进行聚类。通常根据研究的问题，可以选择对变量进行聚类分析，也可以对案例进行聚类分析。例如，在此例中，如果关心的是汽车的各项性能哪些可以形成一类，则选择对变量进行聚类分析。然而，目前关心的是哪些汽车可以形成一类，因此要改变设置。单击"进阶"标签，在"聚类依据"下拉列表框中选择"案例（行）"，如图 2-46 所示。在"合并（连结）法则"下拉列表框中选择"全连法"，在"距离量测"中选择"欧氏距离"，单击"确定"按钮。

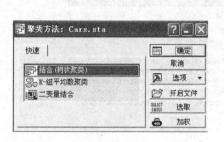

图 2-45 "聚类方法"对话框

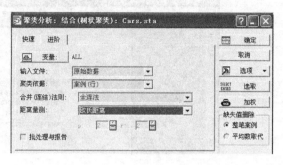

图 2-46 聚类分析设置

合并（连结）法则：包括单连法、全连法、未加权之成对分群平均、加权之成对分群平均、未加权之成对分群质量中心、加权之成对分群质量中心（中位数）、Ward's 法。这些方法是根据怎样测定类与类之间的距离来进行区分的。默认的方法单连法是最近邻居法则，使用这种方法时，当类越来越大，样本（汽车）的相似性越来越少，任意两类之间的距离是通过两类里距离最近的样本测定的。使用全连法，两类之间的距离是通过最远的邻居的距离测定的。因此单连法将产生串状的类别，而全连法将产生块状的类别。图 2-47 显示的即是单连法和全连法的树状图解。从图中可以看出，单连法随着距离的增加，样本大多呈单个数增加，而全连法随着距离的增加，样本大多为一类增加。未加权之成对分群平均方法的类别间距离是通过两个不同类的样本对间的平均距离计算产生的，加权之成对分群平均与之类似，不同的是计算时样本数进行了加权计算。未加权之成对分群质量中心方法的质量中心是多维空间的平均点，在某种意义上，它是各个类的重心。加权之成对分群质量中心（中位数）与之类似，不同的是计算中引入了加权。Ward's 法与上述所有方法截然不同，因为该法使用方差分析来评价类别之间的距离，尽量使任意两类的方差和最小。

距离量测：随着差异或距离的增加，树状聚类方法将连续地把样本连结在一起。距离量测方法有很多，包括欧氏距离平方、欧氏距离、马氏距离（City-block）、契比雪夫距离公制、效能、百分比不一致等。欧氏距离可能是最普通的计算距离的方法，仅仅是多维空间的几何距离。需要注意的是，欧氏距离从原始数据计算得到，而不是标准化数据。欧氏距离平方即是对欧氏距离平方得到的。马氏距离（City-block）是不同维度上距离差异的和，大多数情况下，马氏距离（City-block）产生的结果与欧氏距离类似。当两个样本在任一维度都不同时，需要定义它们为不同样本，此时契比雪夫距离公制方法比较合适。当维度上样本不同时，为了增加或降低维度上不断改变的权重，需要使用效能距离。如果分析里的维度数据本质上是绝对值，使用百分比不一致方法则非常有效。

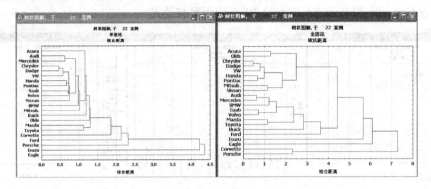

图 2-47　单连法和全连法的树状图解对比

在"合并（连结）法则"下拉列表框中选择"全连法"，在"距离量测"下拉列表框中选择"欧氏距离"，单击"确定"按钮，出现如图 2-48 所示的"树状聚类（结合）结果"对话框。对话框中包括两部分，上方是有关设置，包括变量数目、案例数目、合并（结合）法则、距离矩阵等信息；下方包含两个标签，"快速"和"进阶"。"快速"选项卡中仅有"水平阶层树状图"按钮和"垂直柱状图"按钮。"进阶"选项卡中除了上述按钮，还有距离矩阵、描述统计、矩阵、合并过程一览表等信息。

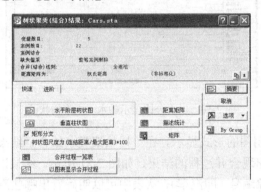

图 2-48　树状聚类（结合）结果

在这些信息中，最重要的结果就是分层树。单击"水平阶层树状图"按钮，出现树状图解，也可以单击"垂直柱状图"按钮，如果不选择"矩形分支"复选框，则出现的是斜线分支树状图，如图 2-49 所示。斜线分支树状图可以提高图的易读性。在结果中选择树状图尺度为（连结距离/最大距离）×100，则结果的距离轴将设定为百分比，最大距离为 100。

以百分比显示的水平矩形树状图为例分析结果，如图 2-50 所示。距离为水平轴，各种汽车牌子为垂直轴。从左往右看，在距离的最左边，各种汽车单独存在，随着距离的增加，汽车逐渐聚集在一起形成类，图中每个结点代表两个或更多类的连结，结点在水平轴上的位置代表不同类连结的距离。从上往下看，最先出现的类仅包括 Acura 和 Olds，接着出现的类有 7 种汽车：Chrysler, Dodge, VW, Honda, Pontiac, Mitsubishi 和 Nissan，这类汽车可称为经济型小轿车。前两个汽车 Acura 和 Olds 在大约 34 连结距离与该类汽车连结，下一个连结距离增大到 60，因此，这两个汽车也可以被看做经济型小轿车类的成员。继续往下看，从 Audi 到 Ford，甚至到 Eagle 为一类，这些汽车多少代表着高价，因此，可以看做是豪华型汽车类。在图的下方 Corvette 和 Porsche 在大约 30 连结距离被连结。

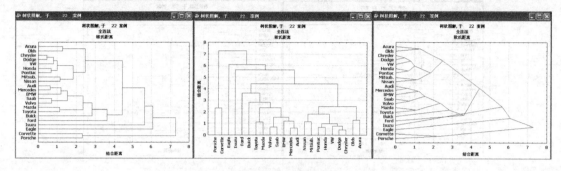

图 2-49　树状图解

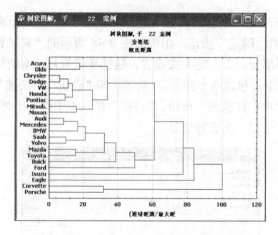

图 2-50　以百分比显示的水平矩形树状图

这些结果也可以不用图的形式显示。在"树状聚类（结合）结果"对话框中单击"合并过程一览表"按钮，即出现合并过程的结果，如图 2-51 所示。结果以表的形式给出，最左边为结合距离，右边是对象编号（即汽车），从表中可以明确看出哪些汽车在什么结合距离下聚为一类。例如，1.834401 的下一个结合距离为 2.317976，结合距离较远，在 1.834401 结合距离下有 7 个对象，Chrysler, Dodge, VW, Honda, Pontiac, Mitsubishi 和 Nissan，与前面结果一致。

结合距离	对象编号 1	对象编号 2	对象编号 3	对象编号 4	对象编号 5	对象编号 6	对象编号 7	对象编号 8	对象
.4580483	Chrysler	Dodge							
.6231085	Audi	Mercedes							
.6670490	Honda	Pontiac							
.7060042	Saab	Volvo							
.7914339	Chrysler	Dodge	VW						
.9847189	Chrysler	Dodge	VW	Honda	Pontiac				
1.127473	Mazda	Toyota							
1.137488	Mitsub.	Nissan							
1.202407	Audi	Mercedes	BMW						
1.284603	Acura	Olds							
1.537968	Audi	Mercedes	BMW	Saab	Volvo				
1.834401	Chrysler	Dodge	VW	Honda	Pontiac	Mitsub.	Nissan		
2.317976	Corvette	Porsche							
2.357506	Audi	Mercedes	BMW	Saab	Volvo	Mazda	Toyota		
2.478609	Acura	Olds	Chrysler	Dodge	VW	Honda	Pontiac	Mitsub.	N
2.827563	Audi	Mercedes	BMW	Saab	Volvo	Mazda	Toyota	Buick	
3.610885	Audi	Mercedes	BMW	Saab	Volvo	Mazda	Toyota	Buick	
4.428605	Acura	Olds	Chrysler	Dodge	VW	Honda	Pontiac	Mitsub.	N
5.643308	Acura	Olds	Chrysler	Dodge	VW	Honda	Pontiac	Mitsub.	N
6.084125	Acura	Olds	Chrysler	Dodge	VW	Honda	Pontiac	Mitsub.	N
7.274310	Acura	Olds	Chrysler	Dodge	VW	Honda	Pontiac	Mitsub.	N

图 2-51　合并过程结果

也可以显示结合距离的步骤图。在"树状聚类（结合）结果"对话框中单击"以图表显示合并过程"按钮，即得到跨过步骤之结合距离图，如图 2-52 所示。这个图在判断树形图的分类点时是非常有用的。当图中出现一个非常明显的平台时，就意味着有多类在相同的结合距离下产生，当判断有多少类时，这个距离可能是最佳取舍点。从图中可以看到，随着步骤增大，结合距离也增大，但在步骤 8 左右和 14 左右近似出现了两个平台，对应的距离分别约为 1.1 和 2.3。查看合并过程一览表，即发现在 1.1～1.3 距离有四类，在 2.3 附近有两类，对应的对象均可明确显示出来。

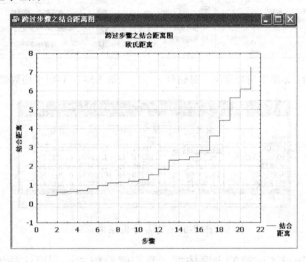

图 2-52　跨过步骤之结合距离图

（2）k-组平均数聚类　该方法与树状聚类方法不同。使用 k-组平均数聚类的目的就是找到最优分配方案，将所有样本或变量按照我们所要求的分成 k 类，不同类间具有最大的差异。在树状聚类中，将汽车分为三类，现在将采用 k-组平均数聚类方法看看哪种解决方法支持三类之分。

打开 Cars.sta 文件，单击"统计"→"多变量探索技巧"菜单，选择"聚类分析"命令，在出现的"聚类方法"对话框中选择"k-组平均数聚类"，单击"确定"按钮，在出现的"聚类分析：k-组平均数聚类"对话框中有两个标签，分别为"快速"和"进阶"，与树状聚类类似。选择"进阶"选项卡，单击"变量"按钮，在出现的变量选择对话框中选择所有变量，在"聚类依据"中选择"案例（行）"，如图 2-53 所示。按照要求将"聚类数目"设置为 3，"迭代次数"默认为 10。起始聚类中心点有三种计算方式，k-组平均数聚类方法的结果某种程度上依赖于起始聚类中心，尤其当有很多小类（即类中样本量较少）存在时显得尤为明显，此例中选择默认的"排序观测值，并于常数区间内取得观测值"方法，单击"确定"按钮。

"k-组平均数聚类结果"对话框中包括两部分，上方是有关设置，包括变量数目、案例数目、聚类数目等信息，下方包含两个标签，"快速"和"进阶"。"快速"选项卡中仅有摘要、方差分析和平均数图。"进阶"选项卡中除此之外，还有每项聚类之描述统计、每项聚类与距离之组成成员、储存分类与距离等信息，如图 2-54 所示。

① 方差分析。在进行方差分析时，组间方差与组内方差进行比较，以判断某一变量的平均数是否是组间显著不同。单击"方差分析"按钮，出现方差分析结果，如图 2-55 所示。从 F 值可以判断，变量 HANDLING, BRAKING 和 PRICE 是将样本分为不同类的主要依据。

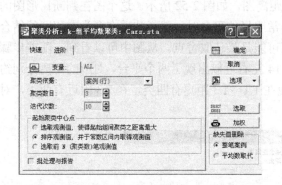

图 2-53 “聚类分析：k-组平均数聚类”对话框

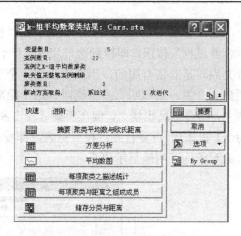

图 2-54 “k-组平均数聚类结果”对话框

数据：方差分析 (Cars.sta)

变量	组间 SS	df	组内 SS	df	F	显著 p
PRICE	9.08159	2	11.91841	19	7.23881	0.004602
ACCELERATION	6.74790	2	14.25210	19	4.49794	0.025163
BRAKING	10.11892	2	10.88108	19	8.83457	0.001938
HANDLING	10.87750	2	10.12250	19	10.20857	0.000975
MILEAGE	7.99118	2	13.00882	19	5.83575	0.010573

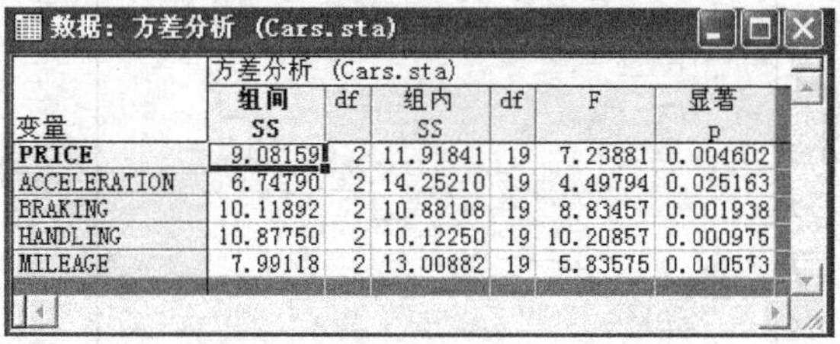

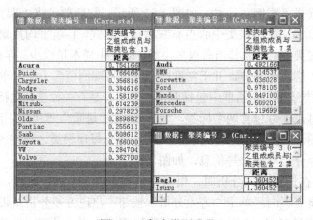

图 2-55 方差分析结果

② 类别鉴定。知道了聚类的主要依据，我们就希望知道利用这些依据汽车被分成了哪三类，或者说哪些汽车被分配为一类。在结果对话框中单击“每项聚类与距离之组成成员”按钮，则出现如图 2-56 所示的结果。结果给出了数据：聚类编号 1，2，3 的数据表以及它们的汇总表。每个聚类编号为一类，共分为三类，每类中的案例数分别为 13，7 和 2。第一类包含 Acura, Buick, Chrysler, Dodge, Honda, Mitsubishi, Nissan, Olds, Pontiac, Saab, Toyota, VW 和 Volvo；第二类包含 Audi, BMW, Corvette, Ford, Mazda, Mercedes 和 Porsche；第三类包含 Eagle 和 Isuzu。与前面的结果进行比较，发现 k-组平均数聚类结果与树状聚类分析的结果并不完全吻合。然而，经济型小轿车与豪华型小轿车之间的区别依然成立。第三类中的 Eagle 和 Isuzu 单独成为一类，可能是因为它们不适合其他任一类，也可能是因为任何区分汽车的方法都不能增加组间方差和。

数据：聚类编号 1 (Cars.sta)

	聚类编号 1 之组成成员与 聚类包含 13 距离
Acura	0.754166
Buick	0.766466
Chrysler	0.356816
Dodge	0.384616
Honda	0.158199
Mitsub.	0.614239
Nissan	0.297823
Olds	0.889882
Pontiac	0.255611
Saab	0.508612
Toyota	0.766000
VW	0.284704
Volvo	0.362700

数据：聚类编号 2 (Car...

	聚类编号 2 之组成成员与 聚类包含 7 距离
Audi	0.492166
BMW	0.414537
Corvette	0.636028
Ford	0.978105
Mazda	0.849100
Mercedes	0.509201
Porsche	1.319699

数据：聚类编号 3 (Car...

	聚类编号 3 之组成成员与 聚类包含 2 距离
Eagle	1.360452
Isuzu	1.360452

图 2-56 每个类别成员

③ 描述统计。另一种鉴定每类性质的方法是检查每类在每个维度上的平均情况。可以选择分别显示每类的描述统计（单击“每项聚类之描述统计”按钮），也可以选择显示所有类和类间距离的平均值（单击“摘要：聚类平均数与欧氏距离”按钮），也可以选择显示平均值的图形（单击“平均数图”按钮）。通常情况下，图形显示会更直观、更形象。图 2-57 显示了每项聚类之平均数图。

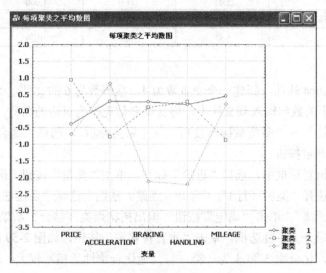

图 2-57 每项聚类之平均数图

第一类为蓝色实线显示，属于经济型小轿车，第二类为红色虚线显示，属于豪华型小轿车，从 5 个性能比较可以看出，第二类汽车价格更高、加速度更低（可能是由于重量较大）、每加仑汽油行驶的里程更少，而制动器性能和行驶性能相差不大。第三类为绿色虚线显示，与第一类相比，第三类汽车最明显的特征是制动距离短和较差的行驶性能。

类间欧氏距离也是非常有用的一个信息。单击“摘要：聚类平均数与欧氏距离”按钮，可以显示所有类和类间距离的平均值，如图 2-58 所示。对角线下方为欧氏距离，对角线上方为欧氏距离平方。从图中可以看出，第一、二类之间的距离比较近，欧氏距离约为 0.97，而第三类与第一、二类距离较远，分别为 1.55 和 1.88。

数据：聚类间之欧氏距离...

聚类间之欧氏距离 (Cars.sta)
对角线下方为聚类间距离
对角线上方为聚类间之距离平方

聚类编号	No. 1	No. 2	No. 3
No. 1	0.000000	0.938877	2.403320
No. 2	0.968957	0.000000	3.519362
No. 3	1.550264	1.875996	0.000000

图 2-58 聚类间欧氏距离

2.3.3.3 实例

【例 2-3】用正辛醇-水分配系数 K_{ow}、沸点 b.p.、摩尔体积 V_m 和分子连接性指数 x 4 个参数描述氯苯、1,4-二氯苯、五氯苯、六氯苯、4-氯硝基苯、硝基苯 6 个化合物，如表 2-3 所示。试对这 6 个化合物进行分类。

表 2-3　化合物性质

项目	化合物	lgK_{ow}	b.p./℃	V_m/cm³	x
1	氯苯	3.02	131.5	101.8	2.18
2	1,4-二氯苯	3.44	173.8	118.0	2.69
3	五氯苯	5.12	277.0	136.0	4.25
4	六氯苯	5.41	321.0	138.0	4.78
5	4-氯硝基苯	2.58	242.0	103.0	2.63
6	硝基苯	1.87	210.8	102.0	2.11

步骤：

✦　打开 Statistica 软件，新建一个变量数为 4，案例数为 6 的文件，保存为 benzene.sta。

✦　将表 2-3 中的数据输入到文件中，将变量名称更改为对应的名称，保存。

✦　单击"统计"→"多变量探索技巧"→"聚类分析"，选择"结合（树状聚类）"方法，单击确定按钮。

✦　在聚类分析对话框中，选择"进阶"标签，单击"变量"按钮，选择所有变量；"聚类依据"选择"案例（行）"；"合并（连结）法则"选择"全连法"；"距离量测"选择"欧氏距离"，单击"确定"按钮，得出树状聚类（结合）结果。

✦　选择"矩形分支"复选框，单击"垂直柱状图"按钮，如图 2-59 所示。从图中可以明显看出，化合物 3 和 4 为一类，与其他化合物性质相差较大。可见，苯环上的氢全部或几乎全部被氯取代对化合物的影响是非常显著的。

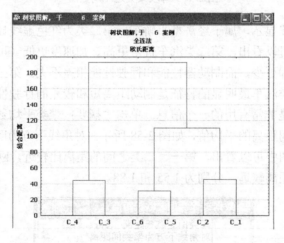

图 2-59　聚类分析垂直柱状图

2.3.4　因素分析

2.3.4.1　介绍

因素分析（factor analysis），也称因子分析，是指研究从变量群中提取共性因素的统计技术，最早由英国心理学家 C. E. 斯皮尔曼提出，主要用于两个方面：一是减少变量的数目，二是根据变量间的关系将变量分类。因素分析从研究指标相关矩阵内部的依赖关系出发，把一些信息重叠、具有错综复杂关系的变量归结为少数几个不相关的综合因素。其基本思想是：根据相关性大小把变量分组，使得同组内的变量之间相关性较高，但不同组的变量不相关或相关性较低，每组变量代表一个基本结构——即公共因素。本节以软件自带的文件为例简单介绍因素分析的使用方法。

2.3.4.2　分析方法

打开 Datasets 文件夹下的 Factor.sta 文件，该文件包括 100 个案例，10 个变量，是针对 100 个成人进行的生活满意度的调查，包括工作、业余爱好、家庭以及生活的其他方面等。单击"数据"菜单，选择"全部变量规格"命令，出现如图 2-60 所示的对话框，从中可以查看每个变量的性质。

图 2-60　"变量规格编辑器"对话框

因素分析的目的就是了解不同方面满意度之间的关系，尤其是隐藏在这些因素中的重要因素数量和重要性。单击"统计"→"多变量探索技巧"菜单，选择"因素分析"命令，出现如图 2-61 所示的"因素分析"对话框，在"快速"标签下，单击"变量"按钮，选择所有变量。缺失值删除有三种方法，"整笔案例"表示对于被选择进行分析的变量只有不含任何缺失值的案例才可以被进行因素分析；"成对样本"表示当变量含有缺失值时，所对应的案例将被排除在计算外；"平均数取代"表示缺失值将被对应变量的平均值所取代。此处采取默认的"整笔案例"，单击"确定"按钮。

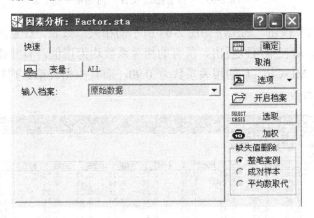

图 2-61　"因素分析"对话框

出现的"定义因素转轴方法"对话框包含上下两部分，上方是一些有关的信息，下方包含三个标签，如图 2-62 所示，"快速"标签中包含最大因素数目和最小特征值，"进阶"标签中还包含萃取方法和相关设置，在"叙述统计"标签里包含两个按钮："查看相关系数，平均数，标准差"和"计算多元回归分析"。

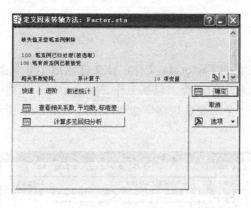

图 2-62 "定义因素转轴方法"对话框

单击"查看相关系数，平均数，标准差"按钮，进入"查看描述统计"对话框，如图 2-63 所示。其中有 4 个标签，单击"进阶"标签，相关的图表均可以从对应按钮查看。

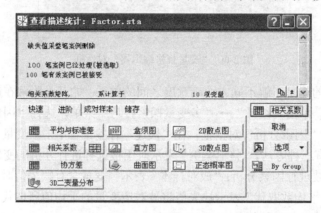

图 2-63 "查看描述统计"对话框

单击"相关系数"按钮，则出现如图 2-64 所示的相关系数表，任意两个变量间的相关系数以矩阵形式显示。从表中可以看出，所有的相关系数均为正值，有些相关系数比较大，如变量 HOBBY_1 与 MISCEL_1 的相关系数为 0.90，而有些相关系数则较小，如 WORK 和 HOME 之间的相关系数。

STATISTICA - [数据：相关系数 (Factor.sta)]

相关系数 (Factor.sta)
缺失值采整笔案例删除
N=100

变量	WORK_1	WORK_2	WORK_3	HOBBY_1	HOBBY_2	HOME_1	HOME_2	HOME_3	MISCEL_1	MISCEL_2
WORK_1	1.00	0.65	0.65	0.60	0.52	0.14	0.15	0.14	0.61	0.55
WORK_2	0.65	1.00	0.73	0.69	0.70	0.14	0.18	0.24	0.71	0.68
WORK_3	0.65	0.73	1.00	0.64	0.63	0.16	0.24	0.25	0.70	0.67
HOBBY_1	0.60	0.69	0.64	1.00	0.80	0.54	0.63	0.58	0.90	0.84
HOBBY_2	0.52	0.70	0.63	0.80	1.00	0.51	0.50	0.48	0.81	0.76
HOME_1	0.14	0.14	0.16	0.54	0.51	1.00	0.66	0.59	0.50	0.42
HOME_2	0.15	0.18	0.24	0.63	0.50	0.66	1.00	0.73	0.64	0.59
HOME_3	0.14	0.24	0.25	0.58	0.48	0.59	0.73	1.00	0.59	0.52
MISCEL_1	0.61	0.71	0.70	0.90	0.81	0.50	0.64	0.59	1.00	0.84
MISCEL_2	0.55	0.68	0.67	0.84	0.76	0.42	0.59	0.52	0.84	1.00

图 2-64 相关系数表

在"查看描述统计"对话框中单击"取消"按钮，返回"定义因素转轴方法"对话框，单击"进阶"标签，"萃取方法"选择"主成分"（有多种方法供选择），"最大因素数目"设置为 10（该数值不能超过变量数），"最小特征值"设置为 0（最小值），如图 2-65 所示。单击"确定"按钮。

在出现的"因素分析结果"对话框中包含上下两部分，如图 2-66 所示，上方为设置的主要信息，下方为结果，有 5 个标签，分别为"快速"、"已解释变异"、"负荷"、"得点"和"叙述统计"。单击"已解释变异"标签，单击"特征值"，出现如图 2-67 所示的特征值表。

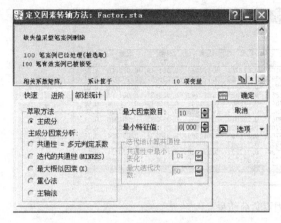

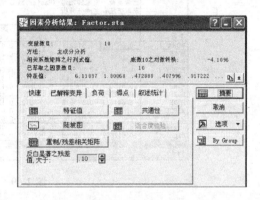

图 2-65　因素萃取设置　　　　　　　　　　　图 2-66　"因素分析结果"对话框

表中第一列"值"表示因素值，表中包含各因素的特征值、全部方差百分比、累积特征值、累积百分比。从表中可以看出，随着因素数的增加，特征值逐渐减小，全部方差百分比也逐渐减小，这两个量的累积值逐渐增加，当增加到因素数与变量数相等时（此例中为 10），累积特征值为 10，累积百分比为 100。

表中第一因素特征值为 6.12，全部方差百分比为 61.18，第二因素特征值骤减至 1.80，方差为 18.01%。其余因素特征值均小于 0.5，方差小于 5%。一般情况下，当特征值大于 1 时，对应的因素需要保留。由此判断，本例中选择因素数为 2。在两因素下，解释变量 79.19%的信息。

利用陡坡图也可以帮助决定因素数目。在"因素分析结果"对话框中单击"陡坡图"按钮，出现如图 2-68 所示的特征值图。从图中可以看出，在第二和第三因素上，特征值折线下降拐点明显，因此可以选择 2 因素和 3 因素进行尝试，看看哪一个产生更容易解释的因素模型。

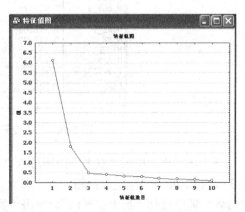

图 2-67　特征值表　　　　　　　　　　　　　图 2-68　特征值的陡坡图

因素负荷可以看成是因素与变量之间的相关性。因此，利用因素负荷可以清楚地看到某一因素的信息主要来自哪些变量。在“因素分析结果”对话框中单击“负荷”标签，在“因素转轴”中选择“尚未转轴”，单击“摘要：因素负荷”按钮，出现如图 2-69 所示的表。从表中可以看出，第一因素的信息主要来自 WORK_2, WORK_3, HOBBY_1, HOBBY_2, MISCEL_1, MISCEL_2（红色显示）。

数据：因素负荷 （尚未转轴 ） (Factor.sta)

因素负荷 （尚未转轴 ） (Factor.sta)
萃取方法：主成分分析
(标记负荷值，当值大于.700000)

变量	因素 1	因素 2	因素 3	因素 4	因素 5	因素 6	因素 7	因素 8	因 9
WORK_1	-0.652601	0.514217	0.301687	0.439108	-0.013701	0.127061	0.051149	-0.022306	0.08
WORK_2	-0.756976	0.494770	-0.078826	-0.211795	-0.090859	0.172261	-0.236057	0.163030	0.10
WORK_3	-0.745706	0.456680	-0.104749	0.030826	-0.204913	-0.422007	0.033818	0.019468	-0.01
HOBBY_1	-0.941630	-0.021835	0.012653	0.001861	0.120655	0.093740	-0.023837	0.001553	-0.24
HOBBY_2	-0.875615	0.051643	0.099675	-0.324541	-0.015852	0.091249	0.312973	-0.025504	0.08
HOME_1	-0.576062	-0.604977	0.490999	-0.114927	-0.112513	-0.114838	-0.145100	-0.023820	0.00
HOME_2	-0.671289	-0.617962	-0.125776	0.159963	0.225012	-0.103741	0.028392	0.201046	0.14
HOME_3	-0.641532	-0.573925	-0.268572	0.152709	-0.362524	0.159987	0.011420	-0.079979	0.00
MISCEL_1	-0.951516	0.013513	-0.050164	0.026706	0.076795	0.012644	0.035938	0.095864	-0.15
MISCEL_2	-0.900333	0.048154	-0.151805	-0.034832	0.226647	-0.050720	-0.120513	-0.292831	0.08
已解释变异	6.118369	1.800682	0.472888	0.407996	0.317222	0.293300	0.195808	0.170431	0.13
Prp.Totl	0.611837	0.180068	0.047289	0.040800	0.031722	0.029330	0.019581	0.017043	0.01

图 2-69　因素负荷结果

根据前面所述，2 可能是最合适的因素数，根据陡坡图，3 也可以作为因素数。因此，先从 3 开始。单击“取消”按钮进入“定义因素转轴方法”对话框，将“最大因素数目”由 10 改为 3，单击“确定”按钮。在出现的“因素分析结果”对话框中，单击“负荷”标签，在“因素转轴”项里选择“最大变异法”，单击“摘要：因素负荷”按钮，出现如图 2-70 所示结果。从结果中可以看出，除了与 HOME 相关的变量外，其余变量对第一因素均为重要负荷变量（红色显示，大于 0.7）。第二因素的主要负荷变量为 HOME_2, HOME_3, 而第三因素的主要负荷变量只有一个 HOME_1。接下来，看看没有第三因素会出现什么结果。

数据：因素负荷 （最大变异法 ） (Facto...

因素负荷 （最大变异法 ） (Factor.sta)
萃取方法：主成分分析
(标记负荷值，当值大于.700000)

变量	因素 1	因素 2	因素 3
WORK_1	0.839579	-0.157384	0.227287
WORK_2	0.898615	0.118837	-0.048899
WORK_3	0.865608	0.151923	-0.057003
HOBBY_1	0.731037	0.501711	0.318078
HOBBY_2	0.726495	0.371499	0.336895
HOME_1	0.099696	0.426704	0.864238
HOME_2	0.148303	0.823540	0.384856
HOME_3	0.147422	0.857607	0.236350
MISCEL_1	0.758585	0.518368	0.252834
MISCEL_2	0.736270	0.524719	0.136161
已解释变异	4.495100	2.591518	1.305320
Prp.Totl	0.449510	0.259152	0.130532

图 2-70　最大变异法的因素负荷结果（1）

同上述操作，单击“取消”按钮进入“定义因素转轴方法”对话框，将“最大因素数目”由 3 改为 2，单击“确定”按钮。在“因素分析结果”对话框中，单击“负荷”标签，在“因素转轴”项里选择“最大变异法”，单击“摘要：因素负荷”按钮，出现如图 2-71 所示结果。

从结果中可以看出，第一因素的主要负荷变量为和 WORK 相关的变量，最小负荷变量为和 HOME 相关的变量，其他变量介于两者之间；第二因素的主要负荷变量为和 HOME 相关的变量，最小负荷变量为和 WORK 相关的变量，其余变量介于两者之间。看起来，最大因素数为 2 的结果更易于解释。第一因素为工作满意度因素，第二因素为家庭满意度因素。业余爱好和生活其他方面的满意度与这两个因素有关。在此例中也可以认为工作和家庭的满意度是互相独立的，但都对休闲和生活的其他满意度有贡献。

在因素分析结果中单击"因素负荷图，2D"按钮，出现如图 2-72 所示的因素负荷二维图。图形很好地阐明了两个独立的因素（因素 1 和因素 2）和 4 个变量（HOBBY_1, HOBBY_2, MISCEL_1, MISCEL_2）的交叉负荷。

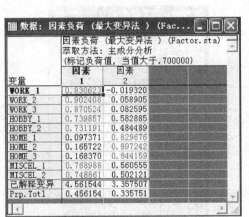

图 2-71　最大变异法的因素负荷结果（2）

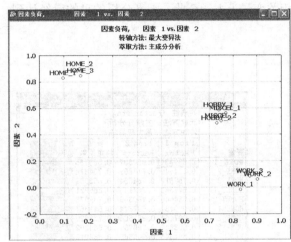

图 2-72　因素负荷二维图

单击"已解释变异"标签，单击"重制/残差相关矩阵"按钮，出现重制之相关系数和残差相关系数两个表，如图 2-73 所示。重制之相关系数矩阵为经因素分析后变量的相关系数矩阵，它与原始的相关矩阵之间的偏差为残差相关系数矩阵。从表中可以看出，残差相关系数矩阵中的值大部分较小（介于-0.1 与 0.1 之间，自相关除外），仅个别残差超出这个范围（红色显示）。由此也可以看出，因素分析的重现性较好。

数据：重制之相关系数（Factor.sta）

重制之相关系数（Factor.sta）
萃取方法：主成分分析

变量	WORK_1	WORK_2	WORK_3	HOBBY_1	HOBBY_2	HOME_1	HOME_2	HOME_3	MISCEL_1	MISCEL_2
WORK_1	0.69	0.75	0.72	0.60	0.60	0.06	0.12	0.12	0.63	0.61
WORK_2		0.82	0.79	0.78	0.69	0.14	0.20		0.73	0.71

数据：残差相关系数（Factor.sta）

残差相关系数（Factor.sta）
萃取方法：主成分分析
（标记残差，当值大于 .100000）

变量	WORK_1	WORK_2	WORK_3	HOBBY_1	HOBBY_2	HOME_1	HOME_2	HOME_3	MISCEL_1	MISCEL_2
WORK_1	0.31	-0.10	-0.07	-0.01	-0.08	0.08	0.02	0.01	-0.02	-0.06
WORK_2	-0.10	0.18	-0.06	-0.01	0.01	0.01	-0.02	0.03	-0.02	-0.02
WORK_3	-0.07	-0.06	0.24	-0.06	-0.05	0.01	0.02	0.04	-0.02	-0.02
HOBBY_1	-0.01	-0.01	-0.06	0.11	-0.02	-0.02	-0.01	-0.03	0.01	-0.00
HOBBY_2	-0.08	0.01	-0.05	-0.02	0.23	0.03	-0.04	-0.05	-0.02	-0.04
HOME_1	0.08	0.01	0.01	-0.02	0.03	0.30	-0.10	-0.13	-0.04	-0.06
HOME_2	0.02	-0.02	0.02	-0.01	-0.04	-0.10	0.17	-0.05	0.01	0.02
HOME_3	0.01	0.03	0.04	-0.03	-0.05	-0.13	-0.05	0.26	-0.02	-0.03
MISCEL_1	-0.02	-0.02	-0.02	0.01	-0.02	-0.04	0.01	-0.02	0.09	-0.02
MISCEL_2	-0.06	-0.02	-0.02	-0.00	-0.04	-0.06	0.02	-0.03	-0.02	0.19

图 2-73　重制之相关系数和残差相关系数表

在"已解释变异"标签下，单击"共通性"按钮，出现如图 2-74 所示的共通性表。需要注意的是，变量的共通性仅是因素重现的一部分。从图中可以看出，第一因素 HOME 相关的变量共通性较低，说明这些变量对第一因素影响不大，两因素是累积结果，各变量共通性均较高。值得一提的是，最后变量的共通性与转轴方法无关。

在"因素分析"结果对话框中单击"得点"标签，下方包含"因素得点系数"和"因素得点"等按钮。利用因素得点系数可以计算因素得点，系数代表变量的权重。相比而言，因素得点要重要得多。单击"因素得点"按钮，出现因素得点结果，如图 2-75 所示。结果的最左边是案例，后面分别是因素 1 和因素 2。即 100 个案例的 10 个变量经因素分析后现在已经变为 100 个案例的两个因素。按照上述分析，因素 1 以 WORK 相关变量为主，因素 2 以 HOME 相关变量为主。至此，因素分析的目的已经达到。可以将结果保存以备后序分析所用。

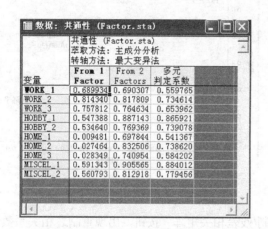

图 2-74　共通性结果

图 2-75　因素得点结果

因素分析并不是一个简单步骤，随着变量数增加，因素分析会出现一些异常结果，如负的特征值、病态矩阵、相反条件以及无法解释的情况等。因此，因素分析受主观因素影响很大，如因素数目、转轴方法、解释负荷等，均受人为影响。

2.3.4.3　实例

【例 2-4】为了检测某工厂的大气质量情况，对 8 个取样点取样并进行分析，结果如表 2-4 所示。试对其进行因素分析。

表 2-4　大气环境质量检测结果　　　　　　　　　　　　（单位：μg/mL）

序号	氯	硫化氢	二氧化硫	C_4 气体	环氧氯丙烷	环己烷
1	0.056	0.084	0.031	0.038	0.008	0.022
2	0.049	0.055	0.100	0.110	0.022	0.007
3	0.038	0.130	0.079	0.170	0.058	0.043
4	0.034	0.095	0.058	0.160	0.200	0.029
5	0.084	0.066	0.029	0.320	0.012	0.041
6	0.064	0.072	0.100	0.210	0.028	1.380
7	0.048	0.089	0.062	0.260	0.038	0.036
8	0.069	0.087	0.027	0.050	0.089	0.021

步骤：

◇ 打开 Statistica 软件，新建一个变量数为 6，案例数为 8 的文件，保存为 gas.sta。

◇ 将表 2-4 中的数据输入到文件中，将变量名称更改为对应的名称，保存。

◇ 单击"统计"→"多变量探索技巧"→"因素分析"命令，出现"因素分析"对话框。

◇ 单击"变量"按钮，选择全部变量，单击"确定"按钮回到对话框，单击"确定"按钮进入"定义因素转轴方法"对话框。

◇ 在"进阶"标签下，"萃取方法"选择"主成分"；"最大因素数目"先设置为 6（不超过变量数）；"最小特征值"设置为 0，单击"确定"按钮，出现"因素分析结果"对话框。

◇ 单击"已解释变异"标签，单击"特征值"按钮，查看特征值结果，如图 2-76 所示。从图中可以看出，特征值大于 1 的为第一、二因素，累积方差百分比为 63.1537%。因此可考虑选择因素数 2。

图 2-76　特征值结果

◇ 单击"陡坡图"按钮，出现特征值的陡坡图结果，如图 2-77 所示。从图中可以看出，第二和第三因素的特征值折线下降拐点明显，到第四因素趋缓，因此可以选择 2 因素和 3 因素进行尝试，看看哪一个产生更容易解释的因素模型。

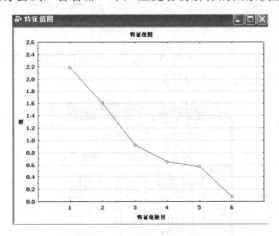

图 2-77　特征值的陡坡图

◇ 对 2 因素和 3 因素进行尝试。关闭其他窗口，单击"取消"按钮回到"定义因素转轴方法"对话框。将"最大因素数目"分别设置为 2 和 3，单击"确定"按钮。图 2-78 显示的分别为 2 因素和 3 因素下最大变异法的因素负荷摘要结果。从结果可以看出，2 因素的第一因素主要影响变量为氯、硫化氢、环氧氯丙烷，第二因素主要影响变量为二氧化硫、环己烷。3 因素的结果与此类似，但第三因素的主要影响变量为 C_4 气体。这可能体现了不同因素下污染源不一样。

变量	因素负荷 (最大变异法) (ga 萃取方法: 主成分分析 (标记负荷值，当值大于.7000)	
	因素 1	因素 2
Cl	0.925310	0.197445
H2S	-0.732333	0.151366
SO2	-0.232420	-0.913278
C4	0.331906	-0.322025
epichlorohydrin	-0.711760	0.166905
cyclohexane	0.271080	-0.790515
已解释变异	2.136777	1.652445
Prp.Totl	0.356130	0.275407

变量	因素负荷 (最大变异法) (gas.sta) 萃取方法: 主成分分析 (标记负荷值，当值大于.700000)		
	因素 1	因素 2	因素 3
Cl	0.869302	0.278542	0.258364
H2S	-0.795917	0.166472	0.080023
SO2	-0.170077	-0.940230	0.012977
C4	0.088986	-0.088305	0.970634
epichlorohydrin	-0.737706	0.150390	-0.051216
cyclohexane	0.283305	-0.757290	0.216839
已解释变异	2.050485	1.593234	1.065096
Prp.Totl	0.341748	0.265539	0.177516

图 2-78 最大变异法的因素负荷摘要结果

✧ 由图 2-78 的结果很难判断是 2 因素合适还是 3 因素合适。为了进一步对比，单击"已解释变异"标签下的"重制/残差相关矩阵"按钮，分别获得 2 因素和 3 因素下的残差相关系数矩阵，如图 2-79 所示。从图中可以看出，2 因素的残差较 3 因素的残差大，残差大的量更多，即 2 因素的变量重现性较低。因此，选择 3 因素较合适。

变量	Cl	H2S	SO2	C4	epichlorohydrin	cyclohexane
Cl	0.10	0.09	-0.05	0.01	0.11	0.12
H2S	0.09	0.44	-0.10	0.20	-0.17	0.10
SO2	-0.05	-0.10	0.11	-0.09	-0.09	-0.14
C4	0.01	0.20	-0.09	0.79	0.15	-0.14
epichlorohydrin	0.11	-0.17	-0.09	0.15	0.47	0.14
cyclohexane	0.12	0.10	-0.14	-0.14	0.14	0.30

残差相关系数 (gas.sta) 萃取方法: 主成分分析 (标记残差，当值大于 .100000)

变量	Cl	H2S	SO2	C4	epichlorohydrin	cyclohexane
Cl	0.10	0.07	-0.04	-0.05	0.09	0.12
H2S	0.07	0.33	-0.05	-0.08	-0.23	0.12
SO2	-0.04	-0.05	0.09	0.04	-0.07	-0.15
C4	-0.05	-0.08	0.04	0.04	-0.02	-0.10
epichlorohydrin	0.09	-0.23	-0.07	-0.02	0.43	0.15
cyclohexane	0.12	0.12	-0.15	-0.10	0.15	0.30

残差相关系数 (gas.sta) 萃取方法: 主成分分析 (标记残差，当值大于 .100000)

图 2-79 残差相关系数矩阵

✧ 在"得点"标签下单击"因素得点"按钮，出现因素得点结果，如图 2-80 所示。该结果可用于其他方面进一步的分析。

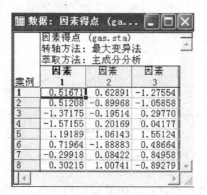

案例	因素得点 (gas.sta) 转轴方法: 最大变异法 萃取方法: 主成分分析		
	因素 1	因素 2	因素 3
1	0.51671	0.62891	-1.27554
2	0.51208	-0.89968	-1.05858
3	-1.37175	-0.19514	0.29770
4	-1.57155	0.20169	0.04177
5	1.19189	1.06143	1.55124
6	0.71964	-1.88883	0.48664
7	-0.29918	0.08422	0.84958
8	0.30215	1.00741	-0.89279

图 2-80 因素得点结果

2.3.5　主成分分析

2.3.5.1　介绍

主成分分析（principal components analysis, PCA），也叫主分量分析，与因素分析类似，是将多个变量通过线性变换以选出较少个数重要变量的一种多元统计分析方法。在实际研究中，一般得到的样本的独立变量（即自变量）很多，并且有的变量之间相关性很高。因此如何用个数较少的变量代替原来为数众多的变量，又能基本上包含原来的信息就显得十分重要。主成分分析就是解决这一问题的。其中心目的是将数据降维，以排除众多化学信息共存中相互重叠的信息，即在一系列变量中可以找出 m 个彼此无关（即正交）的新的综合变量，也就是原始变量的线性组合。合理地从 m 个因素中挑选出少数的几个作为代表，就可以获取由原始变量提供的绝大部分信息。PCA 有两个特点：① 随着次序的增加，主成分的重要性降低。第一主成分包含的信息较第二主成分多；第二主成分较第三主成分多，以此类推；② 不同主成分之间互相正交，即不同主成分包含的信息之间没有相关性。主成分分析与因素分析都基于统计分析方法，但两者有较大的区别：主成分分析是通过坐标变换提取主成分，也就是将一组具有相关性的变量变换为一组独立的变量，将主成分表示为原始观察变量的线性组合；而因素分析是要构造因素模型，将原始观察变量分解为因素的线性组合。为了介绍主成分分析的使用方法，本节以软件自带的文件 IndustrialEvaporator.sta 为例进行介绍。

2.3.5.2　分析方法

打开软件自带的 IndustrialEvaporator.sta 文件，文件包含 8 个变量，100 个案例。这些数据记录了工业中在脱水床上烘干湿产品的过程，8 个变量为烘干条件，分别为 Dewpoint（露点），Intake Temp（进气温度），In-Process Air Temp（过程空气温度），Exhaust Temp（排气温度），Mass Air Flow（空气流量），Bed Temp（床温），Filter Pressure（过滤压力）和 Bed Pressure（床压），100 个案例是等时间间隔的记录点。

单击"统计"→"进阶线性"→"非线性模型"下子菜单"NIPALS 表达式（PCA/PLS）"，出现如图 2-81 所示的 PCA/PLS 选项，选择"主成分分析（PCA）"，单击"确定"按钮，进入 PCA 起始画面。

"PCA 起始画面"对话框有 5 个标签，分别为"快速"、"NIPALS"、"拟合"、"选项"、"进阶"，如图 2-82 所示。"快速"标签下主要为变量的选择，单击"变量"按钮，进入"请选取变量"对话框，变量选择包含"类别变量"和"连续变量"，当数据包含类别变量时，可以进行主成分与分类分析。选择"仅显示适当的变量"复选框，"类别变量"文本框中为空，表示分析的数据为"连续变量"。在右方的"连续变量"里选择所有变量，如图 2-82 所示，单击"确定"按钮。

图 2-81　PCA/PLS 选项

我们可以对 PCA 进行其他设置。"NIPALS"标签下主要提供了 NIPALS 算法设置，包括"最大迭代次数"和"收敛临界值"，减小收敛临界值将提高计算精度。此处采用系统默认值，如图 2-83 所示。

在"拟合"标签下，可以对拟合方法进行设定以检测 PC 模型的主成分数。拟合方法有三个选项："透过交叉确认，萃取成分"，"固定之成分数目"，"最小特征值"。"透过交叉确认，萃取成分"方法是采用交叉验证方法确定最佳主成分数，即获得最佳预测 Q^2 值。"固定之成分数目"方法表示人为地给定主成分数，可以将确定的主成分数在后面选项中设定。"最小特征值"方法表示在后面设定某一特征值，所有大于该特征值的主成分均会被提取出来，而小于特征值的主成分被认为是无意义的，将从模型中删除。

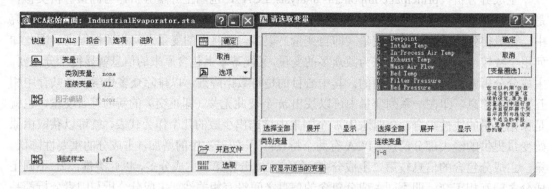

图 2-82　PCA 起始画面与变量选择

交叉确认规格是指定使用的交叉验证类型，包括两种：V-fold 和 Krzanowski。V-fold 还可以对 V 值和随机种子进行设置。V 值的设置只有当拟合方法选择为"固定之成分数目"和"最小特征值"时才是可用的。随机种子视计算时间而定，此例中，将"随机种子"设为1000，如图 2-84 所示。如果不想使用交叉验证方法来测定最佳主成分数，可以将交叉确认规格选择为关闭。关闭项只有当拟合方法选择为"固定之成分数目"和"最小特征值"时才可用。

图 2-83　NIPALS 算法设置　　　　　　　　图 2-84　拟合设置项

"选项"标签下是关于缺失值参数的设置，这里选择默认设置。"进阶"标签下是对变量之尺度化进行设置，即对变量进行哪个预处理。默认的方法是"单位标准差"，这个方法大多数时候都是合适的。也可以选择"用户定义之标准差"，单击"定义标准差"按钮进行设置。本例中采用默认设置，如图 2-85 所示。单击"确定"按钮，开始运行 NIPALS 算法，结束后，自动弹出"PCA 结果"对话框，如图 2-86 所示。

"PCA 结果"对话框可分为两部分，上方为摘要信息，下方包含 4 个标签，分别为"快速"、"图形"、"进阶"、"缺失值"。在摘要信息中包含模型的主成分数及对应的 R^2、特征值、Q^2、界限、统计显著性、迭代次数等。这个信息也可以通过单击"快速"标签下的"摘要"按钮得到表格形式结果，单击"摘要简介"按钮则得到 R^2 和 Q^2 的柱状图。也可以选择单击"增加下一个成分"、"移除最后一项成分"、"移除所有成分"等按钮对某一主成分或不同主成分结果进行对比分析。

图 2-85 "进阶"标签设置

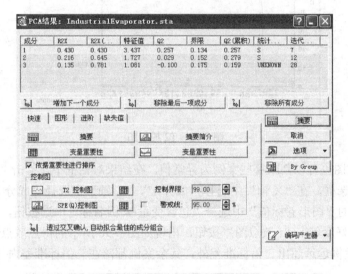

图 2-86 "PCA 结果"对话框

在 PCA 方法设置时，选择"透过交叉确认，萃取成分"方法，结果为 3，即三个主成分代表了数据集的最佳信息。在 PCA 分析中，变量的重要性是一个非常有用的指标，它以 power 表示，数值介于 0~1 之间，衡量了变量对主成分的贡献。在结果的"快速"标签下，选择"依据重要性进行排序"复选框，单击"变量重要性"按钮，出现变量重要性排序结果，如图 2-87 所示。从图中可以看出，除 Intake Temp 和 Dewpoint 两个变量外，其余变量均显示出高的重要性。这个结果也可以以柱状图形式显示。

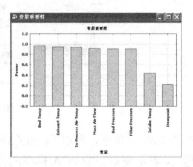

图 2-87 变量重要性排序

在 100 个案例中是否有异常值出现，这也是人们关心的问题。在"快速"标签下，单击"T2 控制图"按钮，出现如图 2-88 所示结果，红色水平线为默认的 99％控制界限。从这个图可以明显看出，18 号案例位于最高点，19 号案例虽然没有 18 案例严重，但也可以算是异常值。这也表示在脱水过程中，18 和 19 时间期间，脱水控制超出了正常范围。

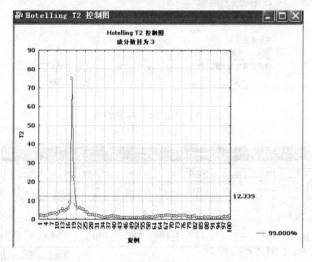

图 2-88　T2 控制图

利用 X 得点图也可以判断哪些案例为异常值。在结果对话框中，单击"图形"标签，取消选择 Biplot 复选框，在"X 轴"中选择"成分 1"，"Y 轴"中选择"成分 2"，为了显示案例名称，在右侧的"图形卷标值"中选择"包含变量/案例名称"单选按钮，其余默认，如图 2-89 所示，设置好后单击"t 散点图"按钮，出现如图 2-90 所示的得点散点图。从图中可以看出，除 18 号案例远远超出三倍标准差外，其余案例都落在三倍标准差内（椭圆形）。

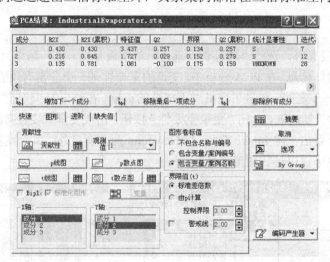

图 2-89　X 得点图设置

在图 2-89 设置下，单击"p 散点图"按钮，得到如图 2-91 所示的负荷散点图。图中变量距离越近，表示变量影响 PCA 模型的方式越相似，即变量之间是相关的。例如，Exhaust Temp 和 Bed Temp、Mass Air Flow 和 Intake Temp 均属于这种情况。

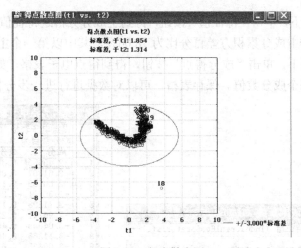

图 2-90　得点散点图

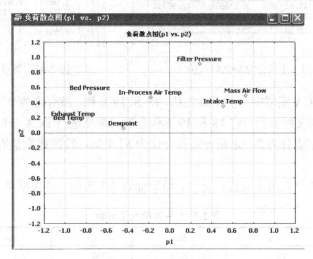

图 2-91　负荷散点图

在三主成分下，R^2（累积）为 0.781，并没有 100%解释所有变量信息，因此，模型与原始数据出现偏差，在结果中选择"进阶"标签，单击"残差"按钮，即出现所有案例的每个变量的残差值，如图 2-92 所示。

案例	Dewpoint	Intake Temp	In-Process Air Temp	Exhaust Temp	Mass Air Flow	Bed Te
1	−0.89857	−0.32972	0.13691	−0.124849	−0.049114	−0.120(
2	−0.29518	−0.27440	0.00614	−0.050168	0.019461	−0.086(
3	0.01022	−0.29619	−0.03765	0.151685	0.157219	0.093
4	−0.34381	−0.35799	−0.00081	0.319325	0.121578	0.242(
5	0.16354	−0.07906	−0.04839	0.144620	0.078592	0.084
6	0.38983	−0.09230	−0.08643	0.106194	0.124849	0.033
7	0.29826	0.13274	0.03611	0.075700	0.116920	0.017
8	0.27861	0.28341	0.04073	0.131010	0.032502	0.052
9	0.30362	0.49681	0.10081	0.125892	0.010387	0.104(
10	0.35906	0.74829	0.06752	0.397294	−0.102436	0.349
11	0.32557	0.78709	0.15721	0.293623	−0.038713	0.244
12	−0.09811	0.72638	0.21190	0.249531	−0.137500	0.164
13	−0.41474	0.66648	0.34013	0.122128	−0.091595	0.054
14	−0.07616	0.87502	0.28082	0.445444	−0.075771	0.330(
15	−0.38344	0.90763	0.35355	0.407588	−0.144669	0.283
16	−0.33843	0.98436	0.32410	0.346427	−0.235205	0.188(
17	−1.08137	0.97754	0.35399	0.139713	−0.575760	0.020;
18	1.27607	−0.84007	0.09600	−0.098763	1.194430	−0.211(
19	−0.10649	−1.99514	−1.27942	−0.800359	−0.792643	−0.384

数据：主成分分析残差，尺度化数据（IndustrialEvaporator.sta）
主成分分析残差，尺度化数据（IndustrialEvaporator.sta）
成分数目为 3

图 2-92　残差值

在"进阶"标签下，单击"特征值"按钮，得到主成分分析之特征值表，如图 2-93 所示，从中可以看出，三个主成分累积方差百分比为 78.06%，其中以第一个主成分作用最显著。

在"进阶"标签下，单击"成分得点"按钮，得到得点电子表格，如图 2-94 所示，表中显示每个案例下的每个成分数值。保存表格，可以对数据进行进一步分析应用。

图 2-93 主成分分析之特征值　　　　　　图 2-94 得点电子表格

前面提到，在 PCA 模型中有两个异常值，18 和 19 案例。没有这两个案例，结果会怎样？关闭其余窗口，回到文件界面，将 18 和 19 案例删除，重新进行 PCA 分析，设置与前述完全相同，结果为最佳主成分为 3，累积方差百分比为 81.45%，较前述数值有较大提高。

2.3.5.3 实例

【例 2-5】采集 9 个人的头发进行分析，结果如表 2-5 所示。试根据结果进行主成分分析。

表 2-5 人头发的元素分析

样本	Cu	Mn	Cl	Br	I
1	9.2	0.30	1770	12.0	3.6
2	12.4	0.39	930	50.0	2.3
3	7.2	0.32	2750	65.3	3.4
4	10.2	0.36	1500	3.4	5.3
5	10.1	0.50	1040	39.2	1.9
6	6.5	0.20	2490	90.0	4.6
7	5.6	0.29	2940	88.0	5.6
8	11.8	0.42	867	43.1	1.5
9	8.5	0.25	1620	5.2	6.2

步骤：

✧ 打开 Statistica 软件，新建一个变量数为 5，案例数为 9 的文件，保存为 hair.sta。

✧ 将表 2-5 中的数据输入到文件中，将变量名称更改为对应的名称，保存。

✧ 单击"统计"→"进阶线性"→"非线性模型"→"NIPALS 表达式（PCA/PLS）"，出现选择对话框，选择"主成分分析（PCA）"，单击"确定"按钮，进入 PCA 起始画面。

✧ "快速"标签下，单击"变量"按钮，选择所有变量为连续变量，类别变量空缺，单击"确定"按钮回到起始画面，其余各标签下均为默认，单击"确定"按钮得到 PCA 结果。

❖ 从结果可以看到，主成分数为 1，R^2 为 0.67，单击"增加下一个成分"按钮两次，分别出现 2 成分和 3 成分的结果，如图 2-95 所示。从中可以看出，虽然自动拟合最佳的成分组合为 1，但第二主成分依然非常重要，表现在可以使 R2 和 Q2 大大提高；特征值大于 1，但第三主成分以后每一成分的意义不大，综合考虑后，选择 2 成分进行分析。单击"移除最后一项成分"按钮。

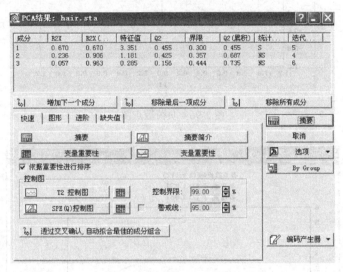

图 2-95　三个主成分时的结果

❖ "进阶"标签下，单击"特征值"按钮，出现特征值表，从中可以看到两个组分的特征值和方差百分比，第一主成分作用显著，方差百分比为 67.0%，累积两个组分方差百分比为 90.6%。

❖ 在"快速"标签下，勾选"依据重要性进行排序"复选框，单击"变量重要性"按钮，出现变量重要性结果，从中可以看出，除 Mn 稍低外，其余变量重要性均高于 0.90，以 Br 最高。

❖ "快速"标签下，单击"T2 控制图"按钮，出现 Hotelling T2 控制图，从图中可以看到，案例中没有异常值。

❖ 在"图形"标签下，选择成分 1 为 X 轴，成分 2 为 Y 轴，"图形卷标值"选择"包含变量/案例名称"，单击"p 散点图"按钮，出现负荷散点图，如图 2-96 所示。从图中可以看出，Cu, Mn, Cl 在第一主成分非常重要，Br 在第二主成分很重要，I 对第一和第二成分的贡献相当。

❖ 在"图形"标签下，选择成分 1 为 X 轴，成分 2 为 Y 轴，"图形卷标值"选择"包含变量/案例名称"，"界限值"选择"由 p 计算"，并将控制界限的 0.99 改为 0.90，单击"t 散点图"按钮，如图 2-97 所示。从图中可以看出，9 个案例基本可以分为三类，分别是 3、6、7，2、5、8 和 1、4、9。

❖ 在"进阶"标签下，单击"成分得点"按钮，得到得点电子表格，表中显示每个案例下的每个成分数值。

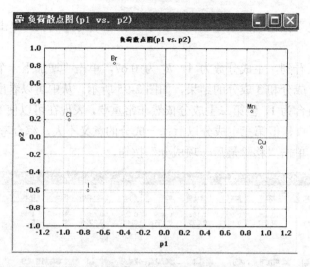

图 2-96　负荷散点图

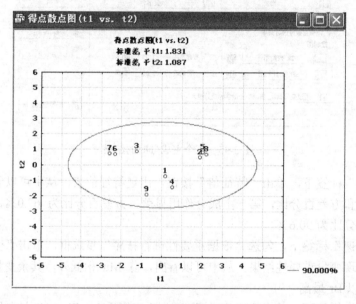

图 2-97　得点散点图

2.3.6　偏最小二乘分析

2.3.6.1　介绍

偏最小二乘分析（partial least squares, PLS）方法最早由 Wold H 提出。该方法与主成分分析很相似，差别在于描述变量 Y 中因子的同时也用于描述变量 X。与前面介绍的多元线性回归、主成分分析方法相比较，偏最小二乘分析方法具有以下几个优点：① 多元线性回归方法要求剔除相关的自变量，过分强调回归方程的相关系数，对自变量有用信息的提取有所忽视，而偏最小二乘分析方法对自变量之间的非共线要求不苛刻，它能较合理地提出自变量对活性影响的有效信息，使得偏最小二乘方程的信息容量更大、更全面，具有更好的统计意义；② 当自变量数超过样本数时，偏最小二乘分析方法也能得出具有统计意义的方程，而传统的线性回归方法则要求样本数至少是变量数的 5 倍以上；③ 传统的主成分分析方法中的主成分不包含因变量的成分，而偏最小二乘分析方法的主成分中包含因变量的成分；④ 偏最小二乘分析方法因运用了交叉验证（cross-validation）降低了偶然相关性，比多元逐步回归方法的偶然相关的可能性小，也使得模型的过拟合大为改进，因而模型预测能力强。

2.3.6.2　分析方法

Statistica 软件提供了两种 PLS 方法，一种是在"统计"→"进阶线性"→"非线性模型"下子菜单"NIPALS 表达式（PCA/PLS）"，这种方法与前面介绍的 PCA 方法非常类似，不同的是在出现如图 2-81 所示的 PCA/PLS 选项时，选择"偏最小二乘（PLS）"选项，进入 PLS 起始画面后选择变量时，需要选择反应变量和连续预测变量。另一种方法是在"统计"→"进阶线性"→"非线性模型"下子菜单"一般化偏最小二乘模型"。在此以软件自带的文件介绍第二种 PLS 方法的使用。

打开 Datasets 文件夹中案例文件 Poverty.sta，数据表包括 7 个变量，30 个案例。单击"统计"→"进阶线性"→"非线性模型"下子菜单"一般化偏最小二乘模型"，出现选项对话框，在"分析类型"中选择"多元回归"，在"规格方法"中选择"快速规格对话框"，单击"确定"按钮，进入"PLS 之多元回归"对话框，如图 2-98 所示。对话框包含两个标签："快速"和"选项"，单击"快速"标签下的"变量"按钮，出现变量选项对话框，根据前面的分析，将 3-PT_POOR 选择为反应变量，其余变量选择为预测变量，如图 2-98 所示，单击"确定"按钮回到如图 2-98（a）所示的对话框。"选项"标签下所有项采用默认值，单击"确定"按钮出现如图 2-99 所示的 PLS 结果对话框。

（a）　　　　　　　　　　　　　　　　　　（b）

图 2-98　"PLS 之多元回归"对话框和变量选项

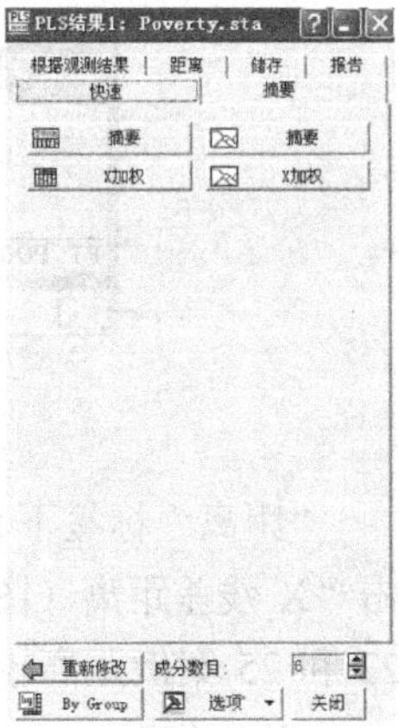

PLS 结果对话框中包括 6 个标签，分别为"快速"、"摘要"、"根据观测结果"、"距离"、"储存"、"报告"，每个标签下有对应内容的按钮。当 PLS 完成后，我们首先关心的是模型的好坏。单击"摘要"标签，其中包含"摘要"、"X 加权"、"负荷值"、"回归系数"、"尺度系数"等，这些结果可以以表格的形式和图的形式给出。单击"摘要"按钮，出现如图 2-100 所示的 PLS 结果，图 2-100（a）是表格形式，2-100（b）是图形形式。表中分别显示了反应变量（Y）和预测变量（X）的每一主成分的增量和总量。从图和表中可以看出，主成分数以选择 2 为宜，此时反应变量的 R^2 为 0.75。

单击"X 加权（表格）"按钮，出现如图 2-101（a）所示的预测变量加权表，单击"X 加权（图形）"按钮，则出现加权图形形式。考虑到显示六成分太多，图形杂乱，因此，现将对话框下的成分数目由 6 改为 2，再单击"X 加

图 2-99　PLS 结果图

权（图形）"按钮，则出现如图 2-101（b）所示图形。比较图表可以看出，对于第一主成分来说，变量 POP_CHNG, PT_PHONE, PT_RURAL 贡献最大，第一主成分对反应变量的贡献为 65%；第二主成分中，变量 POP_CHNG, N_EMPLD, AGE 贡献最大。类似的信息也可以通过负荷值看出。

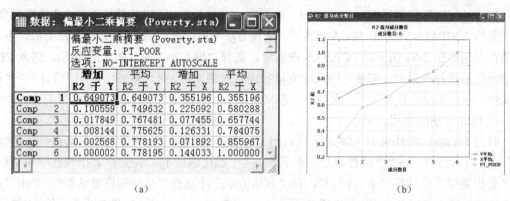

图 2-100　PLS 摘要信息

在成分数目为 2 时单击"回归系数（表格）"按钮，出现如图 2-102 所示的回归系数表。表中的数值是没有经过归一化处理的回归系数，因此利用这些数值可直接计算新案例的预测值。

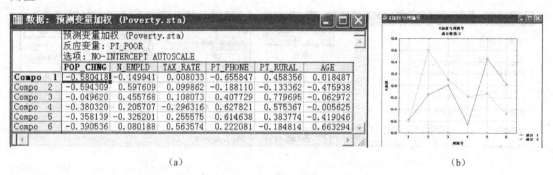

图 2-101　预测变量加权结果

	Interc.	POP_CHNG	N_EMPLD	TAX_RATE	PT_PHONE	PT_RURAL	AGE
偏最小二乘回归系数 (Poverty.sta)							
反应变量: PT_POOR							
选项: NO-INTERCEPT AUTOSCALE							
PT_POOR	49.53172	-0.316890	0.000273	1.067380	-0.279534	0.060807	-0.284037

图 2-102　成分数目为 2 时的回归系数表

"距离"标签下有"X 加权距离"、"负荷值距离"、"X 残差距离"、"Y 残差距离"等。单击"X 残差距离（图形）"按钮，得到如图 2-103 所示的 X 残差距离，从图中可明显看出，22 和 25 案例距离较其他案例大很多，可能为异常值，因此，可以考虑将这两个案例删除后进行 PLS 分析。

在"根据观测结果"标签下，单击"预测值"按钮，得到如图 2-104 所示的预测值表，利用表中的数据和原始数据也可以绘制观测值和预测值之间的相关图。

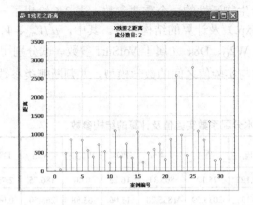

图 2-103　X 残差距离

图 2-104　预测值

　　将 **PT_POOR** 的原始数据和图 2-104 中的预测值复制到新建窗口，并对修改变量名称，单击"统计"菜单下"基本统计"→"表格项"命令，出现"基本统计与表格分析"选项，选择"描述统计"，单击"确定"按钮，出现"描述统计"对话框，如图 2-105 所示，单击"概率图与散点图"标签，单击"2D 散点图"按钮，在出现的对话框中选择两个变量，单击"确定"按钮后出现如图 2-106 所示的对话框，选择观测值为水平轴变量，选择预测值为垂直轴变量，单击"确定"按钮，出现观测值与预测值的相关图，如图 2-107 所示。

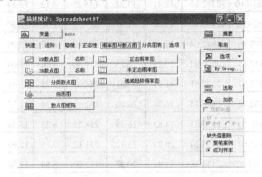

图 2-105　"描述统计"对话框

图 2-106　散点图坐标轴变量选择

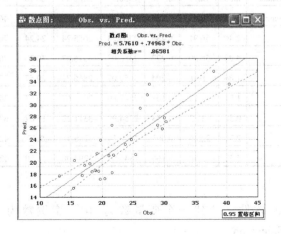

图 2-107　观测值与预测值的相关图

2.3.6.3 实例

【例 2-6】化合物脂水分配系数是评价生物活性的一个重要参数，表 2-6 给出了一些化合物的名称、脂-水分配系数实验值 $\log P$（Exp.）及计算的结构参数。其中，μ^2/V_{mc}、V_{mc}、σ^2_-、$\sum \overline{V}_s$ 属于表面静电势参数，POL、$W5_{OH2}$、$W2_O$、D8、A 属于 VolSurf 参数。试分别用 PLS 方法和多元线性回归（MLR）方法建立参数与实验值之间的数学模型，并判断哪类参数对描述脂-水分配系数更重要。

表 2-6 化合物名称、脂-水分配系数实验值及计算的结构参数

项目	化合物	Exp.	μ^2/V_{mc}	V_{mc}	σ^2_-	$\sum \overline{V}_s$	POL	$W5_{OH2}$	$W2_O$	D8	A
1	1,3,5-trichlorobenzene	3.95	0.00	0.122	75.12	−805.31	16.22	0.00	186.75	2.75	13.02
2	2-butoxyethanol	0.59	1.94	0.131	2035.59	−1855.20	13.06	63.88	268.50	0.00	11.70
3	2,4,5-trichlorotoluene	4.77	35.12	0.139	309.62	−1195.15	18.05	0.00	187.50	2.75	13.81
4	3-pentanol	0.99	25.47	0.105	1771.13	−1300.37	10.59	34.12	203.50	0.00	11.40
5	Chlorobenzene	2.81	47.62	0.097	297.33	−1551.24	12.36	0.00	83.12	2.75	12.37
6	4-xylene	2.98	0.00	0.118	616.44	−1281.05	14.10	0.00	69.25	2.50	13.07
7	1-butanol	0.45	32.63	0.088	2917.53	−1360.00	8.75	43.38	241.12	0.00	11.77
8	1-hexanol	1.91	23.30	0.122	2283.21	−1158.00	12.42	46.25	261.38	0.00	13.04
9	2-nitrotoluene	2.41	194.05	0.124	2638.63	−2130.52	14.25	12.75	142.88	3.88	13.41
10	Nitrobenzene	2.01	239.22	0.108	2616.10	−2382.20	12.41	13.25	141.25	4.12	12.57
11	3-nitroaniline	2.17	313.03	0.119	2639.09	−2849.98	13.76	61.38	379.75	1.50	13.90
12	2,4,5-trichloroaniline	4.16	99.00	0.133	390.98	−1847.04	17.69	11.62	308.62	5.50	13.04
13	4-n-pentylphenol	4.31	12.39	0.177	947.65	−2096.92	20.25	16.25	259.50	5.50	15.08
14	Aniline	1.63	27.01	0.096	915.07	−2277.51	11.91	9.50	188.38	3.75	12.61
15	2-allylphenol	3.06	13.60	0.137	808.48	−2486.74	16.38	10.00	182.12	5.38	14.23
16	4-chloro-3-methylphenol	3.34	34.27	0.121	546.16	−2057.63	14.83	16.38	258.75	6.25	13.38
17	2-phenylphenol	3.46	20.15	0.164	862.10	−2503.24	20.73	15.12	231.12	9.25	15.65
18	Quinoline	1.67	37.97	0.124	1315.92	−2434.36	15.91	20.88	112.00	8.50	12.80
19	N,N-dimethylaniline	2.33	22.08	0.131	1003.97	−2195.29	15.58	0.00	84.88	7.25	13.58
20	Dimethyl-2-amino-4-phthalate	2.53	12.77	0.186	1558.97	−3468.49	20.70	68.38	267.88	4.38	15.67
21	Methyl-4-chloro-2-nitrobenzoate	2.45	58.04	0.165	1890.00	−2690.61	18.73	46.25	217.62	4.38	16.49
22	Dibutylsuccinate	2.40	56.91	0.239	2765.23	−2655.24	24.24	70.00	115.50	0.00	18.19
23	Dibutyl-2-phtalate	4.23	58.20	0.277	2380.03	−3316.07	30.23	70.12	167.25	2.00	16.53
24	Diethyladipate	1.66	0.00	0.204	3057.07	−2866.71	20.57	73.50	117.50	0.00	15.19
25	Propylacetate	1.01	29.14	0.108	2847.80	−2013.67	10.67	34.62	33.62	0.00	14.11
26	Diethylmalonate	0.50	63.23	0.153	2754.99	−3311.22	15.07	68.25	62.62	0.00	16.72
27	Butylamine	2.71	22.26	0.091	2470.14	−1166.45	9.47	42.25	282.50	0.00	13.99
28	octylamine	4.12	12.48	0.160	1841.87	−1294.00	16.80	42.50	323.38	0.00	16.66

步骤：

✧ 打开 Statistica 软件，新建一个变量数为 10，案例数为 28 的文件，保存为 Partition Coefficient.sta。

❖ 将表 2-6 中的数据输入到文件中，将变量名称更改为对应的名称，保存。

首先看 PLS 方法的结果。

❖ 单击"统计"→"进阶线性"→"非线性模型"下子菜单"一般化偏最小二乘模型"，出现选项对话框，在"分析类型中"选择"多元回归"，在"规格方法"中选择"快速规格对话框"，单击"确定"按钮，进入"PLS 之多元回归"对话框，在"快速"标签下，单击"变量"按钮，选择实验值为反应变量，2～5 变量（表面静电势参数）为预测变量，单击"确定"按钮。

❖ 查看结果中摘要的图和表，可以确定选择的主成分数为 3，对应的反应变量 R^2 为 0.768。

❖ 单击结果中的"关闭"按钮，回到 PLS 选项界面，在"分析类型"中选择"多元回归"，在"规格方法"中选择"快速规格对话框"，单击"确定"按钮，单击"变量"按钮，选择实验值为反应变量，6～10 变量（VolSurf 参数）为预测变量，单击"确定"按钮。

❖ 查看结果中摘要的图和表，可以确定选择的主成分数为 3，对应的反应变量 R^2 为 0.885。

❖ 由此可见，VolSurf 参数对于描述脂-水分配系数比表面静电势参数更合适。

❖ 单击结果中的"关闭"按钮，重新选择变量，选择实验值为反应变量，2～10 变量（表面静电势参数和 VolSurf 参数）为预测变量，单击"确定"按钮。

❖ 查看结果中摘要的图和表，可以确定选择的主成分数为 3，对应的反应变量 R^2 为 0.883。可见，两类参数合并在一起并没有给结果带来提升，因此，仅采用 VolSurf 参数即可建立较好的 PLS 模型。

❖ 在 VolSurf 参数的 PLS 模型中，第一主成分作用非常显著，其对反应变量的贡献为 60.3%。最重要的参数为 POL，其次为 W5$_{OH2}$ 和 D8。根据回归系数项可以得到回归方程。

接下来看 MLR 方法的结果。

❖ 关闭其余窗口，仅保留原始数据窗口。

❖ 单击"统计"→"多元回归"命令，出现"多元线性回归"对话框，单击"变量"按钮，选择实验值为反应变量，2～5 变量（表面静电势参数）为独立变量，单击"确定"按钮返回"多元线性回归"对话框，单击"确定"按钮。

❖ 结果显示，R^2 为 0.785，标准偏差为 0.615，F 值为 21.023，4 个变量均为显著相关。

❖ 单击"取消"按钮，进入"多元线性回归"对话框，单击"变量"按钮，选择实验值为反应变量，6～10 变量（VolSurf 参数）为独立变量，单击"确定"按钮返回"多元线性回归"对话框，单击"确定"按钮。

❖ 结果显示，R^2 为 0.913，标准偏差为 0.401，F 值为 45.902，5 个变量均为显著相关。

❖ 单击"取消"按钮，进入"多元线性回归"对话框，单击"变量"按钮，选择实验值为反应变量，2～10 变量（所有参数）为独立变量，单击"确定"按钮返回"多元线性回归"对话框，单击"确定"按钮。

❖ 结果显示，R^2 为 0.923，标准偏差为 0.415，F 值为 24.097。可以看出，尽管变量数由 5 个 VolSurf 参数增加到 9 个两类参数，但结果并没有提升，反而下降了（R^2 有微弱增加，但偏差和 F 值大大下降）。可见，在模型中引入表面静电势参数是不利的。

◇　仅 VolSurf 参数时，采用向前逐步回归，得到的逐步回归方程为：

◇　$logP = -2.559 + 0.200 \times POL - 0.051 \times W5_{OH2} + 0.007 \times W2_O - 0.173 \times D8 + 0.190 \times A$

方程显示 POL 参数最重要，首先进入方程，这一点与 PLS 方法结果一致。

综合分析结果，可见，不论 PLS 方法还是 MLR 方法，VolSurf 参数均较表面静电势参数重要得多；对于 VolSurf 参数，MLR 方法较 PLS 方法结果好，并且 POL 参数是最重要的参数。

2.3.7　判别分析

2.3.7.1　介绍

判别分析是根据观测数据判别样品（如化合物）所属类型（如有无活性）的一种统计方法。它的因变量是定性数据（如某种药物的抑虫率为++，或−等），自变量是定量数据。判别分析可以解决两方面的问题，一是根据一个样品的多种性质（自变量）判定它属于哪一类（有活性还是无活性，激动剂还是拮抗剂等）；二是根据样品的多种性质把一个未知属性的样品进行合理的分类。因此，判别分析兼有判别和分类两种性质，其重点在判别。虽然判别分析和聚类分析都属于数值分类法，但两者有明显差别。在判别分析中用以建立判别函数的数据是事先已知所属的类别，而聚类分析的数据类别是未知的。本节用软件自带的文件 Irisdat.sta 来介绍判别分析的使用。

2.3.7.2　分析方法

打开软件自带的 Irisdat.sta 文件，这是一个对三种鸢尾花（分别为 Setosa, Versicol 和 Virginic）的花萼和花瓣的长度、宽度进行统计的文件，文件包括 150 个统计案例，5 个变量，其中 1～4 变量分别为 SEPALLEN（花萼长度）、SEPALWID（花萼宽度）、PETALLEN（花瓣长度）、PETALWID（花瓣宽度），第 5 变量为 IRISTYPE（鸢尾花类型），属于分类（分群）变量，每类花有 50 个案例。

单击"统计"→"多变量探索技巧"→"判别分析"命令，出现"判别函数分析"对话框，单击"快速"标签下的"变量"按钮，选择 5 为分群变量，1～4 为独立变量，单击"确定"按钮返回"判别函数分析"对话框，选择"进阶选项（逐步分析）"复选框，单击"分群变量之编码"按钮，出现"选择分群变量之编码"对话框，单击"全部"按钮，则三类名称（SETOSA～VIRGINIC）被选择，单击"确定"按钮返回"判别函数分析"对话框，如图 2-108 所示。本例中没有缺失值的案例，假如所分析文件包含缺失值，在对话框的右下角"缺失值删除"下，可以选择删除"整笔案例"，也可以选择用"平均数取代"。设置完毕后，单击"确定"按钮，进入"模型定义"对话框。

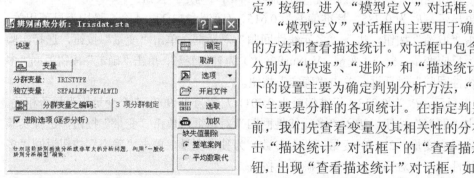

图 2-108　"判别函数分析"对话框

"模型定义"对话框内主要用于确定判别分析的方法和查看描述统计。对话框中包含三个标签，分别为"快速"、"进阶"和"描述统计"。"进阶"下的设置主要为确定判别分析方法，"描述统计"下主要是分群的各项统计。在指定判别分析方法前，我们先查看变量及其相关性的分布情况。单击"描述统计"对话框下的"查看描述统计"按钮，出现"查看描述统计"对话框，如图 2-109 所示。对话框中包含三个标签，分别为"快速"、"组内"和"所有案例"。单击"快速"标签下的"平均数与案例数"按钮，出现如图 2-110 所示的平均表格。从结果中可以明显看出三类鸢尾花的有效样本均为 50，每类的每个变量性质的平均值也给出，如 SETOSA 的花瓣长度的平均值 1.462 远远小于另外两类。

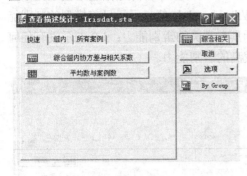

图 2-109　"查看描述统计"对话框

IRISTYPE	SEPALLEN	SEPALWID	PETALLEN	PETALWID	有效样本
SETOSA	5.006000	3.428000	1.462000	0.246000	50
VERSICOL	5.936000	2.770000	4.260000	1.326000	50
VIRGINIC	6.588000	2.974000	5.552000	2.026000	50
所有分群	5.843333	3.057333	3.758000	1.199333	150

图 2-110　平均数与案例数

也可以利用直方图查看某一个变量的分布。在如图 2-110 所示的表中，单击想要查看的列，如单击 PETALLEN 列，则该列被选中，然后，右键单击并从中选择"输入数据图表"→"直方图 PETALLEN"→"正态拟合"，则出现 PETALLEN 的直方图，如图 2-111 所示。此外，还可以利用描述统计查看所需的散点图、盒须图等。

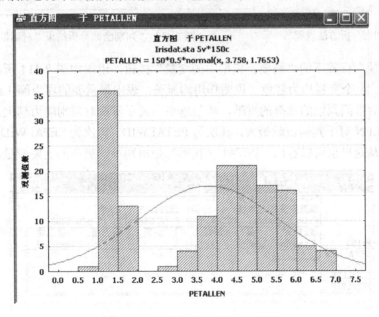

图 2-111　变量的直方图的正态拟合

单击"查看描述统计"对话框中的"取消"按钮，返回到"模型定义"对话框。判别分析方法的设置在"进阶"标签下。单击"进阶"标签，方法有三个：标准、向前逐步、向后逐步。标准指的是所有变量同时进入模型。向前逐步指的是连续逐步地将变量移动到模型中，每一步具有最大进入之 F 值的变量被选择包含在模型里，当没有其他变量的 F 值大于指定的进入模型之 F 值时，计算将终止。向后逐步指的是先把所有变量移入方程，然后逐步移除变量，每一步具有最小移除之 F 值的变量将被从模型中移除，当模型中没有其他变量的 F 值小于指定的移除之 F 值时，计算将终止。本例中选择标准方法，其余各项设置为默认值，如图 2-112 所示，单击"确定"按钮。

出现的"判别函数分析结果"对话框中包含上下两部分，如图 2-113 所示。上部分为结果窗口，下部分包含三个标签，分别为"快速"、"进阶"、"分类"。从结果看，模型变量数目为 4，Wilks' Lambda 为 0.023，F 值为 199.145。Wilks' Lambda 值显示了目前模型的判别能力的统计意义，其值范围在 0.0~1.0 之间，0.0 表示具有完美的辨别能力；1.0 表示没有任何辨别能力。模型中该项值为 0.023，说明模型具有较高的辨别能力。

图 2-112 判别分析方法设置

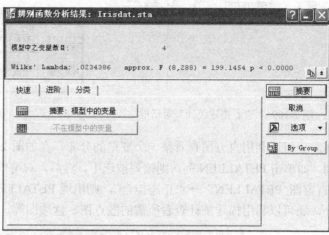

图 2-113 "判别函数分析结果"对话框

单击"快速"标签下的"摘要：模型中的变量"按钮，出现如图 2-114 所示的辨别函数分析摘要表格。4 个变量均为红色，说明作用均显著。表中最重要的项为偏 Lambda 值，它表示某一变量对群间判别的独有的贡献，数值越小，表示变量对判别能力越大。从结果可以看出，PETALLEN 对于判别贡献最大，其次为 PETALWID，再次为 SEPALWID，SEPALLEN 的贡献最小。从这里也可以看出，PETAL（花瓣）是辨别不同类花的主要变量。

数据：辨别函数分析摘要 (Irisdat.sta)

辨别函数分析摘要 (Irisdat.sta)
模型中变量之数目：4；分群：IRISTYPE (3 分群)
Wilks' Lambda: .02344 近似 F (8,288)=199.15 p<0.0000

N=150	Wilks' Lambda	偏 Lambda	移除之 F (2, 144)	p-值	容忍值	1-容忍值 (R-Sqr.)
SEPALLEN	0.024976	0.938464	4.72115	0.010329	0.347993	0.652007
SEPALWID	0.030580	0.766480	21.93593	0.000000	0.608859	0.391141
PETALLEN	0.035025	0.669206	35.59018	0.000000	0.365126	0.634874
PETALWID	0.031546	0.743001	24.90433	0.000000	0.649314	0.350686

图 2-114 不在模型中的变量结果

接下来单击"进阶"标签，单击"执行正准分析"按钮，出现"正准分析"对话框，内含三个标签，分别为"快速"、"进阶"、"正准得点"，如图 2-115 所示。单击"快速"标签下的"摘要：连续根之卡方检验"按钮，出现如图 2-116 所示的结果，从中可以看出，当所有正准根均包含时（第一行，根已移除为 0），特征值为 32.19，正准 R 为 0.98，当移除第一个根剩余根的特征值为 0.28，正准 R 为 0.47。可见，两个判别函数均具有统计意义。

单击"正准分析"对话框中"快速"标签下的"正准变量之系数"按钮，出现如图 2-117 所示的结果，分别为原始系数和标准化系数。利用原始系数可以直接计算原始判别函数得分。

从标准化系数可以看出，第一判别函数中变量 PETALLEN 和 PETALWID 占的比重较大，同时，另外两个变量也有贡献，第二判别函数只有 SEPALWID 比重较大，PETALLEN 和 PETALWID 变量也有少量贡献。同时，也可以看出，第一判别函数解释 99％变量信息，即具有 99％的判别能力。因此，第一判别函数最重要。

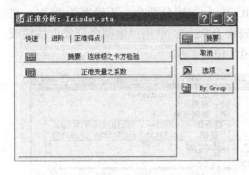

图 2-115　"正准分析"对话框　　　　　　　　图 2-116　连续根已移除之卡方检验结果

单击"进阶"标签下"正准变量之平均数"按钮，出现如图 2-118 所示的结果，从结果可以看出，第一判别函数能辨别 SETOSA 和其他类，第二判别函数可以辨别 VERSICOL 和其他类，但与第一判别函数相比，重要性要小很多。

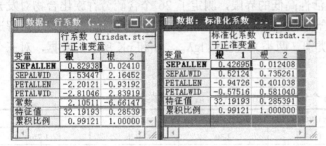

图 2-117　正准变量之系数　　　　　　　　图 2-118　正准变量之平均数

单击"正准得点"标签下的"正准得点之散点图"按钮，出现如图 2-119 所示的结果，这个图进一步阐明了上述分析的结果。横坐标为根 1，纵坐标为根 2，根 1 将 SETOSA 与其他类完全区分开，根 2 虽然将 VERSICOL 和其他类区分开，但区分不完全。

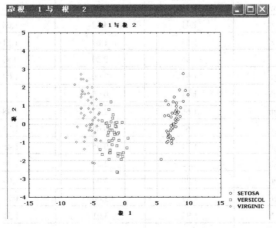

图 2-119　正准得点之散点图

单击"正准分析"对话框下的"取消"按钮回到"分析结果"对话框，单击分类标签来查看分类情况。单击"分类函数"按钮，出现如图 2-120 所示的分群分类函数，利用分类函数可以计算一个未知案例的分类得分，其中最高得分的群即为该案例所在群。

单击"分类矩阵"按钮，得到如图 2-121 所示的分类矩阵表，从结果可以看出，利用分类函数对 SETOSA 分类正确率为 100%，对 VERSICOL 分类错分两个，正确率为 96%，对 VIRGINIC 分类错分一个，正确率为 98%，平均正确率为 98%。单击"案例之分类"按钮或"马氏距离平方"按钮，均可查看错分的案例是 5、9、12。

图 2-120　分群分类函数　　　　　　　图 2-121　分类矩阵表

2.3.7.3　实例

【例 2-7】以 $\lg(1/EC_{50})1.5$ 作为活性高低的界限，测定了 26 个含硫芳香族化合物对发光菌的毒性数据。分别计算了这些化合物的 $\lg K_{ow}$、Hammett 电荷效应常数 σ，并测定了水解速度常数 K（见表 2-7），试根据活性类别（两类）及变量 $\lg K_{ow}$、σ 和 pK 所取的数据，对三个未知活性同系物的活性进行判别。

表 2-7　26 个化合物的结构参数、活性及分类

编号	类别	$\lg(1/EC_{50})$	$\lg K_{ow}$	σ	pK
1	Low	0.93	2.30	1.28	1.76
2	Low	1.02	3.61	0.81	2.43
3	Low	1.03	3.81	0.81	2.31
4	Low	1.12	3.01	1.51	1.98
5	Low	1.13	4.32	1.04	2.20
6	Low	1.18	0.98	1.28	1.30
7	Low	1.32	2.30	1.28	2.05
8	Low	1.37	0.98	1.23	1.09
9	Low	1.41	4.32	1.04	2.12
10	Low	1.43	1.89	1.51	1.17
11	Low	1.45	2.29	0.81	1.48
12	High	1.51	3.00	1.04	1.40
13	High	1.51	0.95	1.48	0.57
14	High	1.66	2.27	1.48	1.25
15	High	1.67	0.66	1.71	0.59
16	High	1.71	0.95	1.48	0.49
17	High	1.72	2.27	1.48	1.22
18	High	1.70	3.00	1.04	1.29
19	High	1.87	3.00	1.71	1.10
20	High	1.93	3.01	1.51	1.73
21	High	2.19	2.04	2.06	1.76

续表

编号	类别	$\lg(1/EC_{50})$	$\lg K_{ow}$	σ	pK
22	High	2.20	1.69	1.51	1.02
23	High	2.21	2.03	1.59	1.23
24	High	2.22	2.01	2.26	0.61
25	High	2.56	0.66	1.71	0.57
26	High	2.65	0.58	2.06	1.17
27		1.33	2.29	0.81	1.71
28		1.72	3.35	1.59	1.46
29		1.55	3.00	1.71	1.17

步骤：

✧ 打开 Statistica 软件，新建一个变量数为 4，案例数为 29 的文件，保存为 activity.sta。

✧ 将表 2-7 中的数据（除 $\lg(1/EC_{50})$ 列外）输入到文件中，将变量名称更改为对应的名称，保存。

✧ 单击"统计"→"多变量探索技巧"下子菜单"辨别分析"，出现"辨别函数分析"对话框，单击"变量"按钮，选择 1 为分群变量，2～4 为独立变量，单击"确定"按钮返回对话框；单击"分群变量之编码"按钮，单击"全部"按钮选择类型，单击"确定"按钮返回对话框。设置完成后单击"确定"按钮出现判别函数分析结果。

✧ 在结果对话框中单击"进阶"标签，单击"摘要：模型中的变量"按钮，出现如图 2-122 所示的结果，从结果可以看出，三个独立变量均呈显著相关，为红色显示，由偏 Lambda 值可以判断，pK 变量（值最小）作用最大。

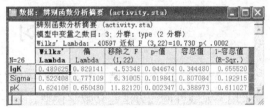

图 2-122　辨别函数分析摘要

✧ 单击"分类"标签下的"分类矩阵"按钮，出现如图 2-123 所示结果，从结果可以看出，低活性 11 个案例错分一个，正确率为 90.91％，高活性 15 个案例全部正确分类，平均正确率为 96.15％。

✧ 单击"分类"标签下的"分类函数"按钮，出现如图 2-124 所示的分类函数结果。

图 2-123　分类矩阵　　　　图 2-124　分类函数结果

根据图中的信息可以得到判别方程为：

低活性类：$f_1(X) = 1.4368 \times \lg K + 18.3168 \times \sigma + 10.1951 \times pK - 22.5150$

高活性类：$f_2(X) = 3.4900 \times \lg K + 23.5180 \times \sigma + 3.6640 \times pK - 24.6839$

将三个未知活性的化合物 27、28、29 的参数分别代入上述两个方程中，最大的判别函数值就是它的活性类别。计算结果显示，27 为低活性，28 和 29 为高活性，与实验数据完全吻合。

◇ 单击"分类"标签下的"案例之分类"按钮，出现如图 2-125 所示结果。从结果可以看出，低活性化合物中错分的案例是 10 号，原为低活性的分类类别为高活性；结果中对活性分类不明的三个未知化合物也进行了分类预测，预测 27 号案例为低活性，28 和 29 案例为高活性，与表中活性数据一致。

图 2-125　案例之分类结果

习　　题

1. 测定了 23 个苯甲腈、苯乙腈衍生物对发光菌的毒性影响，得到如表 2-8 所示的结果，试采用多元线性回归方法建立数学模型。

表 2-8　毒性测定结果

编号	$\lg(1/EC_{50})$	$\lg K_{ow}$	Hammett 常数 σ	摩尔折射率 MR
1	−2.397	1.77	0.47	19.83
2	−2.383	1.23	0.44	15.23
3	−2.330	1.49	−0.27	7.87
4	−2.297	1.42	−0.15	15.74
5	−2.179	0.91	0.13	11.14
6	−2.091	1.30	0.71	7.36
7	−1.972	0.82	−0.25	10.72
8	−1.812	2.42	0.39	8.88
9	−1.810	1.10	−0.92	11.65
10	−1.702	1.17	−0.61	3.78
11	−1.570	2.63	−0.02	26.12
12	−1.554	2.03	−0.24	12.47
13	−1.478	1.36	−0.27	15.32
14	−1.432	2.98	0.60	12.06

续表

编号	lg(1/EC$_{50}$)	lgK_{ow}	Hammett 常数 σ	摩尔折射率 MR
15	−1.399	0.89	−0.37	2.85
16	−1.397	2.99	0.15	21.35
17	−1.052	2.06	−0.12	7.87
18	−1.032	2.89	−0.47	18.76
19	−1.018	3.60	−0.57	24.79
20	−1.008	2.35	0.12	16.75
21	−0.979	1.75	0.02	11.73
22	−0.784	2.47	−0.42	9.81
23	−0.671	2.68	−0.99	26.62

2．对某城市大气颗粒物样品进行了分析，得到表 2-9 的分析结果，试对其进行主成分分析和因素分析。

表 2-9　大气颗粒样品分析结果　　　　单位：$\times 10^{-6}$

编号	Br	K	Ba	Rb	Sc	Fe	Zn	Ni	V	W	As
1	180	11000	820	58	18.0	22000	950	110	274	5.9	60
2	97	7800	650	39	9.6	16000	930	44	100	6.3	100
3	120	8600	490	45	8.2	14000	820	45	107	3.3	72
4	200	7400	390	31	9.5	13000	1500	55	183	10.0	75
5	20	5400	250	33	5.6	10000	170	30	88	3.2	25
6	42	9100	490	43	6.1	14000	370	17	93	2.5	39
7	60	12000	520	64	10.0	21000	780	45	129	4.3	49
8	38	8700	430	41	8.2	16000	680	37	96	4.9	56
9	110	5400	250	30	4.6	7300	860	39	1	2.7	53
10	38	4900	174	20	3.5	6700	480	36	50	3.1	39
11	100	7100	360	29	5.5	11000	960	22	28	5.3	25
12	60	4200	130	15	2.1	4400	840	17	24	3.9	25
13	15	5800	240	27	5.5	11000	650	25	49	4.9	40
14	17	8000	260	35	5.1	12000	370	20	48	3.5	30
15	19	870	290	38	5.8	14000	800	26	40	6.1	25
16	13	46000	200	20	3.7	7200	570	14	44	3.7	25

3．对 8 种中药中 8 种微量元素的含量进行了统计，如表 2-10 所示，试采用聚类分析方法对中药进行分类说明。

表 2-10　中药中微量元素的含量分析结果　　　　单位：μg/g

编号	中药名称	Cu	Mn	Mg	Sr	Zn	Ni	Ca	Fe
1	泽泻	19.47	97.61	522.45	0.66	75.40	1.08	614.73	158.07
2	山楂	2.86	5.87	462.97	3.71	23.65	1.55	2364.84	153.79
3	葛根	2.24	5.56	409.15	0.38	24.25	0.18	928.81	86.45
4	决明子	8.58	13.65	829.41	4.47	70.58	4.53	3003.52	144.32
5	红花	12.17	29.03	692.05	5.90	66.57	6.15	6724.16	402.14
6	丹参	11.35	6.35	1006.67	5.97	35.94	2.60	2363.99	375.33
7	三七	2.44	74.39	450.27	0.43	58.54	2.56	620.49	271.04
8	川芎	8.65	23.01	743.40	4.36	19.82	2.49	703.3	159.08

4. 多环芳烃与癌症的发病率有很大关系，对 77 个多环芳烃的致癌性进行了研究，发现多环芳烃的致癌性与分子表面积（TSA）、代谢活性区域中心碳原子的离域能（$\Delta E1$）、亲电活性区域中心碳原子的离域能（$\Delta E2$）以及分子脱毒区的总数（N_d）密切相关，所有数据如表 2-11 所示，试采用判别分析方法对前 67 个多环芳烃进行判别分析并对后 10 个进行预测，对结果进行分析说明。

表 2-11　多环芳烃的致癌性与结构参数

编号	活性分类	TSA	$\Delta E1$	$\Delta E2$	N_d
1	H	265.9	0.958	0.713	0
2	H	283.6	1.006	0.722	1
3	H	283.6	0.927	0.759	1
4	H	283.6	0.926	0.738	1
5	H	283.6	0.806	0.759	0
6	H	275.9	0.875	0.775	0
7	H	258.4	0.608	0.835	0
8	H	304.8	0.866	0.866	2
9	H	304.8	0.845	0.871	1
10	H	265.9	0.806	0.879	1
11	H	283.6	0.847	0.759	0
12	H	283.6	0.958	0.879	0
13	H	275.9	0.749	0.833	2
14	H	275.9	0.896	0.845	0
15	H	275.9	0.794	0.880	0
16	L	265.9	0.786	0.639	0
17	L	265.9	0.672	0.719	0
18	L	283.4	0.879	0.604	0
19	L	265.9	0.750	0.755	2
20	L	265.9	0.788	0.625	1
21	L	265.9	0.781	0.614	0
22	L	275.9	0.833	0.691	0
23	L	268.4	0.770	0.617	0
24	L	222.0	0.794	0.623	0
25	L	351.2	0.785	0.785	2
26	L	341.2	0.787	0.787	3
27	L	294.8	0.738	0.738	1
28	L	294.8	0.722	0.722	1
29	L	304.8	0.971	0.691	1
30	L	294.8	0.648	0.623	0
31	L	268.4	0.826	0.713	0
32	L	265.9	0.788	0.667	0
33	L	304.8	0.800	0.713	1
34	L	265.9	0.839	0.724	0
35	L	265.9	0.881	0.722	2
36	N	275.9	0.844	0.545	0
37	N	213.0	0.726	0.400	0
38	N	220.0	0.608	0.608	0

续表

编号	活性分类	TSA	ΔE1	ΔE2	N_d
39	N	248.4	0.766	0.571	2
40	N	294.8	0.722	0.545	2
41	N	304.8	0.692	0.692	0
42	N	387.6	0.885	0.400	3
43	N	341.2	0.818	0.400	3
44	N	341.2	0.733	0.621	2
45	N	258.4	0.714	0.400	0
46	N	294.8	0.709	0.400	0
47	N	248.4	0.664	0.664	1
48	N	294.8	0.662	0.662	1
49	N	202.0	0.658	0.658	1
50	N	294.8	0.647	0.581	1
51	N	294.8	0.638	0.638	1
52	N	248.4	0.628	0.628	2
53	N	341.2	0.600	0.600	3
54	N	304.8	0.559	0.400	1
55	N	202.0	0.545	0.545	1
56	N	155.6	0.488	0.488	0
57	N	314.8	0.928	0.600	0
58	N	219.5	0.658	0.526	
59	N	219.5	0.685	0.572	0
60	N	219.5	0.628	0.577	1
61	N	210.5	0.978	0.503	0
62	N	265.9	0.648	0.662	0
63	N	265.9	0.762	0.639	2
64	N	283.4	0.898	0.649	4
65	N	265.9	0.592	0.572	1
66	N	265.9	0.647	0.583	0
67	N	283.6	0.875	0.524	1
68	H	275.9	1.042	0.630	0
69	H	258.4	0.794	0.833	1
70	H	275.9	0.858	0.800	0
71	L	294.8	0.719	0.667	1
72	L	248.4	0.639	0.639	0
73	L	248.4	0.600	0.600	0
74	N	219.5	0.682	0.639	0
75	N	265.9	0.825	0.648	0
76	N	265.9	0.766	0.602	0
77	N	258.4	0.569	0.400	1

注：H 为高致癌性；L 为低致癌性；N 为非致癌性。

5．第 4 章 4.4 节中给出了药物的水溶解度和结构参数数据，试采用多元线性回归和偏最小二乘分析方法建立数学模型。

6．本章参考文献[6]报道了 5-芳基乙内酰脲类化合物的保留因子、分离因子以及结构参数的数值，试采用多元线性回归和偏最小二乘分析方法建立化合物结构参数与保留因子、分离因子之间的数学模型。

7. 采用多元线性回归和偏最小二乘分析方法将第 4 章习题 5 中化合物的活性 log1/C 与提取出的结构参数建立数学模型，并对结果进行对比分析。

8. 根据第 4 章习题 6 自行查阅的文献和计算出的结果，分别采用多元线性回归和偏最小二乘分析方法建立数学模型。

参 考 文 献

[1] 俞庆森，邹建卫，胡艾希. 药物设计. 北京：化学工业出版社，2005.

[2] 许国根，许萍萍. 化学化工中的数学方法及 MATLAB 实现. 北京：化学工业出版社，2008.

[3] 胡桂香，邹建卫，曾敏，张兵，金海晓，俞庆森. 化合物膜水分配系数的 QSPR 研究和分子三维参数表征. 浙江大学学报：理学版，2005, 32(5)：558.

[4] 王薇，马玉秀，徐泰国，吴启勋. 8 种心血管类中药微量元素与药效的研究. 西南民族大学学报：自然科学版，2010, 36(1)：109.

[5] 相玉红，姚小军，张瑞生，刘满仓，胡之德，范波涛. 用概率神经网络对多环芳烃的致癌性分类. 兰州大学学报：自然科学版，2002, 38(3)：55.

[6] 张兵，商志才，赵文娜，邹建卫，胡桂香，俞庆森. 5-芳基乙内酰脲类化合物 QSERR 研究. 物理化学学报，2003, 19(10)：938.

第 3 章 Gaussian

Gaussian 是一个功能强大的量子化学综合软件包，其可执行程序可在不同型号的大型计算机、超级计算机、工作站和个人计算机上运行，并相应有不同的版本。目前，Gaussian 已成为世界上使用最广泛的量子化学程序。鉴于 PC 硬件技术的飞速发展和操作系统的不断改进，个人计算机的计算速度和计算容量与工作站的差距在日益缩小。Gaussian 03 for Windows（以下简称 G03W）可十分方便地安装在个人计算机上，并可与 Windows 平台上的具有分子构建和图像显示功能的 ChemOffice、HyperChem、GaussView 等软件结合使用，从而大大简化了输入文件的编辑和计算结果的分析处理。本章将对 G03W 的计算功能及基本操作进行介绍。必须指出的是，Gaussian 计算功能强大，作业控制的关键词（key word）和选项（option）条目繁多。限于篇幅，本章侧重于 G03W 的基本操作和输入文件的建立，适用于初涉计算量子化学领域的学生和研究工作者。读者可参照 Gaussian 03 User's Reference 及 Gaussian 03W Help 深入了解。

3.1 Gaussian 基础

3.1.1 概述

Gaussian 是目前计算化学领域最流行、应用最广的商业化量子化学软件包。它最早是由美国卡内基·梅隆大学的约翰·波普（John. A. Pople，1998 年获得诺贝尔化学奖）在 20 世纪 60 年代末 70 年代初主导开发，其名称来自于该软件中使用的 Gaussian 型基组。最初，Gaussian 的著作权属于约翰·波普供职的卡内基·梅隆大学，1986 年约翰·波普进入美国西北大学后，其版权由 Gaussian Inc.公司所持有。Gaussian 软件的出现降低了量子化学计算的门槛，使得从头算方法可以广泛使用，从而极大地推动了其在方法学上的发展。

Gaussian 03（G03）是由以前出版的 Gaussian 70、Gaussian 76、Gaussian 80、Gaussian 82、Gaussian 86、Gaussian 88、Gaussian 90、Gaussian 92、Gaussian 92/DFT、Gaussian 94 和 Gaussian 98 体系进一步发展来的。G03 可用于执行各类不同精度和理论水平的分子轨道（MO）计算，包括 Hartree-Fock 从头算（HF）、Post-HF 从头算（各级 CI 和 MP）、密度泛函理论（DFT），以及多种半经验（Semi-empirical）方法，进行分子和化学反应性质的理论预测。主要计算项目包括：

❖ 分子能量和结构

❖ 过渡态能量和结构

❖ 化学键和反应的能量

❖ 热化学性质

❖ 化学反应路径

❖ 分子轨道

❖ 偶极矩和多极矩

- ◇ 原子电荷
- ◇ 振动频率
- ◇ 红外和拉曼光谱
- ◇ 核磁性质
- ◇ 自旋-自旋耦合系数
- ◇ 振动圆二色性强度
- ◇ 电子圆二色性强度
- ◇ g 张量和超精细光谱的其他张量
- ◇ 旋光性
- ◇ 非谐性的振动分析和振动-转动耦合
- ◇ 电子亲和能和电离势
- ◇ 极化率和超极化率
- ◇ 各向异性超精细耦合常数
- ◇ 静电势和电子密度

可见，G03 是功能强大的工具，可用于研究化学、化工和生物化学等很多领域的课题，如分子间弱相互作用、激发态、吸附作用机理、酶催化反应等。

3.1.2 主界面

启动 G03W 程序，屏幕上显示 G03W 的主界面，如图 3-1 所示。

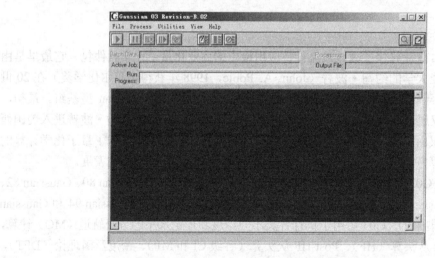

图 3-1　G03W 的主窗口

主界面上第一行为菜单栏，各菜单功能如下。

File 菜单主要功能是建立和访问 G03W 输入文件和程序的初始化设置。其中，Open 命令用来打开 G03W 输入文件*.gjf 或上传批处理文件*.bcf；Modify 命令可以编辑当前输入文件；Preferences 命令是进行初始化设置，相关细节见 3.1.3 节。

Process 菜单里面的所有选项在主界面的工具栏中都有对应的图标（见工具栏各按钮功能的描述），用来管理执行文件。

Utilities 菜单包含编辑批处理文件、文件转换和其他一些功能。其中 Edit Batch List 用来编辑批处理文件中的作业表；NewZMat 用来转换输入文件（详细内容见 3.2.2 节）；CubeGen

为标准立方形三维空间网格产生工具；CubMan 为利用检查点文件提供的 MO 波函数，以立方网格的模式生成电子密度和静电势的空间分布；FreqChk 为打印出检查点文件中的频率和热化学数据；FormChk 为将检查点文件由二进制格式转换为 ASCII 文本格式；UnFchk 为将一个带格式的检查点文件转换为二进制格式；ChkChk 为显示一指定检查点文件的作业控制段和题目段；ChkMove 可以实现检查点文件在二进制格式与文本格式间的转换，以适应该文件在不同计算机或不同操作系统间的传递；C8603 为将以前 Gaussian 版本（如 G98）的二进制检查点文件转化为 G03W 格式；External PDB Viewer 为启动默认的外部浏览器来显示分子的图形。

View 菜单里面的选项主要是改变窗口的外观和调用外部文本编译器。

Help 菜单为在线帮助。

主界面工具栏中各按钮的功能如下。

- ▶ 开始当前作业
- Ⅱ 暂停当前运行的作业
- ⅢⅡ 在当前作业正在执行的 Link 完成后暂时停止
- Ⅲ▶ 恢复执行当前作业
- ⊘ 终止当前运行的作业
- ▨ 编辑当前批处理文件或建立新的批处理文件
- Ⅰ▌ 在当前作业完成后终止当前批处理
- ⊘ 终止当前作业和批处理任务
- 🔍 用外部编辑器编辑 G03W 输出文件
- ✍ 打开外部编辑器

在打开主窗口后或作业正在进行或已结束时，这些按钮不会同时显亮。只有作业执行的当前状态允许启动的那些功能，相应的按钮才会显亮。G03W 提供计算作业进行批处理的功能，可以使计算机自动执行事先设定的若干个作业，有关细节见 3.2.3 节。

3.1.3　初始化设置

G03W 安装后的首次启动需进行工作环境的初始化设置，即规定主程序、检查点文件、输入和输出文件的默认子目录和路径。在主窗口上打开 File 菜单，单击 Preferences 选项后弹出 Gaussian Preferences 对话框（图 3-2），用户应根据个人计算机及软件安装的实际情况逐条准确填写。

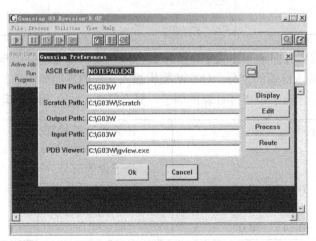

图 3-2　Gaussian Preferences 对话框

6 个文本框的含义分别如下。

ASCII Editor：外部 ASCII 文本编辑器，用于编辑输入和输出文件、Default.Rou、g03w.ini 及其他 Text 格式文件。G03W 安装时自动设定为 Windows 附件中的 Notepad。

Bin Path：G03W 执行程序文件所在路径。

Scratch Path：G03W 检查点文件和运行时中间文件的位置和路径。如本栏空白，则这些文件将在输入文件所在子目录生成。建议将其设定于 G03W 根目录下的\Scratch 子目录。

Output Path：G03W 作业输出文件*.out 的位置和路径。可选择与输入文件路径相同，也可自行定义。

Input Path：G03W 作业输入文件*.gjf 的位置和路径。

PDB Viewer：默认的分子图形外部浏览器，用于在线浏览当前分子的图形。

3.2　G03 输入文件

所有的量化程序（包括 Gaussian）都是将所输入的分子文件转化为薛定谔方程，然后求解方程从而获得所需要的分子的性质。因此，必须要将所研究的体系转化为 Gaussian 输入文件，这样才能调入到 Gaussian 中进行计算。输入分子结构的合理性将直接影响薛定谔方程的合理性，也就影响着所得到的解的准确性，所以创建一个合理的输入文件是量化计算的一个重要环节。

3.2.1　输入概述

G03 的输入是在一个 ASCII 文件中包含一系列的行，其基本结构主要有 5 个部分，如表 3-1 所示。

表 3-1　输入文件部分及其用途

输入文件部分	用途	是否需要空行作为结束
（1）Link 0 命令行（% Section）	定位和命名 scratch 文件	否
（2）计算执行路径行（Route Section；即，#行）	指定需要的计算类型、模型化学和其他选项。需要以#开头	是
（3）标题行（Title Section）	计算的简要说明	是
（4）分子说明行（Charge & Multiple, Molecular Specification）	定义要研究的分子体系	是
（5）可选的附加部分	用于特殊任务类型的输入	通常需要

在 G03W 的图形界面输入方式中，程序会在每一输入部分的终端按照需要自动添加空行，因此不需手动输入终端的空行。G03W 编辑输入文件的界面如图 3-3 所示。

图 3-3 中是一个水分子单点能计算的例子，只有第 2、3、4 部分，其 G03 输入方式为：

# HF/6-31G(d)	计算执行路径部分
Water energy	标题部分
0 1	分子说明部分
O　　−0.464　　0.177　　0.0	（笛卡儿直角坐标）
H　　−0.464　　1.377　　0.0	
H　　　0.441　−0.143　　0.0	

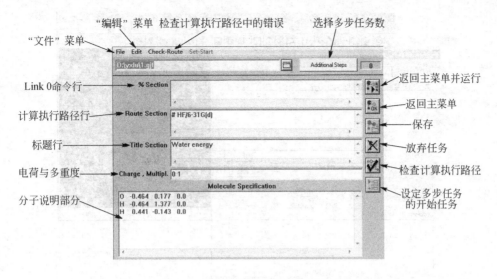

图 3-3　G03W 编辑输入文件的界面

在这个任务中，计算执行路径和标题部分只有一行。分子说明部分从分子电荷和自旋多重度的行开始：0 电荷（中性分子），自旋多重度是 1，接下来是描述分子中每个原子位置的行，本例采用笛卡儿直角坐标。

3.2.2　输入文件的创建方法

Gaussian 输入文件的创建大致可分为两类：一是利用晶体结构文件产生输入文件；二是使用绘图软件画出分子结构然后转换为输入文件。过去，在编制输入文件时最困难和最费时的工作是确定分子的几何参数。对于仅含几个原子的小分子，可以根据实验测定的几何构型和理论上的"标准几何参数"（标准键长、键角等）以及借助于计算器来确定每个原子的坐标。但是，对于含数十个乃至上百个原子的大分子，手工输入十分费力，而用绘图软件直接生成文件就非常方便。这里重点介绍利用绘图软件（HyperChem 和 GaussView）来构建分子和创建输入文件。

3.2.2.1　用绘图软件与 Utilities→NewZMat 联合创建

本方法通用于能够输出*.pdb 或*.ent 文件的绘图软件，其基本步骤如下。

✧ 在绘图软件的界面上构建分子，并规整为"标准构型"或用分子力学方法进行初步优化。

✧ 保存为 PDB 格式文件。

✧ 打开 G03W 的主窗口，用 Utilities→NewZMat 读入 PDB 格式文件并转换为 Z-矩阵。

✧ 在弹出的"作业编辑"对话框内补充完成输入文件。

【例 3-1】使用 HyperChem 7.0 构建碳酸根离子（CO_3^{2-}），并用 Utilities→NewZMat 转换为 G03W 输入文件。

目标分子仅含 4 个原子，故可在 HyperChem 界面上直接构建。但因分子不是电中性的，不能用菜单命令 Build→Add H & Model build 将其规整为标准构型，也不能用分子力学方法处理。故在保存文件之前，先用半经验方法 PM3 进行初始优化，然后单击 File→Save as 命令，在工作子目录下将分子描述文件保存为 PDB 格式，取文件名为 CO3-A.ent。最后一步的操作如图 3-4 所示。

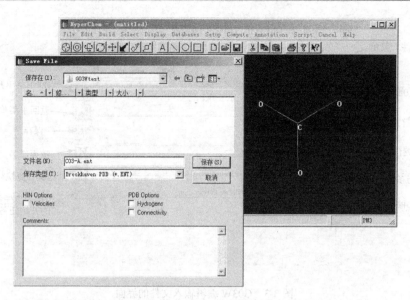

图 3-4　用 HyperChem 构建 CO_3^{2-} 并保存为 PDB 格式（CO3-A.ent）

　　然后启动 G03W，单击菜单 Utilities→NewZmat 后弹出 File to Process through NewZMat 对话框（图 3-5），询问用户欲处理的文件名和类型。

图 3-5　G03W 中 File to Process through NewZMat 对话框

　　找到 PDB 文件所在的工作目录，并单选择 Brookhaven PDB 文件类型，然后选定文件 CO3-A.ent，单击对话框下的"打开"按钮，当前对话框消隐并弹出一个新对话框 NewZMat File Conversion（图 3-6）。

　　单击 Other Options 按钮，弹出另一对话框 NewZMat 'OTHER' Options，其画面及默认选项状态如图 3-7 所示。

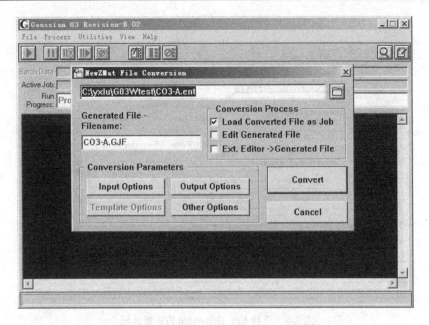

图 3-6　NewZMat Files Conversion 对话框

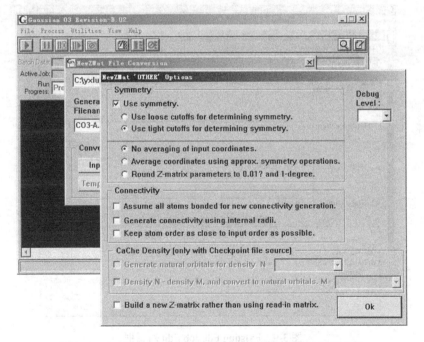

图 3-7　NewZMat 'OTHER' Options 对话框的默认选项状态

若用户要求将 PDB 文件中的原子坐标严格精确地转换为相应的 Z-矩阵，则不必改变此默认选项状态，直接单击 Ok 按钮（在正常操作下，单击 Other Options 按钮步骤应省略），返回 NewZMat File Conversion 对话框，并选择 Edit Generated File 复选框（图 3-8）。

如需要，可以在 Generated File-Filename 栏中更改目标作业的文件名（在本例中未作更改），然后单击 Convert 按钮，那么在当前的工作子目录内将会自动生成 G03 的新作业文件 CO3-A.gjf，并在新弹出的对话框 Existing File Job Edit 内显示，如图 3-9 所示。

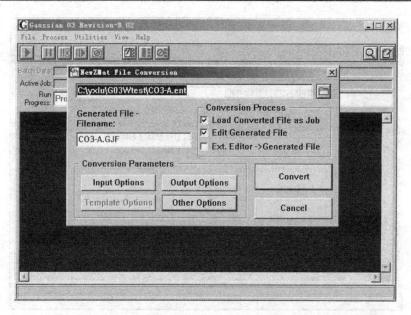

图 3-8 选择 Edit Generated File 复选框

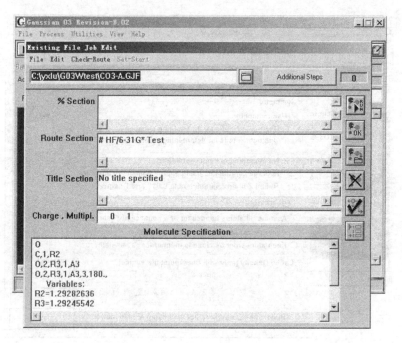

图 3-9 Existing File Job Edit 对话框

生成文件的内容如下：

HF/6-31G* Test

No title specified

0 1
O
C,1,R2

O,2,R3,1,A3
O,2,R3,1,A3,3,180.,
Variables:
R2=1.29252636
R3=1.29225542
A3=120.04204987

此时输入文件尚不完善，用户在启动作业前还须进行适当的编辑和修改。小分子作业可直接利用当前的编辑器在线进行，但对于较大的分子却很难处理（在线编辑器视窗的工作区域太小），所以应先将其关闭，另用 EditPlus 或 Notepad 打开文件再进行编辑。关于输入文件的编辑需要做以下几点重要说明。

① 文件的第一部分"Link 0 命令段"需由用户自行添加。虽然缺失该段的文件仍能被 Gaussian 正常读入，但这时程序只能借助"检查点临时文件"运行，并且检查点临时文件在计算结束后会自动消失。

在"% Section"栏（即 Link 0 命令段）输入由用户命名的检查点文件能在程序运行时随时记录作业的当前信息。当作业结束时，程序用计算结果信息对检查点文件进行最后一次更新。建立检查点文件有三个重要功能：在运行大分子几何优化或较大作业时，若发生意外情况（如停电、死机等）导致作业不正常中断，用户仍然可以利用检查点文件重新启动作业，而不至于前功尽弃；对于正常结束的作业，其主要的计算结果（如优化后的分子几何参数、红外和拉曼光谱的频率和强度等）都可随时从保存的检查点文件中精确提取，并利用 Gaussian 主窗口 Utilities 中选项的功能转换为其他软件可读的格式，以便进行图形显示和分析。对于有 GaussView 的用户，则不需要使用 Utilities 的功能。作为和 Gaussian 配套使用的软件，GaussView 可以直接读取检查点文件，从而得到所需的计算结果；若对同一分子进行新的或更高精度的计算时，分子的几何参数可以直接从检查点文件中精确读入。

如果输入文件中缺失"% Section"段，程序启动后将自动建立一个临时的检查点文件，但一旦作业正常结束后会自动将其清除，那么检查点的功能将失效。因此，建议用户一开始就养成建立和充分利用检查点文件的习惯。考虑到大分子作业的检查点文件可能很大，为节省硬盘空间，用户应经常整理\Scratch 目录，将有用的检查点文件用 CD-RW 或外接硬盘备份，而将无用的删除。

② 由 PDB 格式文件转换成的 GJF 文件，其"计算执行路径行"中是默认的方法和基组命令"# HF/6-31G*"（在 Gaussian 控制语句中，HF 与 RHF 等价）。用户应根据目标分子的电子状态（开壳层抑或闭壳层）及选定的理论模型和基组自行修改，例如：

UHF/3-21G*　　　　开壳层分子，在 3-21G*基组水平上进行 UHF 从头算

B3LYP/6-311+G*　闭壳层分子，采用 B3LYP 泛函方案在 6-311+G*基组水平上进行 DFT 计算

此外，用户还需按照当前作业的计算目的和内容的具体要求，自行加上相应的关键词及所需的选项，例如构型优化（Opt）、频率分析（Freq）、极化率计算（Polar）等。

③ "标题段"总是显示字符串"No title specified"，用来提醒用户输入作业标题。

④ "电荷与自旋多重度行"一律默认为"0 1"。若计算对象是正、负离子或开壳层分子，则必须作相应的更改，否则作业不能正常运行或给出错误的计算结果。

⑤ 通过转换*.pdb 或*.ent 文件直接生成的 GJF 文件，其"分子说明行"均采用 Z-矩阵

来描述分子的结构。由于在默认状态下 Utilities→NewZMat 将自动对被转换的原子坐标进行对称性分析，那么凡是在一定精度范围内相等的键长、键角和二面角，在输出的 Z-矩阵中均分别用同一文字符号 R?、A?、D?（? 为阿拉伯数字）代表。当有上述文字符号出现时，Z-矩阵输入行结束后将增加一个以 Variables 作为首行的坐标赋值段（前面没有空行），来设定各文字符号所代表的内坐标分量的初值。

⑥ Gaussian 输入文件中的分子说明部分采用"自由格式"读入，即在 Z-矩阵或笛卡儿坐标的每个输入行中，两个输入的字符串或数据间可用英文的"，"号（注意不能用中文全角格式的逗号）也可用空格（一个或多个）分隔开。由 Utilities→NewZMat 命令生成的 Z-矩阵一律采用"，"号分隔的格式。

CO_3^{2-} 分子在气相中应为 D_{3h} 对称性，其中三个 C-O 键长应相等。但在生成的新作业文件 CO3-A.gjf 中却出现了两个不等的键长（R2 和 R3），其原因是在构型初始优化时采用了比较粗略的 PM3 方法。若要进行更精确的几何优化计算，则需要适当改变 NewZMat 'OTHER' Options 对话框中的对称性选项设置，以获得严格符合分子对称性的 Z-矩阵。具体办法为：单击菜单 Utilities→NewZmat 命令，导入 CO3-A.ent 文件并依次进入 NewZMat File Conversion 和 NewZMat 'OTHER' Options 对话框；在 NewZMat 'OTHER' Options 对话框的 Symmetry 栏中选择 Use loose cutoffs for determining symmetry 和 Average coordinates using approx. symmetry operations 选项；完成文件转换后生成的输入文件为：

HF/6-31G* Test

No title specified

0 1
C
O,1,R2
O,1,R2,2,120.
O,1,R2,2,120.,3,180.,0
Variables:
R2=1.29

以上就是对 CO_3^{2-} 的 Z-矩阵施加分子对称性约束后生成的 GJF 文件。在该 Z-矩阵中键角和二面角均按照其对称性属性分别被固定为 120° 和 180°，同时三个 C-O 键的键长均相等，其初值为 R2=1.29。

对于对称性高于 C2 或 Ci 群的多原子分子，采用施加分子对称性约束的 Z-矩阵有两大优点：① 在用关键词"Opt"控制的几何优化计算中，程序仅对坐标分量中的文字变量进行最优化，而所有用数字表示的坐标分量值则始终保持不变。那么，施加对称性约束后，其变量总数将减少半数以上，优化计算量也随之大幅度减小。很显然，分子越大、对称性越高，效应越显著。② 可保证几何优化得到的构型和 MO 波函数与对象分子的点群对称性严格相符。不论优化的精度如何，Gaussian 均能准确无误地自动判断出分子所属点群，并在输出文件中给出分子的基态光谱项及标出全部 MO 的对称属性（分子点群的不可约表示归属），具体见 3.3.2 节中对输出结果的解释。

3.2.2.2　用 GaussView 构建输入文件

GaussView 是一个专门设计与 Gaussian 配套使用的软件，其主要用途有两个：构建 Gaussian 输入文件以及以图的形式显示 Gaussian 计算结果。此外，GaussView 还可读入 Chem3D、HyperChem 和晶体数据等诸多格式的文件，从而使其可以和很多图形软件联用，这样大大拓宽了它的使用范围。GaussView 的界面如图 3-10 所示。

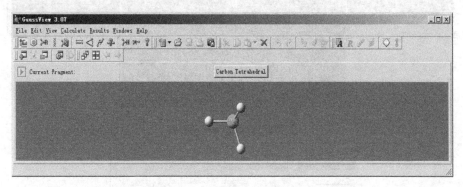

图 3-10　GaussView 的界面

第一行为菜单栏，其功能如下。

File 菜单主要功能是建立、打开、保存和打印当前文件。其中，Save Image 命令用于将当前文件保存为图片格式；Preferences 可以改变 GaussView 默认的各种显示设置。

Edit 菜单可以完成对分子的剪切、拷贝、删除、抓图等。其中，Atom List 显示当前分子的内坐标、笛卡儿坐标、分数坐标等；Point Group 可以显示当前分子的点群及可能有的点群；PBC 显示晶体文件；Mos 用于显示分子轨道（必须有检查点文件，此选项才能给出分子轨道图）；Symmetrize 对当前体系进行对称性控制。

View 菜单里面的选项都是与分子的显示相关的，如显示氢原子、显示键、显示元素符号、显示哑原子、显示坐标轴等。

Calculalte 菜单可从 GaussView 中直接向 Gaussian 程序提交计算，这是 GaussView 作为 Gaussian 配套功能的重要体现。从所给的对话框中可以选择工作类型 Job Type（如优化、能量或频率等）和计算方法 Method（如半经验方法、HF、DFT、MP 等，同时还可以选择基组）；Title 为输入作业标题；Link 0 给检查点文件命名；General 和 Guess 这两个选项主要是给出体系中各原子的连接关系和如何给出初始猜测；NBO 可设定 NBO 计算；PBC 可设定晶体的有关计算；Solvation 可设定溶液中的计算，除了选择溶剂外，还要选择模拟溶剂的理论模型。

Results 菜单用于显示计算的结果，包括电荷、表面静电势、振动频率、核磁、势能面扫描、优化等。注意，有些结果只能用检查点文件才能显示。

【例 3-2】构建一个对乙基苯酚分子并从 GaussView 里直接提交作业。

✧　启动 GaussView 程序，图 3-11 显示的就是打开后的窗口。

✧　双击窗口中的◎图标，出现如图 3-12 所示的窗口。里面有常用的环状官能团，选中苯环（单击即可选中）。

✧　在当前工作窗口（启动 GaussView 程序时会自动弹出一个工作窗口，也可通过 File→New 命令新建一个工作窗口）单击，窗口中就会出现一个苯分子（图 3-13）。

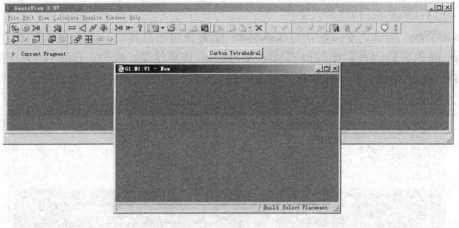

图 3-11　GaussView 的窗口

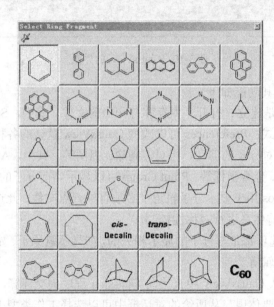

图 3-12　GaussView 的环状官能团窗口

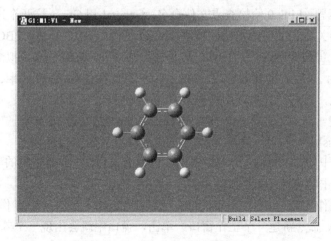

图 3-13　GaussView 的工作窗口

❖ 将鼠标放在分子上，按住鼠标左键左右或前后移动，可以调节分子的角度。将鼠标
放在分子上，按住鼠标右键前后移动，可以将分子放大或缩小。Shift +鼠标左键组
合可以在窗口内平移分子。当工作窗口内有多个分子时（在构建较大分子时，这种
情况很容易出现），这时可用 Shift+Alt+鼠标左键组合移动想要移动的分子，以调节
各个分子间的距离；可以用 Ctrl+Alt+鼠标左键组合调节其中一个分子的角度，从而
调节各个分子间的角度。

❖ 双击 GaussView 界面上的 图标，出现的窗口如图 3-14 所示。默认的是碳原子，窗
口下方是 C 原子的 5 种成键方式。单击氧的元素符号"O"，就选中氧原子，同时窗
口下方出现了 O 原子的两种成键方式，选择第二种（默认的成键方式）。

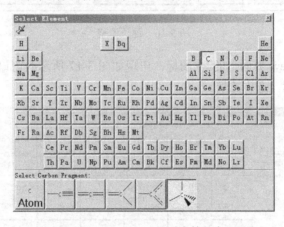

图 3-14　GaussView 的元素符号窗口

❖ 回到工作窗口，在苯环上的任一个 H 原子上单击，将 H 置换成 OH（图 3-15）。

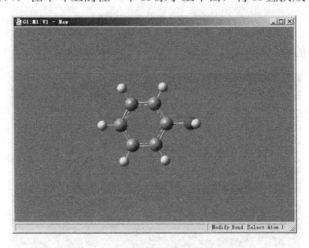

图 3-15　苯环上的一个 H 置换成 OH

❖ 需要注意的是，此时元素符号发生了改变，程序会自动拉长原来 C–H 间的距离使新
生成的 C–O 键长合理化。另外，也可以用键长工具进行调整：单击 GaussView 界面
上的 图标，然后单击工作窗口中的 C 原子和 O 原子，此时出现如图 3-16 所示对
话框。根据 C–O 键长在 0.715～2.860 之间变化的方框内进行 C–O 键的调整，完毕
后单击 Ok 按钮即可。

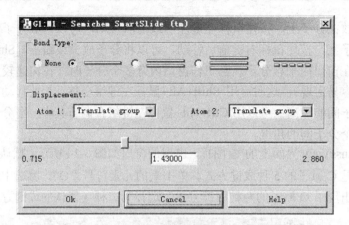

图 3-16　键长调整

❖ 双击 GaussView 界面上的 ⬚R 图标，出现如图 3-17 所示的窗口。这是 GaussView 里内置的链烃库，选中乙烷。

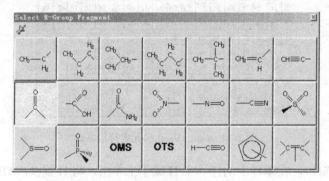

图 3-17　链烃基团窗口

❖ 在工作窗口的空白处单击，出现乙烷分子（图 3-18）。

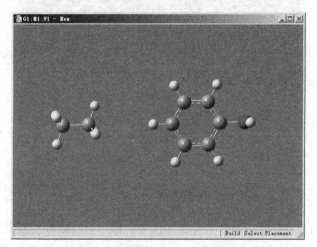

图 3-18　苯酚和乙烷分子的工作窗口

❖ 用前面介绍的命令调节苯酚和乙烷间的距离和角度，将乙烷调整到苯酚的对位（图 3-19）。

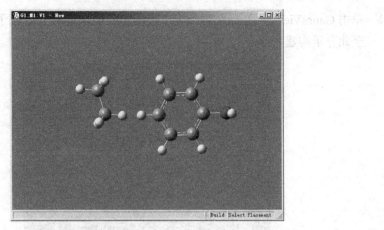

图 3-19　调整后的苯酚和乙烷分子的工作窗口

✧ 单击 GaussView 界面上的 ⇌ 图标，然后单击苯酚对位上的 C 原子和 H 原子（图 3-20）。

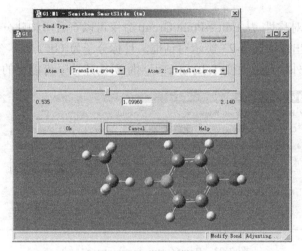

图 3-20　单击苯酚上的 C 原子和 H 原子后的窗口

✧ 选择 Bond Type 中的 None，该 C–H 键即断开。同时对乙烷的 C–H 键（与苯酚对位的 C–H 键相对）作类似处理。然后单击 GaussView 界面上的 ✂ 图标，选择工作窗口中两个断开的氢原子，即将它们删除（图 3-21）。

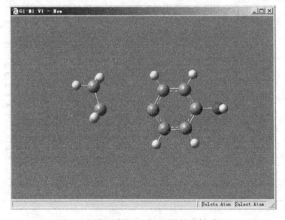

图 3-21　两个 H 原子删除后的窗口

◇ 单击 GaussView 界面上的 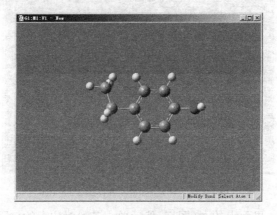 图标，根据实际键长将两个 C 原子连接起来（图 3-22）。至此分子构建完成。

图 3-22　分子构建完成的窗口

◇ 查看分子的对称性。从 Edit→Point Group 命令可以查看所构建分子的点群。单击 Point Group 后，出现如图 3-23 所示对话框。目标分子为 C1 点群，其下拉菜单中为可能的点群。另外，通过改变 Tolerance 可判断所构建分子可能有的点群。

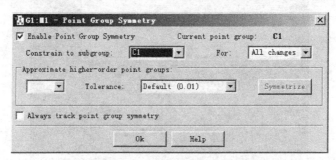

图 3-23　Point Group Symmetry 对话框

◇ 查看分子坐标。单击 GaussView 界面上的 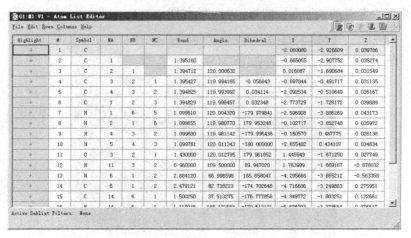 图标，出现分子坐标窗口（图 3-24）。其中，Z 表示内坐标；C 表示直角坐标。

图 3-24　分子坐标窗口

❖ 向 Gaussian 递交计算。单击 GaussView 界面上 Calculation 中的 Gaussian，出现一个
递交计算的对话框（图 3-25）。

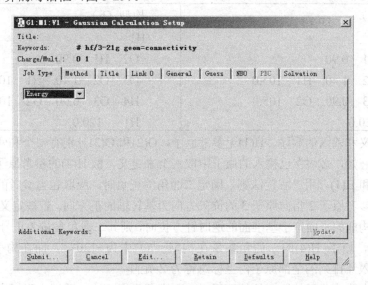

图 3-25　递交计算的对话框

❖ 从所给的对话框中可以选择工作类型 Job Type、计算方法 Method 和溶剂效应
Solvation 等。选择完毕后，单击 Submit 即可递交计算。但是，有时由于安装的原因，
GaussView 可能无法与 Gaussian 建立联系，因而不能从 GaussView 里直接递交计算。
这时可以先在 GaussView 里保存为 Gaussian 的输入文件*.gjf，然后从 Gaussian 里调
出文件进行计算。

3.2.2.3　使用分子内坐标

在分子内坐标系中，分子中每个原子的相对位置是用与它成键的另一原子间键长、该键
与另一化学键间的键角，以及后者与和它有一条公共边的另一键角所成的二面角来确定的。
因此，一个原子的内坐标一般需借助于称之为"参考原子"的其他三个原子来定义。每个原
子的内坐标都占一个输入行，例如定义原子 A 的内坐标的输入行格式为：

　　[A (元素标记)], [原子 1], [键长], [原子 2], [键角], [原子 3], [二面角]

其中，[A (元素标记)]可采用元素符号或原子序数；[原子 1]、[原子 2]和[原子 3]一般采
用这三个参考原子在输入流中的序列号。显然，它们的系列号必须小于原子 A，即它们在原
子 A 之前已经定义。必须注意：[键长]的默认单位为 Å；0°＜[键角]≤180°；[二面角]的定
义为包含原子 A、1、2 的平面与包含原子 1、2、3 的平面所成的夹角，其取值区间为
[−180°，180°]。二面角所取的正负符号由"右旋法则"确定。为方便说明，采用 H_2O_2 的
两种旋光异构体为例（图 3-26）。

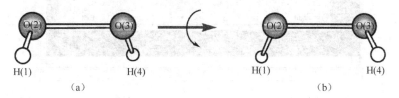

(a)　　　　　　　　　　　　　　　　(b)

图 3-26　H_2O_2 的两种旋光异构体的构型

图中构型（a）与构型（b）互为镜像，它们所有对应的键长、键角均相等。在采用"标准几何参数"近似下，两种构型分子的原子内坐标分别为：

构型（a）					构型（b）				
H1					H1				
O2	H1	0.90			O2	H1	0.90		
O3	O2	1.40	H1	105.0	O3	O2	1.40	H1	105.0
H4	O3	0.90	O2	105.0	H4	O3	0.90	O2	105.0
H1	120.0				H1	–120.0			

按原子定义和输入的顺序，H(1)无参考原子，O(2)和O(3)分别有一个和两个参考原子。从第4个原子开始，必须在已输入的原子中取三个来定义，故H(4)的参考原子1、2、3分别为O(3)、O(2)和H(1)。用"右旋法则"确定二面角的正负时，应取包含参考的三个原子的平面为基准面及参考原子2指向原子3的位矢方向为基转轴的正方向。若被定义的原子A与参考原子1和2构成的平面位于基准面的逆时针方位时，则其二面角参量为正号，否则为负号。根据这一规则，原子H(4)的二面角参量在构型（a）中为+120°，而在构型（b）中则为–120°。按输入流排列的全部原子内坐标总称为Z-矩阵。

当用户没有构建分子的绘图软件可用时，与直角坐标相比，采用内坐标来编辑分子的几何特性参数要更方便。特别是在具有较高对称性的分子的几何优化计算中，输入内坐标 Z-矩阵还可约减优化变量、节省计算时间并保证优化的结果与分子的对称性严格相符。

3.2.3　批处理

G03W 提供了计算作业进行批处理的功能，可以使计算机自动执行事先设定的若干个作业。这一功能依赖于批处理控制系统和 BCF 文件。启动 G03W，单击菜单 Utilities→Edit Batch List（或单击主界面工具栏中的⬚图标），即弹出 Edit Batch Control List 对话框（图 3-27）。对话框下方各按钮功能为：Add 为在作业栏中添加一对输入和输出文件；Delete 为删除一对输入和输出文件；Reorder 为允许用户给计算任务重新排序；Set Start 可以设定最先运行的作业。

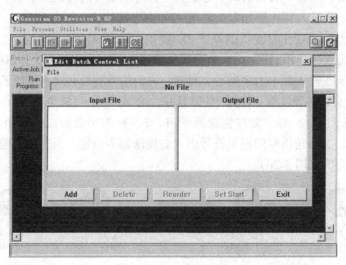

图 3-27　Edit Batch Control List 对话框

【例 3-3】用 G03W 批处理 5 个输入文件（test1.gjf、test2.gjf、test3.gjf、test4.gjf、test5.gjf）。

✧ 运用 "Add" 按钮依次输入 5 个输入文件*.gjf 和相应的输出文件*.out（注意：输入和输出文件均在同一工作目录），如图 3-28 所示。

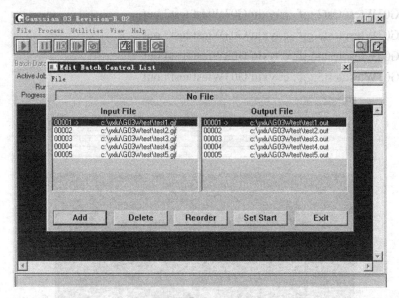

图 3-28　输入文件后

✧ 单击 File→Save as 命令，在工作目录下将批处理文件保存为 BCF 格式（图 3-29）。

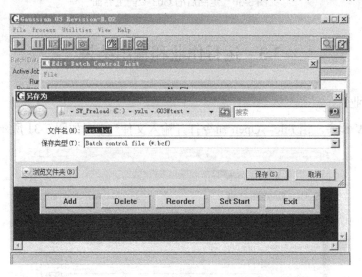

图 3-29　"另存为"对话框

✧ 单击 "Exit" 按钮，返回 G03W 的主界面（图 3-30）。这时在 Batch Data 栏出现批处理文件*.bcf，而在 Processing 栏显示出计算作业的进程。

此外，也可以在工作目录下直接编辑批处理文件*.bcf，然后用 G03W 的 File→Open 命令上传该批处理文件。批处理文件*.bcf 的具体格式为：

!

!user created batch file list

【例 7-2】用 G03W 批量运行 5 个作业文件 test1.gjf、test2.gjf、test3.gjf、test4.gjf、test5.gjf，保存于 Test 路径中，各文件的输出作业文件名由 ! Start=1 指令生成，如下图所示。

!start=1

c:\yxlu\G03Wtest\test1.gjf , c:\yxlu\G03Wtest\test1.out
c:\yxlu\G03Wtest\test2.gjf , c:\yxlu\G03Wtest\test2.out
c:\yxlu\G03Wtest\test3.gjf , c:\yxlu\G03Wtest\test3.out
c:\yxlu\G03Wtest\test4.gjf , c:\yxlu\G03Wtest\test4.out
c:\yxlu\G03Wtest\test5.gjf , c:\yxlu\G03Wtest\test5.out

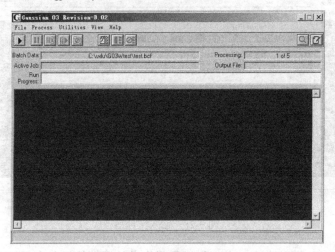

图 3-30　返回后的 G03W 的主界面

3.3　运行作业和输出结果

3.3.1　运行作业

启动 G03W 程序，由 File→Open 命令打开输入文件*.gjf，如图 3-31 所示。

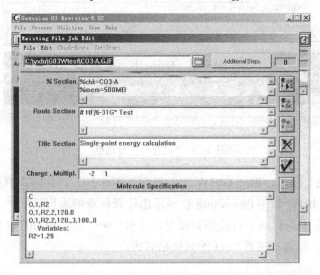

图 3-31　打开输入文件

单击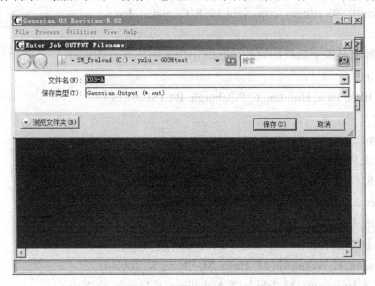按钮，屏幕上弹出 Enter Job OUTPUT Filename 对话框（图 3-32），要求用户确定和更改输出文件名。程序默认的输出文件与输入文件同名（后缀改为 out），并且与输入文件在同一工作目录。然后单击"保存"按钮，该对话框消隐，作业立即启动。

图 3-32　Enter Job OUTPUT Filename 对话框

作业正常结束后，G03W 的主窗口如图 3-33 所示。其中，Run Progress 栏中显示"Processing Complete."，窗口底栏中显示"Finalizing Calculation and Output"。

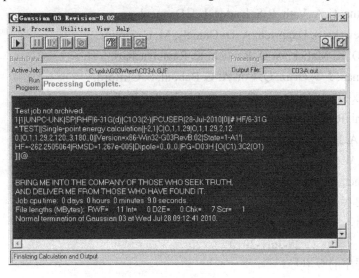

图 3-33　作业正常结束后 G03W 的主窗口

输出文件*.out 可以用 GaussView 软件来显示和分析，非常方便，这里不详细介绍。

3.3.2　输出结果的解释

Entering Link 1 = C:\G03W\l1.exe　PID=　　　　2536.

Copyright (c) 1988,1990,1992,1993,1995,1998,2003, Gaussian, Inc.

This is the Gaussian(R) 03 program.   It is based on the
the Gaussian(R) 98 system (copyright 1998, Gaussian, Inc.),

....

上面这一部分是关于版权的说明，它的出现表明程序开始运行。

Gaussian, Inc.

Carnegie Office Park, Building 6, Pittsburgh, PA 15106 USA

....

Cite this work as:

Gaussian 03, Revision B.02,

M. J. Frisch, G. W. Trucks, H. B. Schlegel, G. E. Scuseria,

M. A. Robb, J. R. Cheeseman, J. A. Montgomery, Jr., T. Vreven,

K. N. Kudin, J. C. Burant, J. M. Millam, S. S. Iyengar, J. Tomasi,

V. Barone, B. Mennucci, M. Cossi, G. Scalmani, N. Rega,

G. A. Petersson, H. Nakatsuji, M. Hada, M. Ehara, K. Toyota,

R. Fukuda, J. Hasegawa, M. Ishida, T. Nakajima, Y. Honda, O. Kitao,

H. Nakai, M. Klene, X. Li, J. E. Knox, H. P. Hratchian, J. B. Cross,

C. Adamo, J. Jaramillo, R. Gomperts, R. E. Stratmann, O. Yazyev,

A. J. Austin, R. Cammi, C. Pomelli, J. W. Ochterski, P. Y. Ayala,

K. Morokuma, G. A. Voth, P. Salvador, J. J. Dannenberg,

V. G. Zakrzewski, S. Dapprich, A. D. Daniels, M. C. Strain,

O. Farkas, D. K. Malick, A. D. Rabuck, K. Raghavachari,

J. B. Foresman, J. V. Ortiz, Q. Cui, A. G. Baboul, S. Clifford,

J. Cioslowski, B. B. Stefanov, G. Liu, A. Liashenko, P. Piskorz,

I. Komaromi, R. L. Martin, D. J. Fox, T. Keith, M. A. Al-Laham,

C. Y. Peng, A. Nanayakkara, M. Challacombe, P. M. W. Gill,

B. Johnson, W. Chen, M. W. Wong, C. Gonzalez, and J. A. Pople,

Gaussian, Inc., Pittsburgh PA, 2003.

这一部分内容是在用 Gaussian 发表文章时必须要引用的。

Gaussian 03:   x86-Win32-G03RevB.02 16-April-2003
                              28-July-2010

这是所用程序的版本号。

%Chk=CO3-A

%mem=500MB

Default route: MaxDisk=2000MB

 # HF/6-31G* Test

1/38=1/1;

```
2/17=6,18=5,40=1/2;
3/5=1,6=6,7=1,11=9,16=1,25=1,30=1/1,2,3;
4//1;
5/5=2,32=1,38=5/2;
6/7=2,8=2,9=2,10=2,28=1/1;
99/5=1,9=1/99;
```

Single-point energy calculation

Symbolic Z-matrix:
Charge = -2 Multiplicity = 1
```
C
O                  1    R2
O                  1    R2    2    120.
O                  1    R2    2    120.    3    180.    0
        Variables:
  R2                      1.29
```
....

上面这部分是工作的具体设置和要求。

%Chk=CO3-A，Chk 表示检查点文件，CO3-A 表明检查点文件以该名称保存。如不命名，则检查点文件不被保存，计算结束后自动消失。

%mem=500MB，通过这个命令来设置内存（应根据计算机的实际可用的内存来设置）。

Default route:　MaxDisk=2000MB 表明所允许使用的硬盘空间是 2GB。同样应根据程序所在分区的具体情况来设定，超出实际情况的设定是无效的。

HF/6-31G* Test 表明采用 HF 方法和 6-31G*基组进行单点能计算。

Single-point energy calculation 这一部分是自己输入的关于计算内容的提示信息。

Charge = -2 Multiplicity = 1 表明所计算的体系是带负电的，电荷为-2；自旋多重度为 1。
```
C
O                  1    R2
O                  1    R2    2    120.
O                  1    R2    2    120.    3    180.    0
```
这是体系的坐标输入，采用的是矩阵输入。

Distance matrix (angstroms):
```
                   1          2          3          4
  1  C    0.000000
  2  O    1.290000   0.000000
  3  O    1.290000   2.234346   0.000000
  4  O    1.290000   2.234346   2.234346   0.000000
```
（原子的核间距、键长）

Stoichiometry　　CO3(2-)

Framework group　　D3H[O(C),3C2(O)]

Deg. of freedom　　　　　1
Full point group　　　　　　　　　D3H　　NOp　12　　　（程序判定分子所属点群）
Largest Abelian subgroup　　　　C2V　　NOp　4
Largest concise Abelian subgroup　C2　　NOp　2
　　　　　　　　　　Standard orientation:

Center Number	Atomic Number	Atomic Type	Coordinates (Angstroms)		
			X	Y	Z

1	6	0	0.000000	0.000000	0.000000
2	8	0	0.000000	1.290000	0.000000
3	8	0	1.117173	−0.645000	0.000000
4	8	0	−1.117173	−0.645000	0.000000

....

体系的标准方位（Standard orientation）是程序根据输入的分子坐标为提高优化效率而生成的。标准方位的原点是分子内核电荷的中心。

Raffenetti 1 integral format.

Two-electron integral symmetry is turned on.

　　　60 basis functions,　　112 primitive gaussians,　　60 cartesian basis functions
16 alpha electrons　　　16 beta electrons

....

60 basis functions 表示基函数的数目，其大小决定了计算量的大小。基函数数目越大，完成计算所需的时间就越长。

SCF Done:　　E(RHF) =　-262.250506353　　　　A.U. after　　6 cycles
　　　　　　　Convg　=　　　0.1267D-04　　　　　　　-V/T =　2.0012
　　　　　　　S**2　=　　0.0000

第一行：表示所计算的能量值，单位是 Hartree。6 表示这个方程迭代了 6 次后得到能量值。

第二行：Convg 表示收敛标准，-V/T 是位力定理的表达式，值为 2 表明这个结果是比较合理的。

第三行：S**2 表示自旋污染情况，当这个值比较大时就必须要消去自旋污染。

Orbital symmetries:
　　　　Occupied　(E') (E') (A1') (A1') (A1') (E') (E') (A1') (E')
　　　　　　　　　(E') (A2") (E') (E') (E") (E") (A2')
　　　　Virtual　(A2") (A1') (E') (E') (A2") (A1') (E') (E') (A1')
　　　　　　　　(E') (E') (E") (E") (E') (E') (A2') (A2") (A1')
　　　　　　　　(E") (E") (E') (E') (E') (E') (A1') (E") (E")
　　　　　　　　(A1") (E') (E') (A2') (A2") (A1') (E") (E") (E')
　　　　　　　　(E') (A1') (E') (E') (A1') (E') (E') (A1')

The electronic state is 1-A1'.

....

这部分是 MO 的对称性（所属 D_{3h} 群的不可约表示）及分子的基态光谱项 $^1A_1$。

Mulliken atomic charges:

		1
1	C	0.817104
2	O	-0.939035
3	O	-0.939035
4	O	-0.939035

Sum of Mulliken charges=   -2.00000

....

Mulliken 电荷分布是利用布局分析计算电子布居，然后得到各原子上的电荷分布。原子电荷与电子密度不同，它不是一个量子力学可观测的量，因而不能被第一原则准确预测。

Dipole moment (field-independent basis, Debye):

　X=　　0.0000　　Y=　　　0.0000　　Z=　　　0.0000　Tot=　　　0.0000

Quadrupole moment (field-independent basis, Debye-Ang):

　XX=　-36.2543　　YY=　-36.2543　　ZZ=　-23.4897

　XY=　　0.0000　　XZ=　　0.0000　　YZ=　　0.0000

Traceless Quadrupole moment (field-independent basis, Debye-Ang):

　XX=　-4.2549　　YY=　-4.2549　　ZZ=　　8.5097

　XY=　　0.0000　　XZ=　　0.0000　　YZ=　　0.0000

....

这一部分给出了偶极矩、四极矩、八极矩等。偶极矩是能量对所加电场的一阶导，是分子的电荷不对称分布的量度。偶极矩越大表明分子的正负电荷中心相距越远。偶极矩指向正电荷方向，并被分解为 X、Y、Z 轴上的分量。Tot=0 是分子的总偶极矩。

BRING ME INTO THE COMPANY OF THOSE WHO SEEK TRUTH,

AND DELIVER ME FROM THOSE WHO HAVE FOUND IT.

Job cpu time:　0 days　0 hours　0 minutes　9.0 seconds.

File lengths (MBytes):　RWF=　　11 Int=　　　0 D2E=　　　0 Chk=　　　7 Scr=　　　1

Normal termination of Gaussian 03 at Wed Jul 28 07:30:43 2010.

这是计算顺利完成的标志。

3.4 基　　组

基组是体系轨道的数学描述，对应着体系的波函数。将其带入到薛定谔方程中，就可解出体系的本征值（也就是能量）。基组越大，所做的近似和限制就越少，对轨道的描述就越准确，所求的解也就越精确，当然计算量也就越大。大多数方法都需要定义基组。如果在计算执行路径部分没有定义基组，则默认为 STO-3G 基组。但是对于所有半经验方法、分子力学方法和混合的模型化学方法，基组已经包含在这些方法的积分部分，不需要再定义。Gaussian 程序提供了大量已定义好的基组。

3.4.1 Pople 型基组

3.4.1.1 最小基组

该基组包含描述轨道所需的最少的基函数目。如：

H：1S

C：1S，2S，2P$_x$，2P$_y$，2P$_z$

STO-3G 是最小基组。其中，3G 表示每个基函由三个 Gaussian 型函数（GTO）组成；STO 代表 Slater 型轨道。STO-3G 就是用三个 GTO 来描述 Slater 轨道。

3.4.1.2 分裂价键基组

增大基组的一个方法是增加每个原子的基函数目。分裂价键基组特点是对每一个价键轨道用两个或多个基函来描述。如：

H：1S，1S′

C：1S，2S，2S′，2P$_x$，2P$_y$，2P$_z$，2P$_x$′，2P$_y$′，2P$_z$′

3-21G、6-31G 和 6-311G 就是分裂价键基组。其中，6-31G 是对内层轨道用 6 个 GTO 进行拟合，而把价键轨道分为两层，分别用三个 GTO 和一个 GTO 进行拟合；H 和 He 的 1S 轨道都是价键轨道，因此共用（3＋1）个 GTO 拟合。类似地，6-311G 是将价键轨道分为三层，分别用三个、一个和一个 GTO 进行拟合。

3.4.1.3 添加极化和弥散函数

分裂价键基组可以用于增大所描述轨道的大小（也就是轨道的尺寸），但不能改变其形状。极化函数可以通过给轨道添加角动量来改变轨道的形状，从而可以更加准确地描述分子的轨道。极化基组添加 d 函数给重原子（非 H 的非金属元素）、添加 f 函数给过渡金属、添加 p 函数给 H 原子。常用的极化基组如 6-31G(d)表明在 6-31G 分裂价键基组的基础上给重原子（如 C、N、O 等）添加 d 函数，6-31G(d,p)则表明除了对重原子添加 d 函数，还对 H 原子添加 p 函数。

弥散函数是 S 和 P 型函数的扩大版，允许轨道占据更大的空间。对于弱相互作用体系（如吸附，氢键等）、有孤电子对的体系、负离子体系、共轭体系和激发态体系，若不用弥散函数就不能得到很好的描述。一般通过增加"＋"来实现对原子加上弥散函数。如 6-31+G(d)是在 6-31G(d)基础上对重原子添加弥散函数，6-31++G(d)则是在 6-31+G(d)的基础上对 H 添加弥散函数。不过根据计算的结果，H 上是否添加弥散函数对计算的精度影响不大。

3.4.1.4 高角动量基组

高角动量基组其实就是在极化基组的基础上给原子添加多个极化函数。如 6-31G(2d)是给重原子添加两个 d 函数，6-31G++(2df,3pd)则表示在重原子和 H 上添加弥散函数，同时在重原子上添加两个 d 函数和一个 f 函数，而在 H 上添加三个 p 函数和一个 d 函数。这种基组常和电子相关方法一起使用来描述电子间相互作用。常用的 Pople 型基组总结如表 3-2 所示。

表 3-2　Pople 型基组应用范围及说明

Pople 型基组	应用范围	描述与说明
STO-3G	[H～Xe]	最小的基组，适用于较大的体系
3-21G	[H～Xe]	
6-31G(d)（6-31G*）	[H～Cl]	在重原子上增加极化函数，用于大多数情况下计算
6-31G(d,p)（6-31G**）	[H～Cl]	在氢原子上增加极化函数，用于精确的能量计算
6-31+G(d)	[H～Cl]	增加弥散函数，适用于孤对电子、阴离子和激发态体系

续表

Pople 型基组	应用范围	描述与说明
6-31+G(d,p)	[H~Cl]	在 6-31G(d,p)基础上增加弥散函数
6-311+G(d,p)	[H~Br]	在 6-31+G(d)基础上增加额外的价函数
6-311+G(2d,p)	[H~Br]	对重原子加 2 d 函数和弥散函数，对氢原子加上 1p 函数
6-311+G(2df,2p)	[H~Br]	对重原子加上 2d、1f 函数及弥散函数，对氢原子加上 2p 函数
6-311++G(3df,2pd)	[H~Br]	对重原子加上 3d 和 1f 函数，对氢原子加上 2p 和 1d 函数，并且二者都加上弥散函数

3.4.2　其他常用基组

元素周期表中第 4 周期及以上的原子的基组一般很难处理。这些原子都有非常大的核，所以靠近核的电子（即内层电子）要用有效核势（ECP）方法进行近似。其他常用基组的描述及应用范围如表 3-3 所示。

表 3-3　常用基组的描述及应用范围

基组	描述	应用范围	极化函数	弥散函数
D95	Dunning/Huzinaga 价电子基组	H~Cl（除了 Mg 和 Na）	(3df, 3pd)	++
D95V	Dunning/Huzinaga 全电子基组	H~Ne	(d)或(d,p)	++
LANL2DZ	对第二周期原子是 D95V，对 Na-Bi 是 Los Alamos ECP 加上 DZ	H, Li~Ba, La~Bi		
SDD, SDDAll	对一直到 Ar 的原子是 D95V，对周期表其他原子使用 Stuttgart/Dresden ECP	除 Fr 和 Ra 的整个周期表原子		
cc-pV(DTQ56)Z	Dunning 的相关一致基组	H~Kr	包含在定义中	加 aug 前缀
SVP, TZV, TZVP	Ahlrichs 等人发展	H~Kr	包含在定义中	

另外，还可以使用 ExtraBasis、Gen 和 GenECP 关键词为程序输入其他的基组，这里不再详细介绍。

3.5　Gaussian 常见计算

3.5.1　优化

3.5.1.1　优化的目的

一般认为在自然条件下分子主要以能量最低的形式存在，那么对分子性质的研究应该从优化而不是从单点能计算开始。只有能量最低的构型才具有代表性，其性质才能代表所研究体系的性质。在建模过程中，无法保证所建立的模型就是最低的能量构型，因此所有研究工作的起点就是构型优化，即要将所建立的模型优化到一个能量的极小点上。只有找到合理的能够代表所研究体系的构型，才能保证其后所得到的结果有意义。

3.5.1.2　势能面

一个分子可以有很多个可能的构型，每个构型都有一个能量值，所有这些可能的结构对应的能量值的图形表示就是一个势能面。势能面描述的是分子结构和能量之间的关系，是以能量和坐标作图。根据分子中的原子数目和相互作用形式，势能面有可能是二维的，也有可能是多维的。势能面上的每个点都对应一个具有能量的结构，能量最低的点称为全局最小点。局域最小点是在势能面上某一区域内能量最小的点，一般对应着可能存在的异构体。鞍点是势能面上在一个方向有极大值而在其他方向上有极小值的点，通常对应的是过渡态。优化的目的就是找到势能面上的最小点，因为这个点所对应的构型能量最低也是最稳定的。

对于体系的最小点或鞍点，其能量的一阶导（也就是梯度）为零，在这个点上的力也为零（梯度的负值是力）。所有成功的优化都会找到一个极小点，虽然有时找到的极小点并不是想要的极小点。程序从输入的分子构型开始沿着势能面进行优化计算，其目的是要找到一个梯度为零的点。计算过程中，程序根据上一个点的能量和梯度来确定下一步计算的方向和步幅。通过这种方式，程序始终沿着能量下降最快的方向进行计算，直至找到梯度为零的点。很多程序（如 Gaussian）还可以计算能量的二阶导，从而得到很多和能量的二阶导有关的性质（如频率）。

3.5.1.3 收敛标准

优化计算不能无限制地进行下去。用来判定是否可以结束优化的判据就是收敛标准。注意这个标准规定的是两个 SCF 计算结果的差别，即当计算出的两个能量值的差别在程序默认的标准范围之内时，程序就认为收敛达到，优化结束。必须指出的是，单点能计算中也有一个收敛标准，这个收敛标准是用于判定 SCF 计算是否完成。SCF 计算是一个迭代过程：假定一个解，代入到方程中，求出另一个解，再将这个解代入到方程中，如此循环，直至两次解的差别在程序默认的范围之内时，SCF 计算完成。

Gaussian 程序给出了 4 个收敛标准：

Item	Value	Threshold	Converged?
Maximum Force	0.001235	0.000450	NO
RMS Force	0.000234	0.000300	YES
Maximum Displacement	0.103483	0.001800	NO
RMS Displacement	0.012763	0.001200	NO

Maximum Force：力的收敛标准是 0.00045。

RMS Force：力的均方根的收敛标准为 0.0003。

Maximum Displacement：位移的收敛标准为 0.0018。

RMS Displacement：位移均方根的收敛标准是 0.0012。

在优化过程中，有时会出现只有前两项收敛（YES 表示已收敛，NO 表示不收敛）优化计算仍正常结束，这种结果是可以接受的。Gaussian 程序默认当计算所得的力已比收敛标准小两个数量级时，即使位移值仍大于收敛标准，整个计算也认为已收敛。这种情况对大分子（具有较平缓的势能面）比较常见。

3.5.1.4 输入格式和结果解释

Opt 关键词描述几何优化。

【例 3-4】乙烷的优化。

输入文件：

B3LYP/6-31G* Opt Test（采用 B3LYP 方法和 6-31G*基组进行优化）

Ethane Geometry Optimization

0 1

C   0.00000000   0.00000000   0.00000000

C	1.50021856	0.00000000	0.00000000
H	−0.39510487	1.04490273	0.00000000
H	−0.39510487	−0.52245136	−0.90491231
H	−0.39510487	−0.52245136	0.90491231
H	1.89532343	−1.04490273	−0.00000000
H	1.89532343	0.52245136	−0.90491231
H	1.89532343	0.52245136	0.90491231

输出结果的解释：

GradGradGradGradGradGradGradGradGradGradGradGradGradGradGradGradGradGrad

优化计算的分隔符

Berny optimization.

Internal　Forces:　Max　　　0.0018750894 RMS　　　0.007128341

Search for a local minimum.（优化目的是寻找极小值，而对于过渡态是寻找鞍点）

Step number　　1 out of a maximum of 38（1 表示第一次优化，38 表示程序将对构型进行 38 次优化，注意这是程序默认的次数。优化计算有可能提前完成也有可能在默认的次数内不能完成。如是后者，则可以先用 GaussView 打开输出文件，这时所得的结构对应着输出文件中第 38 次优化的结果，然后在这个结构的基础上继续进行优化计算，直至优化成功）

Variable	Old X	-DE/DX	Delta X (Linear)	Delta X (Quad)	Delta X (Total)	New X
R1	2.83500	0.01875	0.00000	0.05713	0.05713	2.89213
R2	2.11103	-0.01269	0.00000	-0.03925	-0.03925	2.07178
R3	2.11103	-0.01269	0.00000	-0.03925	-0.03925	2.07178

Old X 表示结构旧的变量值，New X 表示优化计算要达到的新的变量值。

Item	Value	Threshold	Converged?
Maximum Force	0.018751	0.000450	NO
RMS　　Force	0.007128	0.000300	NO
Maximum Displacement	0.049766	0.001800	NO
RMS　　Displacement	0.033000	0.001200	NO

4 个收敛标准，NO 表示还未收敛，YES 表示已收敛。

收敛成功后会有以下的输出：

Item	Value	Threshold	Converged?
Maximum Force	0.000194	0.000450	YES
RMS　　Force	0.000038	0.000300	YES
Maximum Displacement	0.000371	0.001800	YES
RMS　　Displacement	0.000105	0.001200	YES

Predicted change in Energy=-8.255077D-08

Optimization completed.

　　-- Stationary point found.（表示优化结束，找到极小点）

输出结果中最终的优化结构是以直角坐标表示的：

Standard orientation:

Center	Atomic	Atomic	Coordinates (Angstroms)		
Number	Number	Type	X	Y	Z

1	6	0	0.000000	0.000000	0.765072
2	6	0	0.000000	0.000000	-0.765072
3	1	0	0.000000	1.020909	1.164312
4	1	0	-0.884133	-0.510454	1.164312
5	1	0	0.884133	-0.510454	1.164312
6	1	0	0.000000	-1.020909	-1.164312
7	1	0	-0.884133	0.510454	-1.164312
8	1	0	0.884133	0.510454	-1.164312

3.5.2 频率计算

3.5.2.1 计算目的。

频率计算可用于多种目的。

① 红外和拉曼光谱。几何优化和单点能计算都将原子理想化了，而忽视了分子体系内的振动。事实上，分子中的原子始终处于运动中。在平衡情况下，这种振动是有规律的和可以预测的，分子的结构也可以通过特征振动来确认。分子的频率取决于能量对原子位置的二阶导。HF、DFT、MP 和 CASSCF 等方法都可以提供解析二阶导，另外还有一些方法可以进行数值二阶导。需要注意的是，解析二阶导的计算是不能 RESTART 的，也就是说，在计算频率时如发生意外而终止，那就只能重算。此外，Gaussian 还可以预测其他和能量二阶导及高阶导相关的性质，如极化率和超极化率（取决于能量对电场的二阶导，自动包含在 HF 计算中）。

② 为几何优化计算力常数。力常数是能量对坐标的导数。优化的目的是为了寻找能量最低的构型，而计算力常数可以指引优化的方向，使优化能够顺利完成。

③ 表征稳定点。频率计算的输出结果中如无虚频则表明所得的结构是具有极小值的构型，一个虚频表明优化得到的是过渡态，两个以上的虚频表明优化得到的是高阶鞍点。

④ 计算零点能（用于对总能量的校正）和其他的热力学性质（如熵和焓等）。

3.5.2.2 输入格式和结果解释

Freq 关键词代表频率分析。频率计算必须在优化好的结构上进行，并且所采用的理论方法和基组必须与几何优化时完全相同。最直接的办法是在计算执行路径行同时设置几何优化和频率分析。

【例 3-5】乙烷的频率计算（采用例 3-4 中的优化构型）。

输入文件：

B3LYP/6-31G* Freq Test （与几何优化所用的理论方法和基组完全相同）

Ethane Frequency Calculation

0 1

C	0.000000	0.000000	0.765072
C	0.000000	0.000000	−0.765072
H	0.000000	1.020909	1.164312
H	−0.884133	−0.510454	1.164312
H	0.884133	−0.510454	1.164312
H	0.000000	−1.020909	−1.164312
H	−0.884133	0.510454	−1.164312
H	0.884133	0.510454	−1.164312

输出结果解释：

（1）振动频率

		1				2				3	
		AU				EU				EU	
Frequencies --		313.2635				832.1807				832.1809	
Red. masses --		1.0078				1.0576				1.0576	
Frc consts --		0.0583				0.4315				0.4315	
IR Inten --		0.0000				4.6751				4.6738	
Atom AN	X	Y	Z	X	Y	Z	X	Y	Z		
1 6	0.00	0.00	0.00	0.00	-0.05	0.00	0.05	0.00	0.00		
2 6	0.00	0.00	0.00	0.00	-0.05	0.00	0.05	0.00	0.00		
3 1	0.00	-0.41	0.00	0.00	0.22	0.00	-0.16	0.00	0.51		

1、2 和 3 表示计算得到的前三个频率，AU 和 EU 表示对称性，Frequencies 表示计算的频率值。由于计算方法的局限性，所得到的频率结果存在系统误差，因此要通过校正因子来校正这种偏差。IR Inten 表示红外强度，用于确定峰高，与 Frequencies 所确定的峰位相结合就能得到红外谱图。

Atom AN	X	Y	Z
1 6	0.00	0.00	0.00
2 6	0.00	0.00	0.00
3 1	0.00	-0.41	0.00

这是对应第一个振动时分子所处的坐标，其用途是和分子的 Standard orientation 相比较，确定分子的振动方向。

（2）体系的热力学分析　默认是在 298.15 K 和一个大气压条件下计算得到的，并且对每一种元素都使用含量最高的同位素。下面是热力学性质的输出部分：

- Thermochemistry -

Temperature　298.150 Kelvin.　Pressure　1.00000 Atm.　（计算的温度和气压）

Atom　1 has atomic number　6 and mass　12.00000　　（计算所用元素的确切质量）

Atom　2 has atomic number　6 and mass　12.00000

Atom　3 has atomic number　1 and mass　1.00783

....

频率计算中可以设置温度和压力参数：采用 Freq=ReadIsotopes 关键词，在分子结构输入完毕后，输入参数（包括温度、压力和同位素）。比如：

400　3.0
12
12
1

表示计算是在 400 K 和三个大气压条件下进行。

Zero-point correction=	0.075238 (Hartree/Particle)　（零点能）
Thermal correction to Energy=	0.078707
Thermal correction to Enthalpy=	0.079651
Thermal correction to Gibbs Free Energy=	0.053164
Sum of electronic and zero-point Energies=	−79.755180　（E_0）
Sum of electronic and thermal Energies=	−79.751710　（E）
Sum of electronic and thermal Enthalpies=	−79.750766　（H）
Sum of electronic and thermal Free Energies=	−79.77725　（G）

热力学的计算包括零点能的输出。零点能是对分子的电子能量的校正，表明在 0 K 温度下分子的振动能量对电子能量的影响。当比较 0 K 时的热力学性质时，零点能需要加到总能量中。同频率计算一样，零点能也要根据所用的计算方法来采用不同的因子进行校正。

在较高温度下预测体系能量时，内能要加到总能量中。内能包括特定温度下的平动能、转动能和振动能，这些因素都受到具体条件的影响。注意在计算内能时已经考虑了零点能，因此不要重复计算。在考虑内能对总能量的影响时，为了使得到的结果能够直接和实验值相比较，在计算时要用 ReadIsotopes 关键词来设置校正因子。

	E (Thermal)	CV	S
	KCal/Mol	Cal/Mol-Kelvin	Cal/Mol-Kelvin
Total	49.389	9.988	55.747
Electronic	0.000	0.000	0.000
Translational	0.889	2.981	36.134
Rotational	0.889	2.981	17.671
Vibrational	47.612	4.026	1.942
Vibration　1	0.701	1.648	1.345
	内能	恒容热容	熵

热力学参数之间的转换公式为：

$E_0 = E_{elec} + ZPE$：表示 0 K 时体系的能量等于 E_{elec}（就是优化计算中所得到的 SCF 能量）和零点能之和。

$E = E_0 + E_{vib} + E_{rot} + E_{transl} = E_0 + E$ (Thermal)：表示在某一特定温度和压力下体系的能量等于 0 K 时体系的能量加上内能值。

$H = E + RT$：表示在某一特定温度和压力下体系的焓等于在这一条件下的能量和 RT 之和。

$G = H - TS$：表示在某一特定温度和压力下体系的自由能等于在这一条件下的焓减去 TS 值（S 为熵）。

（3）极化率和超极化率　频率分析还可以计算极化率和超极化率。极化率的输出为：

Exact polarizability:　22.415　0.000　22.416　0.000　0.000　23.933

Approx polarizability:　28.749　0.000　28.749　0.000　0.000　27.504

3.5.3　单点能计算

3.5.3.1　简要介绍

单点能计算（SP Calculation）是指在给定的构型上计算分子的能量和相关性质（包括电荷密度、偶极距和分子轨道等）。所谓的单点是指分子势能面上的一个点（势能面对应着该分子所有可能构型的集合，一个点对应着其中一个可能的构型）。能量计算结果的正确与否取决于分子构型的合理性程度，因此能量计算也要在优化好的结构上进行。和频率计算不同的是，单点能计算可以在由较低级别计算得到的优化构型上进行更高级别的能量计算。

3.5.3.2　计算设置

一般需要设置计算采用的理论方法、基组和所要进行计算的种类等信息。默认的计算种类是单点能计算,关键词为 SP,可以省略。

计算执行路径行中经常使用的一些命令如下。

Pop=Reg 显示能量最高的 5 个占据轨道和能量最低的 5 个空轨道。可采用 Pop=Full 命令显示所有的分子轨道。

Units 指定所使用的单位（默认为原子单位）。

SCF=Tight 对波函数使用更严格的收敛标准。通常在默认收敛条件下，波函数不收敛时使用。

3.5.3.3　输出说明

输出结果的说明可参照 3.3.2 节中的相关介绍。

【例 3-6】乙烷的能量、轨道分析和核磁性质（采用例 3-4 中的优化构型）。

（1）乙烷的能量计算　计算执行路径行：# MP2/6-31G* SP Test（计算方法 MP2，基组 6-31G*，SP 可省略）

需要注意的是，在更高级别的能量计算中，能量部分是从低到高输出的。如本例的输出结果中有两个能量值：HF=-79.2282933 MP2=-79.4946861。其中，后面一个才是采用 MP2 方法计算得到的能量。

（2）乙烷的轨道分析　计算执行路径行：# B3LYP/6-311G** Pop=Reg Test （计算方法 B3LYP，基组 6-311G**）

以下是有关输出的分子轨道：

Molecular Orbital Coefficients

			5	6	7	8	9
			(EU)--O	(EU)--O	(AG)--O	(EG)--O	(EG)--O
	EIGENVALUES --		−0.43577	−0.43577	−0.37038	−0.34506	−0.34506
1 1	C	1S	0.00000	0.00000	0.00989	0.00000	0.00000
2		2S	0.00000	0.00000	0.01572	0.00000	0.00000
3		2PX	0.00820	0.14560	0.00000	−0.05571	0.13366

4	2PY	0.14560	-0.00820	0.00000	0.13366	0.05571
5	2PZ	0.00000	0.00000	0.18925	0.00000	0.00000
6	3S	0.00000	0.00000	0.04972	0.00000	0.00000

....

		10	11	12	13	14
		(AG)--V	(AU)--V	(EU--V	(EU)--V	(EG)--V
EIGENVALUES --		0.04767	0.08701	0.10305	0.10305	0.13874
1 1　C	1S	-0.03798	-0.04583	0.00000	0.00000	0.00000
2	2S	-0.05916	-0.07162	0.00000	0.00000	0.00000
3	2PX	0.00000	0.00000	-0.11886	0.02228	-0.11538
4	2PY	0.00000	0.00000	0.02228	0.11886	-0.04462
5	2PZ	0.05763	0.01581	0.00000	0.00000	0.00000
6	3S	0.11433	0.13640	0.00000	0.00000	0.00000

....

　　程序默认的是不显示这些信息的,只有用了 Pop=Reg 或 Pop=Full 命令,这些内容才能显示。括号里的 EU、AG 和 EG 表示轨道的对称性,括号后面的 O 表示占据轨道,V 表示空轨道。最后一个占据轨道(第 9 个)就是 HOMO 轨道,第一个空轨道(第 10 个)就是 LUMO 轨道。EIGENVALUES 这一行对应的是轨道的能量值,以 Hartree 为单位。HOMO 轨道的能量为负表明容易得到电子,有较强的反应活性。对于亲电反应,反应活性中心是分子轨道中电荷较大的部分。在能量值下面给出的是分子轨道中每个原子的各个原子轨道的贡献(因为分子轨道是由原子轨道线性耦合而成的),大小可从数值看出;数值越大,该原子轨道对分子轨道的贡献就越大,由此也可以确定分子轨道的主要成分。

　　(3)乙烷的核磁性质　　计算执行路径行:# B3LYP/6-311G** NMR Test(计算方法 B3LYP,基组 6-311G**,NMR 关键词表示计算分子的核磁性质)

　　输出结果中出现 GIAO 部分的内容就是核磁性质(按原子顺序给出):

Calculating GIAO nuclear magnetic shielding tensors.

SCF GIAO Magnetic shielding tensor (ppm):

1　C		Isotropic =	174.2149	Anisotropy =	15.5210
XX=	169.0752	YX=	0.0000	ZX=	0.0033
XY=	0.0000	YY=	169.0073	ZY=	0.0000
XZ=	0.0066	YZ=	0.0000	ZZ=	184.5623

Eigenvalues:　169.0073　169.0752　184.5623

　　Isotropic 后的值就是该原子的核磁数据(可以用 GaussView 显示计算的结果)。由于实验的核磁数据是在 TMS 为基准的基础上得到的,因此若要比较计算结果与实验值,则必须计算 TMS 的核磁数据,然后得到分子的核磁数据和 TMS 的核磁数据的差值。

3.6　Gaussian 使用实例

　　本节的内容是结合作者多年来所从事的课题,介绍 Gaussian 在研究分子间弱相互作用中的一个应用实例——卤键的基准(benchmark)研究。

3.6.1　前言介绍

卤键是一种新的非共价分子间力，它存在于卤原子（路易斯酸）和含有孤电子对的原子或 π 电子体系（路易斯碱）之间。卤键的形成可以归功于卤原子的表面静电势的各向异性分布：对于碳卤分子中的卤原子（F 除外），它们的表面静电势大部分都是负的，但在其末端沿着 C—X 键轴方向却表现出电正性，因而卤原子能和电子给体形成线性的卤键。近年来，卤键在超分子化学、材料科学和化学传感等领域已显示出独特的优势，并且成为一个新的研究热点。更为可喜的是，一些基于卤键设计的功能材料（如液晶）已经显示出良好的应用前景。

众所周知，理论研究分子间弱相互作用的难题是如何准确地描述色散作用。近期发展的一种外推方法能很好地解决这个问题，它结合了 CCSD(T) 和 Dunning 的相关一致基组的极限（CBS）近似。但是，这种方法的计算量非常大，从而限制了它的应用范围。研究表明，MP2 和 CCSD(T) 之间的能量差值（ΔCCSD(T)）随着基组的增大变化很小，那么 CCSD(T) 在基组极限时的能量就可以转化为相应的 MP2 能量加上 ΔCCSD(T) 校正项（由较小基组计算得到），如关系式（3-1）所示：

$$\Delta E^{CCSD(T)} = \Delta E_{CBS}^{MP2} + (\Delta E^{CCSD(T)} - \Delta E^{MP2})_{small\ basis\ set} \tag{3-1}$$

很多非共价相互作用（如氢键、电荷转移相互作用、偶极相互作用和范德华相互作用）的基准数据库已经陆续发表，但卤键的基准数据库却一直没有建立，而一定数量的基准数据库对于评价较低级别的理论方法（如分子力学方法、半经验和密度泛函方法）的准确性是十分必要的。

密度泛函（DFT）方法是目前使用最广泛的量子化学方法之一，它将体系的电子能量和物理性质表示为单电子密度函数的函数（即泛函）。由于采用了三维的单电子密度函数 $\rho(r)$（代替 3N 维的波函数）来描述分子并确定其性质，理论上可使计算量大为约简。密度泛函的 Kohn-Sham 方程与自洽场 HF 方法有相似的数学表达式，都必须通过自洽叠代求解，并可以采用相同的 AO 基集。不同之处是密度泛函的总能量表达式中包含交换-相关能（E_{XC}），从而较好地克服了 MO 法中单电子近似的局限。但是交换-相关能是难以严格求解的，为此发展了多种近似方法，比如 GGA、meta-GGA 和 hybrid GGA 等。对于中等大小的分子，DFT 方法一般可获得与 MP2 相仿的精度，但所用时间与 HF 方法相近并且明显快于 MP2 方法。

本研究的主要目的是建立卤键的基准数据库。为此，采用 aug-cc-pVXZ (aVXZ) 基组系列对 7 个卤键复合物体系：CH_2＝$CHCl\cdots OCH_2$、$CH\equiv CCl\cdots OH_2$、$CH\equiv CCl\cdots OCH_2$、CH_2＝$CHBr\cdots OH_2$、CH_2＝$CHBr\cdots OCH_2$、$CH\equiv CBr\cdots OH_2$ 和 $CH\equiv CBr\cdots OCH_2$ 进行了计算。采用 MP2 方法将复合物的相互作用能外推到了基组极限（CBS），而相关能中 CCSD(T) 的贡献则用较小基组 aug-cc-pVDZ 获得。此外，作者还测试了一些常用的 DFT 方法在描述卤键方面的可靠性。

3.6.2　计算方法

所有的计算都在 Gaussian 03 软件中进行。单体和复合物的结构均采用 MP2 方法和 aVDZ 基组进行了全优化。通过同一理论水平下（MP2/aVDZ）的频率计算，确定了优化构型是势能面上的稳定点，即没有虚频。复合物的相互作用能（ΔE_{int}）由复合物的总能量减去两个单体的能量之和得到。基组重叠误差采用 Boys-Bernardi 方法进行校正。

Dunning 的相关一致性基组可以系统地描述电子相关。当这一系列基组应用到某一给定体系时，其相关能是朝着单电子原子的基函数的极限（CBS）方向收敛的。那么，基组达到极限时的能量（ΔE_{CBS}）可以由三点外推法获得，如方程式（3-2）所示：

$$\Delta E(X) = \Delta E_{\text{CBS}} + A.e^{-(X-1)} + B.e^{-(X-1)2} \qquad (3-2)$$

其中，X 为 2、3、4，分别代表 aVDZ、aVTZ、aVQZ 基组。

另外，作者选择了 14 种 DFT 方法（PW91、PBE、PBEKCIS、B97-1、PBE1PBE、B3LYP、B3P86、BHandHLYP、BLYP、BP86、B98、MPWPW91、MPWPBE 和 MPWLYP）对 7 个复合物体系进行了优化和能量计算，并评价了这些方法的准确性。

3.6.3 结果与讨论

3.6.3.1 复合物的结构和相互作用能

图 3-34 展示的是 MP2/aVDZ 计算水平下复合物的优化构型，同时还给出了关键的结构参数（卤键的键长和键角）。需要指出的是，这些优化结构可能并不是势能面上的全局极小点。从图中可以看出，卤键键长的变化范围为 2.915 ~ 3.180 Å，均小于相应的卤原子和氧原子的范德华半径之和。其中，复合物 CH≡CBr···OCH₂ 中的卤键键长最短（2.92 Å），说明这个复合物中的卤键强度最大。

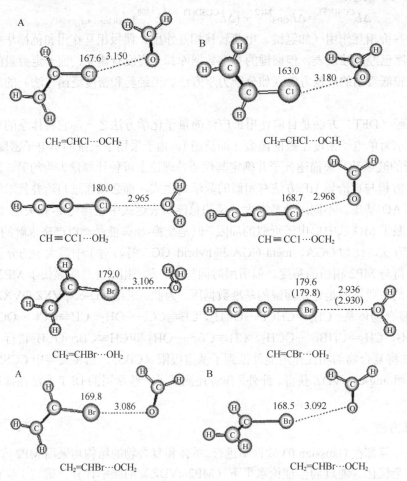

图 3-34　MP2/aVDZ 水平下复合物的优化构型

对于复合物 H₂C═CHCl······OCH₂ 和 H₂C═CHBr······OCH₂，作者发现了两种不同的稳定结构（A 和 B）。在结构 A 中，氯代乙烯或溴代乙烯与甲醛分子在一个平面上，而在结构 B

中，甲醛中的氢原子所在的平面和氯代乙烯或溴代乙烯的分子平面垂直。显然在结构 B 中，电子给体应该是 p 电子而不是 O 原子的孤对电子。但是，这两种结构的能量却几乎完全相同，因此在下面的讨论中只考虑结构 B 的结果。

对于所有的复合物，优化得到的 C–X······O 作用都是线性的（163°～180°）。这个结构特征充分说明了复合物中卤键的静电性质，即电负性原子倾向于与卤原子头部的正的静电势部分作用而形成线性的卤键。值得注意的是，相对于二聚体 RX······OH$_2$，RX······OCH$_2$ 中的卤键明显偏离了直线，这说明羰基氧的极化效应要比羟基氧的更大。另外，作者还在 MP2/aVTZ 水平下对复合物 CH≡CBr······OH$_2$ 进行了优化，结果发现由两种方法得到的优化构型的差别很小，说明 MP2/aVDZ 方法可以相对准确地描述卤键的结构。

表 3-4 列出了复合物的相互作用能。从表中的数据可以看出，随着基组的增大，未校正的键能越来越正，而 BSSE 的绝对值却越来越小，这样使得 BSSE 校正过的键能随着基组的变大而增加（越负）。比如复合物 CH$_2$═CHCl······OCH$_2$，从 aVDZ 到 aVQZ，未校正的键能分别为–1.78kcal/mol、–1.70 kcal/mol 和–1.61 kcal/mol，而 BSSE 值却是逐渐减小的，分别为 0.67 kcal/mol、0.33 kcal/mol 和 0.14 kcal/mol，从而导致 BSSE 校正过的键能越来越负，分别为–1.11kcal/mol、–1.37kcal/mol 和–1.47kcal/mol。预料之中的是，BSSE 的大小和基组的大小息息相关。在 MP2/aVDZ 水平下，一些复合物的 BSSE 校正值达到了键能的 45%。但在 MP2/aVQZ 水平下，校正值仅为键能的 15%。即便如此，基组还是没有完全饱和，一些复合物的 BSSE 值仍然很大（0.6 kcal/mol）。鉴于此，MP2 在基组极限时的能量（ΔE_{CBS}^{MP2}）采用的是未校正的（ΔE_{CBS}）和校正过的（ΔE_{CBS}^{CP}）能量的平均值，这种方法已经广泛地应用在氢键的基准研究中。从表 3-4 可以看出，MP2/CBS 方法得到的相互作用能的变化范围为–1.37～–3.55 kcal/mol（1cal=4.1868J），说明卤键的强度与传统氢键相当。考虑到卤键的强度和方向性，这种特殊的分子间力可以在设计和发展新材料及药物中发挥重要作用。值得注意的是，虽然 CBS 方法在很大程度上改变了能量的绝对值，但是卤键强度的变化顺序却没变（和 MP2/aVDZ 一致）。

表 3-4　复合物的相互作用能和 BSSE　　　　（单位：kcal/mol）

复合物	aVDZ		aVTZ		aVQZ		基组极限 CBS		
	ΔE	BSSE	ΔE	BSSE	ΔE	BSSE	ΔE_{CBS}	ΔE_{CBS}^{CP}	ΔE_{CBS}^{MP2}
H$_2$C=CHCl···OCH$_2$	–1.78	0.67	–1.70	0.33	–1.61	0.14	–1.54	–1.55	–1.55
CH≡CCl···OH$_2$	–2.36	0.54	–2.19	0.24	–2.15	0.11	–2.12	–2.11	–2.12
CH≡CCl···OCH$_2$	–2.75	0.75	–2.57	0.34	–2.50	0.16	–2.45	–2.43	–2.44
H$_2$C=CHBr···OH$_2$	–1.90	0.86	–1.67	0.52	–1.56	0.35	–1.48	–1.26	–1.37
H$_2$C=CHBr···OCH$_2$	–2.87	1.32	–2.67	0.82	–2.59	0.62	–2.53	–2.07	–2.30
CH≡CBr···OH$_2$	–3.73	1.11	–3.36	0.63	–3.29	0.47	–3.24	–2.90	–3.07
CH≡CBr···OCH$_2$	–4.36	1.58	–3.96	0.93	–3.87	0.69	–3.80	–3.30	–3.55

前面提到，MP2 和 CCSD(T)之间的能量差值（ΔCCSD(T)）随着基组的增大变化很小，因此可以用相对较小的 aVDZ 基组来获得 ΔCCSD(T)校正值，相应的结果列于表 3-5 中。很显然，ΔCCSD(T)校正值是排斥的并且不能忽略，这说明 MP2 方法过度地考虑了色散力的贡献。CCSD(T)/CBS 方法得到的相互作用能的变化范围为–1.36～–3.37 kcal/mol。

3.6.3.2　DFT 方法的测试

众所周知，只有考虑了电子相关的从头算方法才能准确地描述非共价相互作用，但是这些方法的计算量却相当可观。为了解决这个问题，需要发展既有一定精度同时计算量又适中的量子化学方法。DFT 方法就是一个合理的选择，虽然该方法并不能很好地描述色散作用。

表 3-5 ΔCCSD(T)校正值和基组极限时的 CCSD(T)键能 （单位：kcal/mol）

复合物	ΔE_{CBS}^{MP2}	$\Delta CCSD(T)$	$\Delta E^{CCSD(T)}$
$H_2C=CHCl\cdots OCH_2$	−1.55	0.06	−1.49
$CH\equiv CCl\cdots OH_2$	−2.12	0.04	−2.08
$CH\equiv CCl\cdots OCH_2$	−2.44	0.10	−2.34
$H_2C=CHBr\cdots OH_2$	−1.37	0.01	−1.36
$H_2C=CHBr\cdots OCH_2$	−2.30	0.14	−2.16
$CH\equiv CBr\cdots OH_2$	−3.07	0.07	−3.00
$CH\equiv CBr\cdots OCH_2$	−3.55	0.18	−3.37

根据所建立的卤键基准数据库，作者测试了 14 种常用的 DFT 方法在描述卤键方面的能力。首先用这些方法和 6-311++G** 基组对复合物进行了优化，并计算得到了体系的相互作用能。接着统计了各种 DFT 方法的卤键键长、键角和能量的平均绝对值误差（键长和键角相对于 MP2/aVDZ，而能量相对于 CCSD(T)/CBS），相关结果列于表 3-6 中。可以看出，所有的 DFT 方法均重现了卤键的角度（最大的平均误差仅为 3.2°）。必须指出的是，使用最广泛的 B3LYP 方法并不能很好地描述卤键[键长和能量的平均误差分别达到了 0.088 Å（1Å=0.1nm,）和 0.93 kcal/mol]。PW91 方法的键长平均误差最小（0.043 Å），而 B97-1 方法的能量平均误差最小（0.40 kcal/mol）。总的来说，PW91、PBE、B97-1 和 MPWLYP 的结果更接近于基准数据，因此作者推荐这 4 种 DFT 方法来研究大的卤键体系如生物大分子。

表 3-6 复合物中卤键键长、键角和键能的平均绝对值误差

DFT 方法	卤键键长/Å	卤键键角/(°)	卤键键能/(kcal/mol)
PW91	0.043	1.3	0.45
PBEPBE	0.045	1.3	0.45
PBEKCIS	0.078	1.5	0.43
B97-1	0.064	1.5	0.40
PBE1PBE	0.051	1.3	0.53
B3LYP	0.088	2.3	0.93
B3P86	0.045	1.6	0.94
BHandHLYP	0.055	1.9	0.60
BLYP	0.140	2.4	1.21
BP86	0.064	2.5	1.30
B98	0.081	1.3	0.70
MPWPW91	0.109	3.2	0.96
MPWPBE	0.113	3.1	1.00
MPWLYP	0.060	1.3	0.47

3.6.4 小结

本研究建立了卤键的基准数据库，并测试了常用的 14 种 DFT 方法在描述卤键方面的能力。这个数据库提供了卤键能量的精确值，可以用来评价新发展的方法的可靠性。另外，在处理卤代的大分子（如蛋白质和核酸）时，推荐使用 PW91、PBE、B97-1 和 MPWLYP 这 4 种 DFT 方法。

习　题

1. 比较丙烷分子两种异构体的能量和偶极矩差异。

2．分析乙烯和甲醛的分子轨道（寻找 HOMO 和 LUMO 能级，并分析能级的组成情况）。

3．乙烯醇的优化（乙烯醇氧端的氢原子与 OCC 平面的二面角可以为 0° 和 180°）。

4．苯的 NMR 性质（采用 B3LYP/6-31G(d)优化几何构型，再采用 HF/6-311+G(2d,p)在优化的几何构型上计算碳的化学位移）。

5．计算 HF 键长（用 MP4 方法优化，采用不同的基组：6-31G(d)、6-31G(d,p)、6-31+G(d,p)、6-31++G(d,p)、6-311G(d,p)、6-311++G(d,p)、6-311G(3df,3pd)、6-311++G(3df,3dp)，并与实验值 0.917 Å 相比较）。

6．计算丁烷与异丁烷间的异构化能（采用 AM1、PM3、HF/6-31G(d)和 MP2/6-31G(d)方法，并与实验值−1.64 kcal/mol 相比较）。

7．计算甲醛在乙腈中的振动频率（采用 Onsager 和 SCIPCM 方法，并与气相计算相比较）。

8．计算在液态二氯乙烷和乙腈中二氯乙烷旋转异构体的能量差异（分别采用 Onsager(HF、MP2)和 IPCM(B3LYP)模型，6-31+G(d)基组；实验值分别是 0.31 和 0.15 kcal/mol）。

9．计算在 298.15 和 373K 温度下两个水合反应的反应焓（计算方法为 B3LYP/6-311+G(2df,2p)//B3LYP/6-31G(d)）：

$$Li + H_2O \longrightarrow H_2OLi$$

$$H_2O + H_2O \longrightarrow (H_2O)_2$$

10．SN2 反应（$Cl^- + H_3CF \rightarrow ClCH_3 + F^-$）过渡态结构优化、频率分析、IRC 分析等。

参 考 文 献

[1] Lu Y X，Zou J W，Fan J C，et al. Ab Initio calculations on halogen-bonded complexes and comparison with density functional methods. J. Comput. Chem., 2009, 30：725.

[2] Metrangolo P，Neukirch H，Pilati T，et al .Halogen bonding based recognition processes: A world parallel to hydrogen bonding. Acc. Chem. Res., 2005, 38：386.

[3] Voth A R，Hays F A, Ho P S. Directing macromolecular conformation through halogen bonds. Proc. Natl. Acad. Sci. U. S. A., 2007, 104：6188.

[4] Nguyen H L，Horton P N, Hursthouse M B，et al.Halogen bonding: A new interaction for liquid crystal formation. J. Am. Chem. Soc., 2004, 126：16.

[5] Metrangolo P，Carcenac Y，Lahtinen M,et al.Nonporous organic solids capable of dynamically resolving mixtures of diiodoperfluoroalkanes. Science, 2009, 323:1461.

[6] Frisch M J, Trucks G W，Schlegel H B，et al. Gaussian 03, Gaussian, Inc.: Wallingford, CT, 2003.

[7] Boys S F，Bernardi F. Calculation of small molecular interactions by differences of separate total energies-some procedures with reduced errors. Mol. Phys., 1970, 19：553.

[8] Bondi A. Van der Waals volumes + RADII. J. Phys. Chem., 1964, 68：441.

[9] Frey J A，Leist R，Leutwyler S. Hydrogen bonding of the nucleobase mimic 2-pyridone to fluorobenzenes: An ab initio investigation. J. Phys. Chem. A, 2006, 110：4188.

[10] Frey J A，Leutwyler S. An ab initio benchmark study of hydrogen bonded formamide dimers. J. Phys. Chem. A, 2006, 110：12512.

第4章 ChemOffice

ChemOffice 软件包是由美国剑桥化学软件公司开发的集成化学软件桌面系统，集强大的应用功能于一身，具有高端开发功能。软件包内包括化学结构绘图 ChemDraw、分子模型及仿真 Chem3D、化学信息搜寻整合系统 ChemFinder 等常用软件。经过十余年的发展，ChemOffice 软件包已经成为世界上最优秀、应用最广的桌面化学软件之一，目前最新版本为2010 版。本章将对 ChemOffice 2008 版的软件及模块功能进行介绍。

4.1 化学结构绘图软件 ChemDraw

4.1.1 软件介绍

ChemDraw 软件是 ChemOffice 系列软件中最重要的一员，是目前国内外最流行、最受欢迎的化学绘图软件。软件功能十分强大，可以编辑、绘制与化学有关的一切图形，如建立和编辑各类分子式、方程式、结构式、立体图形、对称图形、轨道、反应装置等，并能对图形进行编辑、翻转、旋转、缩放、存储、复制、粘贴等多种操作。用它绘制的图形可以直接复制粘贴到 Word 软件中使用。最新版本的软件还可以生成分子模型，建立和管理化学信息库，并增加了光谱化学工具等功能。

ChemDraw 软件内嵌了许多国际权威期刊的文件格式，近年来已经成为化学出版物、稿件、报告、CAI 软件等领域绘制结构图的标准。软件内也包含多种模板结构，如氨基酸、芳环、糖类、RNA 以及各种官能团等，在构建分子结构式时，直接调用相关模板结构，并在其基础上进行修改，可以大大缩减绘制时间。此外，该软件可以将化合物名称直接转为分子结构图，省去绘图的麻烦；也可以对已知分子结构的化合物命名，给出正确的化合物名称。

4.1.2 主界面

ChemDraw 软件的主界面如图 4-1 所示。主界面包括包含 4 个区，分别为菜单栏、工具栏、主工具图标板及编辑区。菜单栏位于主界面的最上边，共 11 项，单击每项菜单均会出现与菜单相关的命令。工具栏位于菜单栏下方，彩色实标显示表示单击该项工具可执行相关操作，灰色虚标显示表示该工具不可执行。工具栏中的命令在菜单栏子菜单中均有对应的操作命令。主工具图标板位于最左侧，提供了可供选择的绘图工具。编辑区位于中间，是主要的工作区域，ChemDraw 可同时打开多个窗口进行操作。

4.1.2.1 菜单

ChemDraw 软件共有 11 项菜单，分别为 File, Edit, View, Object, Structure, Text, Curves, Color, Online, Window, Help。每项菜单下又包含与之相关的各项命令。子菜单中相应的命令前有"√"，则表示该条命令已经被执行；命令后有小三角符号，则表示该条命令有子菜单；命令为灰色，表示该条命令尚未激活（图 4-2）。

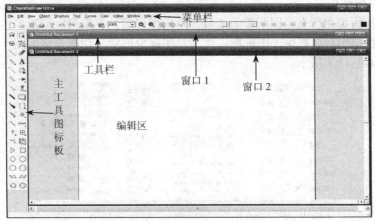

图 4-1　ChemDraw 的主界面

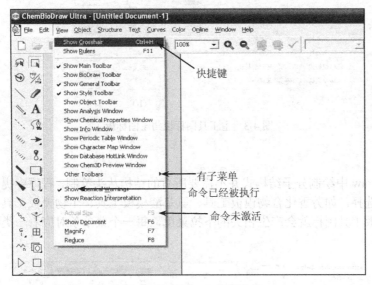

图 4-2　ChemDraw 的菜单栏

File 菜单命令主要对绘图文件进行相关操作，如新建、打开、关闭、保存、另存等，也可以对绘图区模板的尺寸进行调整或选择相关刊物规定的模式。

Edit 菜单命令主要对绘图进行拷贝、粘贴、选择、插入等操作。

View 菜单命令主要对绘图进行显示操作，如显示交叉线，显示主工具栏、格式工具栏等，也可以对绘图窗口进行放大或缩小。

Object 菜单命令主要对图像元素进行变形、旋转、调整等操作。

Structure 菜单命令主要对绘制化学结构、元素等相关属性信息进行调整，也可以对化学结构及化学名称进行互换。

Text 菜单命令对结构中的文本信息进行相关调整。

Curves 菜单命令对绘制结构中的平面、直线以及箭头等进行操作。

Color 菜单命令对选择的图形、区域以及文本的颜色进行调整。

Online 菜单命令包括相关的网络连接。

Window 菜单命令包括对主界面窗口的调整命令。

Help 为帮助菜单。

4.1.2.2 主工具图标板

主工具图标板提供所有绘图所需的工具，单击图标后，在编辑区再次单击即可绘图。带有小箭头的图标单击后会产生子图标板。主工具图标板形状与功能介绍如图4-3（a）所示，子图标板如图4-3（b）所示。

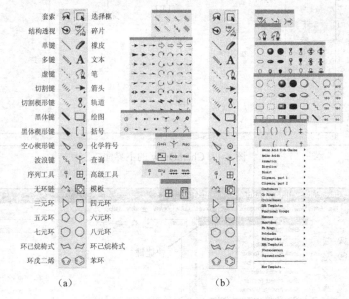

套索		选择框
结构透视		碎片
单键		橡皮
多键		文本
虚键		笔
切割键		箭头
切割楔形键		轨道
黑体键		绘图
黑体楔形键		括号
空心楔形键		化学符号
波浪键		查询
序列工具		高级工具
无环链		模板
三元环		四元环
五元环		六元环
七元环		八元环
环己烷椅式		环己烷椅式
环戊二烯		苯环

（a） （b）

图 4-3 主工具图标板与子图标板

4.1.3 模板

在 ChemDraw 中绘制分子结构式并不需要所有的结构从头绘制，程序中提供了许多常用结构的模板供选择，如芳香化合物模板工具、氨基酸模板工具、生物模板工具等。单击主工具图标板的模板工具图标就会产生相关的下拉菜单，每一个菜单条对应着一类模板工具，如图4-4所示。

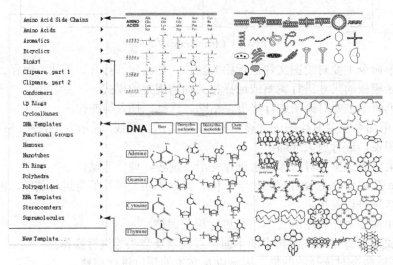

图 4-4 模板工具部分示例

模板工具包括 19 类，在菜单栏中从上到下依次是氨基酸支链工具、芳香化合物模板工具、双环模板工具、生物模板工具、实验仪器模板工具 1、实验仪器模板工具 2、构象异构体模板工具、环戊二烯模板工具、脂环模板工具、DNA 结构模板工具、官能团模板工具、己糖模板工具、微管结构模板工具、苯环模板工具、多面体模板工具、多肽结构模板工具、RNA 结构模板工具、立体中心模板工具和超分子模板工具等。此外，还可以利用软件创建新模板。

4.1.4　绘制化学结构式

绘制化学结构式是 ChemDraw 软件最主要的功能之一，通过选择主工具图标板上的各种工具并进行连接操作即可绘制。绘制化学结构式核心工具包括 9 个键工具、10 个环工具、1 个链工具和 1 个文本工具。

4.1.4.1　键工具

主工具图标板上提供了 9 个键操作命令，其中多键命令的子菜单中还包括 12 个键命令。利用键工具进行结构绘制的基本操作为：首先在命令面板中选取键命令，然后根据需要进行"单击"、"拖动"等操作。绘制化学结构式的基本操作顺序为（以单键为例进行说明，如图 4-5 所示）：首先单击单键，然后将鼠标移至编辑区，鼠标显示为"＋"，此时：

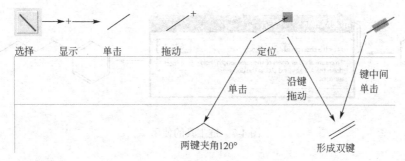

图 4-5　绘制化学结构式的基本操作

◇　单击，即可绘制一条单键。

◇　按住左键进行拖动，即可根据需要调整单键的方向。

◇　在键的一端单击，则产生另一条单键，两键默认角度为 120°。

◇　在键的一端沿键方向拖动则产生双键。

◇　在键的中间单击，产生双键。

使用楔键工具时，单击楔键工具，从楔键窄面点拖动到宽面另一点。绘制完成后，将鼠标放在键上，单击即可改变键的方向。

4.1.4.2　环工具

主工具图标板中提供了 10 种环工具命令，在模板命令中还有芳香化合物模板和双环模板可供绘制环状化合物。

（1）环的绘制

◇　在主工具图标板中选取所需要的环命令后，直接在编辑区单击即可产生相应的环。

◇　按住鼠标左键，拖动鼠标可以对环放置的角度进行自由改变。

◇　环己烷的椅式构象直接单击为水平放置；拖动可改变角度；按 Shift 键单击可变为垂直。

◇　在面板中任选一环命令，按 Ctrl 键并单击，可在环中产生不定域共轭圈。

◇　对于苯环，双键可以绘制成任意两个方向之一，可以通过按下 Shift 键同时单击进行切换。

（2）环的连接

◇　选择环命令，直接在已有环的任何一个结点处单击或拖动可以实现环与环的点连接，

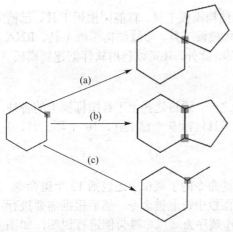

图 4-6 环的连接绘制方法

◇ 选择环的一个结点,按住鼠标左键,从一个结点拖至另一个结点,可以实现环与环的双点连接,如图 4-6(b)所示。

◇ 选择键命令,直接在环的结点处单击或拖动可以实现环与键的连接,如图 4-6(c)所示。

4.1.4.3 链工具

选择长链工具,在需要进行连接的原子或环上单击,弹出 Attach Chain 对话框,设置链的长度即可,如图 4-7 所示。也可以按住鼠标拖动产生链,上下移动改变长链的方向。

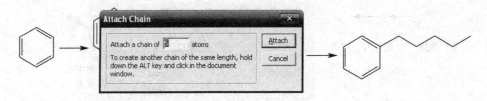

图 4-7 链工具的使用

4.1.4.4 文本工具

文本工具主要用来输入元素符号和官能团。一般 C 原子与 H 原子不用表示,其他原子用主工具图标板中的文本工具进行编辑。选择文本命令,根据需要,在键的起点、终点或两键相交处单击,产生文本输入框,直接在文本输入框中输入官能团或元素符号,如图 4-8 所示。在工具栏 Text 下拉菜单中,可以改变字体,字形,以及字号。在"字形"子菜单中包括三种常见字的操作:Superscript、Subscript、Formula。Superscript 是上标,Subscript 是下标,Formula 是字形,数字自动缩小,比如输入 C6H6 时,自动形成 C_6H_6。另外,在 View 菜单中可以调出元素周期表(Show Periodic Table Window)以及字符映射表(Show Character Map Window)输入一些化学符号和希腊字母。

在绘制化学结构式和输入元素符号时,需要注意的是,鼠标移动至所需要的位置,只有当中间显示出蓝色小方块时才可以进行编辑,否则,绘制出的化学式不能作为一体处理。

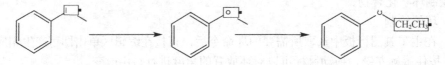

图 4-8 元素符号或官能团的输入

4.1.4.5 化学结构式属性设置

在主工具图标板中单击选择框命令,编辑区所绘制的最后一个结构式或部分即被选中,或采用拖动选择框操作对目标进行选择。选中后,采用以下方式可对目标进行设置。

◇ 将鼠标移至选择框右下角,鼠标显示为双向箭头,这时可对选择框进行放大或缩小,相对应的比例也会显示出来。

✧ 单击 File 菜单，选择 Document Settings；或单击 Object 菜单，选择 Object Settings，调出设置对话框，根据需要设置键的长度、键角、双键间距、线的宽度、颜色、字体、字号等参数，如图 4-9 所示。采用 Document Settings 方式也可以先进行设置，然后再绘制化学结构式。ChemDraw 软件通常固定键长、键角，键角默认值 15° 为一个单位。如果需要临时改变键的长度或者角度，按下 Alt 键，同时拖动键到所需长度和角度即可。

✧ 单击 File 菜单，从 Apply Document Setting from 的子菜单，或单击 Object 菜单，从 Apply Object Setting from 的子菜单中选择相关刊物规定的模式，如图 4-10 所示。采用 Apply Document Setting from 的子菜单也可以先进行设置，然后再绘制化学结构式。

✧ 单击 Structure 菜单，利用其中的 Atom Properties、Bond Properties 等对选中的目标属性进行相应的设定。

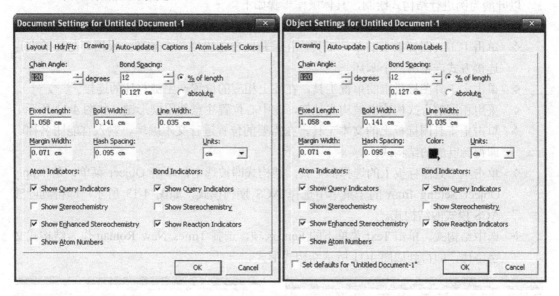

图 4-9　化学结构式设置

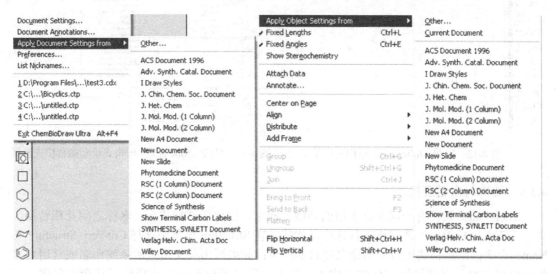

图 4-10　化学结构式模式所涉及的刊物

4.1.4.6 化学结构式绘制示例

叶酸（folic acid）（图 4-11）是核酸生物合成的代谢物，也是红细胞发育生长的重要因子，临床用作抗贫血药及孕妇服用预防畸胎。

图 4-11 叶酸（folic acid）结构式

以叶酸为例进行结构式绘制，具体操作步骤如下。

✧ 启动 ChemDraw。

✧ 单击主工具图标板上的苯环工具，在编辑区单击出现一个苯环，采用环与环的双点连接方式产生另一个苯环。

✧ 单击主工具图标板上的单键工具，在环上相应的位置产生键与环的连接。

✧ 采用相同的方式构建出结构式骨架，在中心位置注意使用楔形键，如图 4-12 所示。

✧ 单击主工具图标板上的文本工具，在需要的位置进行文本编辑，输入官能团名称，即得到叶酸的结构式。

✧ 单击主工具图标板上的选择框工具，结构式即被选中，单击 Object 菜单，从 Apply Object Setting from 的子菜单中选择 ACS 期刊模式，如图 4-13 所示，即得到叶酸 ACS 模式的结构式。

✧ 选中结构式，单击 Text 菜单下的 Font 选项，选择 Times New Roman 作为结构式文字字体，即得到如图 4-11 所示结构式形式。

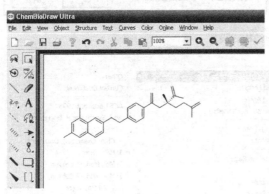

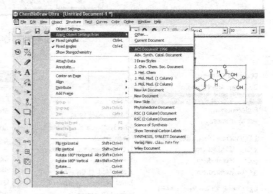

图 4-12 叶酸（folic acid）结构式骨架　　图 4-13 叶酸（folic acid）结构式绘制期刊模式选择

4.1.5 结构与命名互换

ChemDraw 软件有一项非常实用的功能，即可以将化学结构式与其名称之间互相转换。单击主工具图标板中的选择框工具选中结构式，在 Structure 菜单中选择 Convert Structure to Name 命令，则结构式所对应的命名便自动产生；如果写出英文形式的系统命名或常用名，程序也可以将其直接转换成化学结构。单击主工具图标板中的选择框工具选中名称，在

Structure 菜单中选择 Convert Name to Structure 命令，则结构式所对应的命名便自动产生，如图 4-14 所示。

需要注意的是，以下几类化合物系统难以自动命名：多于一桥以上的桥环、自由基、非标准价态化合物、螺旋体系、含同位素化合物、聚合物、生物分子。

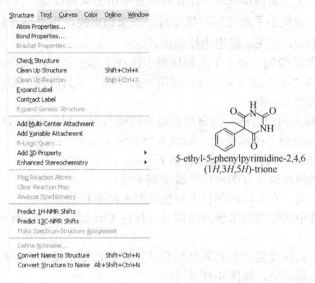

图 4-14　结构式与命名互换示意图

4.1.6　反应方程式

将反应物结构式与目标产物结构式以一定形式连接得到反应方程式，主要以有机化学反应为主。反应物及产物结构涉及的类型有有机分子、离子、自由基等，结构式可以为平面结构或立体结构，结构式之间的连接方式有箭头、加号和等号等。

4.1.6.1　结构式的绘制

（1）普通分子结构的绘制

✧　类似的结构可以通过选择、复制命令进行复制，也可以通过选择目标后，按住 Ctrl 键拖动复制。

✧　可以通过 Object 菜单中的 Rotate 和 Scale 命令进行旋转和放大缩小的调整，也可以按住鼠标左键，在选择框拐角处通过拖动鼠标来进行类似的调整。

✧　直接利用选择框命令，选择原子，拖动原子可以调整相应键的位置和角度，也可以通过选择键进行操作。

（2）离子及自由基结构的绘制　绘制好相应的结构后，直接在主工具图标板中的"化学符号工具"子图标板中选择相应的电荷或自由基符号，直接放置或利用"选择框"工具放置至相应位置。

（3）立体结构绘制　合理利用楔形键绘制立体结构，结构绘制完毕，定位选择后，在 Object 命令中选择 Show Stereochemistry，即可显示出立体结构的构型。

4.1.6.2　连接方式的绘制

（1）箭头绘制

✧　直接在主工具图标板中的"箭头工具"子图标板中选择所需要的箭头符号，在编辑区拖动产生适当大小的箭头，利用"选择框"工具放置至相应位置。

✧ 利用主工具图标板中的"笔工具"子图标板进行箭头绘制。选择笔工具后，在 Curve 菜单中对笔绘制曲线的特征进行设定，通常设定为 Full Arrow at End。定位后，拖动鼠标左键产生一条修饰虚线，在合适位置单击生成曲线键，按 Esc 键退出绘制模式；单击箭头，按住小手形光标，拉出另一条修饰虚线，小手形光标选中虚线中心，拖动改变键形状，按 Esc 键退出绘制模式。

（2）加号、等号的绘制　在主工具图标板中选择文本工具，在编辑区单击后，产生文本输入框，在其中输入"＋"或"＝"号，利用"选择框"工具放置至相应位置。

4.1.6.3　反应方程式绘制示例

乙酰水杨酸又称为阿司匹林，为常用的退热镇痛药物。制备乙酰水杨酸最常用的方法是将水杨酸与乙酐作用生成乙酰水杨酸，如图 4-15 所示。

乙酰水杨酸合成反应方程式绘制方法如下。

✧ 使用主工具图标板下方的苯环模板绘制苯环。

✧ 使用单键工具，在苯环的邻位上分别绘制出羟基和羧基。

✧ 用选择框选中所绘制的水杨酸结构式，按住 Ctrl 键，拖动鼠标将水杨酸复制到一个新位置。

✧ 利用文本工具修改复制得到的新结构式，成为乙酰水杨酸的结构式，至此反应原料和产物均绘制完毕，如图 4-16 所示。

✧ 使用箭头工具在原料与产物结构式之间绘出水平箭头。

✧ 使用文本工具在箭头上方输入"$(CH_3CO)_2O$"，在其下方输入反应条件"70～80℃，水浴 15min"，如果有必要，可使用选择框工具进行位置调整；如图 4-17 所示。

✧ 利用选择框选择所有绘制内容，右击，从中选择 Group→Group 命令，对所有内容进行组合，如图 4-18 所示，得到如图 4-15 所示最终结果。

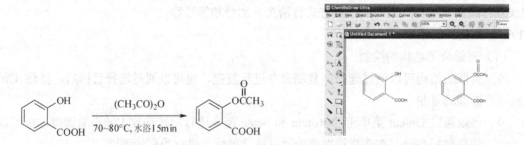

图 4-15　乙酰水杨酸反应方程式　　　　图 4-16　反应方程式原料水杨酸、产物乙酰水杨酸绘制

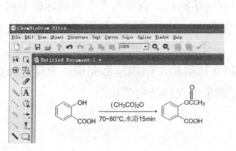

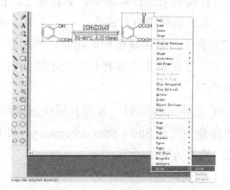

图 4-17　反应条件绘制　　　　　　　　图 4-18　对反应方程式进行组合

在绘制过程中，如需输入一些特殊符号，可以使用 View 菜单中的 Show Character Map Window 命令打开符号面板进行选择，如图 4-19 所示。单击 ▼ 下拉按钮，可以选择各种 Windows 字体和符号，包括汉字。同时，也可以利用 Text 菜单中的 Font 命令改变字体类型，如图 4-19 所示。

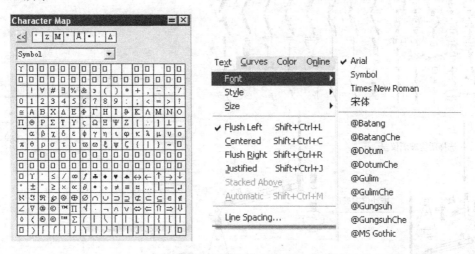

图 4-19　符号面板与字体选项

默认状态下，ChemDraw 的文字和绘制的图形都是黑色的，有时需要将图形变成其他颜色，比如制作 PPT。选择绘制好的结构式或某需要的部分，单击 Color 菜单，从 8 种颜色中选择喜欢的颜色，也可以从 Other 选项调出调色板，选择自己心仪的颜色，或单击"规定自定义颜色"按钮，从中选择，如图 4-20 所示。

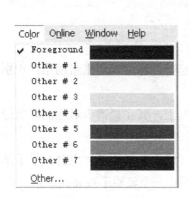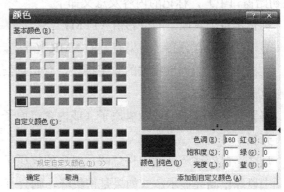

图 4-20　颜色选项

4.1.7　实验装置图

利用实验仪器模板工具 1 和实验仪器模板工具 2 可以进行实验装置的绘制。在模板中选择所需的实验仪器，单击产生相应的玻璃仪器，玻璃仪器连接处为阴影，通过旋转选择框改变角度和大小进行玻璃仪器的连接，如图 4-21 所示为蒸馏装置的绘制。

4.1.8　预测 NMR 位移

利用 ChemDraw 可以预测 ^{1}H-NMR 和 ^{13}C-NMR 化学位移。使用时首先选定目标化学结构式，如叶酸，然后单击 Structure→Predict 1H-NMR Shifts 或 Predict 13C-NMR Shifts，如图 4-22 所示，就可以得到 ¹H-NMR 化学位移或 ¹³C-NMR 化学位移。

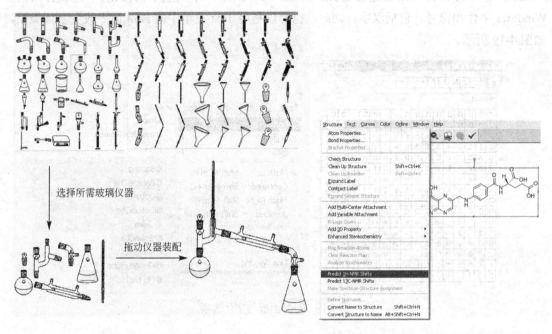

图 4-21　蒸馏装置的绘制　　　　　　　　图 4-22　NMR 位移预测操作界面

ChemDraw 根据预计的位移重绘一遍分子结构，显示出相关数据信息并在新的窗口中绘制出图谱。图 4-23 为叶酸的 ¹H-NMR 图谱。在新窗口中执行 NMR 预测（原来的分子式仍旧保留在初始窗口中），标记的内容及意义如下。

✧ 标记出每个氢原子的位移值（PPM）。

✧ 显示带有耦合分裂（如果有）的 NMR 光谱。

✧ 在图谱的下面列出相关的数字描述，有结点信息、位移值和用来帮助用户识别各个氢原子的注解。

✧ 将鼠标移至分子中任意氢原子（或内含氢原子）上，其在光谱中对应的峰以绿色高亮显示。

✧ 反之，鼠标移全光谱中任意峰，对应的氢原子（或内含氢原子）也会在分子结构式中以绿色高亮显示。（如果是密集峰，则会有不止一个氢原了被高亮显示。）

✧ 当 NMR 的预测质量比较一般时，位移值以粉红色显示，质量较低时以红色显示，质量较高时以蓝色显示。

✧ NMR 以相对于四甲基硅烷（TMS）的 PPM 值评估位移，不能分配溶剂，因此属于无溶剂预测。一般情况下，出现质量偏低或中等的结果是因为 NMR 对特定氢的预测是依赖于溶剂造成的。

¹³C-NMR 预测方式类似于 ¹H-NMR。选择分子，单击 Structure→Predict 13C-NMR Shifts 命令，就得到分子的 ¹³C-NMR 图谱。¹³C-NMR 图谱也是以与 TMS 的相对迁移值（PPM）来表示。图 4-24 为叶酸的 ¹³C-NMR 图谱。

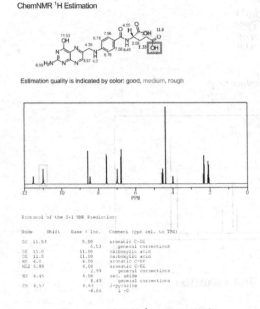

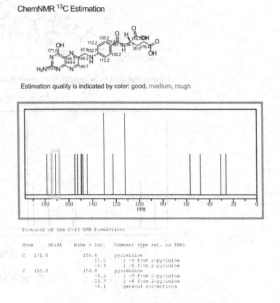

图 4-23　叶酸的 ¹H-NMR 图谱　　　　　　图 4-24　叶酸的 ¹³C-NMR 图谱

需要说明的是，在 ChemDraw 中 NMR 不支持试剂选择，但在 Chem3D 中 NMR 预测是可以通过调节参数来实现试剂选择的。该内容将在 Chem3D 部分进行相关介绍。

在 ChemDraw 中，分子的形状与 NMR 预测也是无关的。也就是说，即使画了一个过渡态或扭曲形状的分子，NMR 将使用分子版的 cleaned up 功能，输出仍保留绘制的扭曲分子样式，但不影响 NMR 的预测结果。

在 ChemDraw 中 NMR 只有一个参数可以设置，并且只对 ¹H-NMR 有效，即磁场强度。默认值是 300MHz，图 4-23 使用的就是这个磁场强度。如需重新进行设置，则首先选择要进行预测的分子，按住 Alt 键，同时单击 Structure→Predict 1H-NMR Shifts，这时将出现一个对话框，指导使用者输入分光仪频率，如图 4-25 所示。

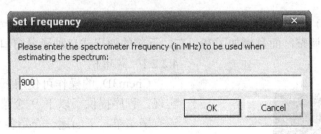

图 4-25　输入分光仪频率

需要注意的是，从图谱的输出信息无法看出磁场强度的改变，并且磁场强度的设置在退出 ChemDraw 后改变依然有效，即重新打开 ChemDraw，所使用的磁场强度与上次的设置相同。为了避免出现混乱，务必注意在执行 NMR 预测前将磁场强度设回默认的 300MHz。

设置好磁场强度后，松开 Alt 键，选择 Predict 1H-NMR Shifts 命令，设置的磁场强度下的 NMR 图谱即会出现。图 4-26 是 900MHz 下叶酸的 ¹H-NMR 图谱预测，与 300MHz 下的图谱比较可以发现，PPM 位移值没有任何变化，但峰更加紧密。也就是说，峰形的变化导致光谱图像变了，但其数据是不变的。

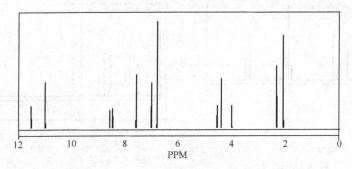

Estimation quality is indicated by color:good.medium.rough

图 4-26 叶酸的 ^{1}H-NMR 图谱（900MHz）

4.2 Chem3D

4.2.1 软件介绍

Chem3D 是 ChemOffice 的重要组件，是目前最优秀的分子三维图形软件之一，其富有特色的功能已经接近于在工作站平台上运行的分子图形软件。Chem3D 可将 ChemDraw 或 ISIS Draw 的二维分子结构直接转化为三维分子结构，也可以利用分子力学、分子动力学和量子化学计算方法研究分子的立体构象。Chem3D 能以多种方法快速构建分子模型，并且其图形显示模式多，图形显示质量高。Chem3D 还可以计算许多分子的电子性质，并以多种模式显示相关图形。Chem3D 将分子结构的构建、分析、计算工具融于一体，组合成完整的工作界面。

4.2.2 主界面

Chem3D 自 9.0 版本后，它的图形界面与以前版本有了很大的区别，如图 4-27 所示，它对菜单栏做了很大调整，而且增加了左、右、下部的弹出式自动隐藏窗口。

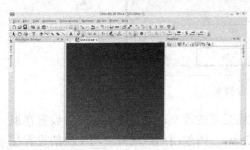

图 4-27 Chem3D 的图形界面

4.2.2.1 菜单栏

Chem3D 的操作可使用下拉菜单中各项选项实现，程序提供了以下 9 个菜单，在某些菜单下还有子菜单，下面逐一介绍各个菜单。

（1）File 菜单　File 菜单中包括 New（新建）、Sample File（样例文件）、Open（打开）、Import File（导入文件）、Close Window（关闭窗口）、Save（保存）、Save as（另存为）、Revert to Saved（返回已保存状态）、Print Setup （打印设置）、Print（打印）、Model Settings（模型设定）、Preferences（参数选择）、Recent Files（近期文件）、Exit ChemBio3D Ultra（退出）等选项。

Model Settings（模型设定）和 Preferences（参数选择）是两个重要参数的设定选项。图 4-28 是模型设定和参数选择的对话框。Model Settings （模型设定）对话框中具有以下选项卡：Model Display（模型显示）、Model Building（模型构建）、Atom & Bond （原子与键）、Color & Fonts（颜色和字体）、Stereo & Depth（立体和深度）、Background（背景）。Preferences（参数选择）对话框中具有以下选项卡：General（常规）、OpenGL（OpenGL 图形库）、GUI（图表用户界面）、Popup Info.（弹出信息）、ChemDraw（二维图形软件 ChemDraw）、Picture（图片）、File（文件）、Dihedral Driver（二面角驱动）。用户可以选择以透明背景保存模型图片；可以设置输出图片的分辨率；也可使用显示器分辨率输出图形（96DPI）；可以决定是否在图形中显示 H 原子；可以设置默认的输出路径等。

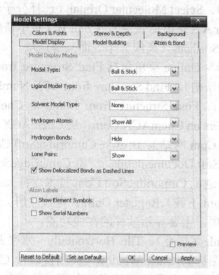
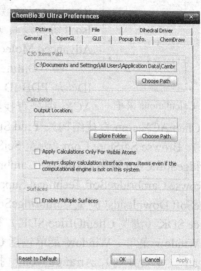

图 4-28　模型设定和参数选择的对话框

（2）Edit 菜单　Edit 菜单包括 Undo（撤销）、Redo（重复）、Cut（剪切）、Copy（复制）、Copy As（复制为）、Paste（粘贴）、Paste Special（特殊粘贴）、Clear（删除）、Select All（全选）、Select Fragment（选择碎片）、Invert Selection（选择未选中）等选项。

（3）View 菜单　View 菜单以视图功能为主，包括 Model Display（模型显示）、 View Position（视图位置）、View Focus（视图焦点）、Toolbars（工具栏）、Model Explorer（模型资源管理器）、Structure Browser（结构浏览）、ChemDraw Panel（ChemDraw 面板）、Cartesian Table（直角坐标表）、Internal Coordinates Table（内坐标表）、Measurement Table（测量表）、Atom Property Table（原子特征表）、Parameter Table（参数表）、Output Box（输出框）、Comments Box（注释框）、Dihedral Chart（二面角图）、Spectrum Viewer（光谱视图）、Demo（演示）、Full Screen（全屏）、Status Bar（状态条）等选项。

在 Model Display（模型显示）的子菜单下，可以对显示模式、是否显示 H 原子及氢键、显示原子符号或序号、颜色、背景色等进行设置。

（4）Structure 菜单　Structure 菜单包括 Measurements（度量）、Model Position（模型位置）、Reflect Model（反射模型）、Set Internal Coordinates（设置内坐标）、Detect Stereochemistry（探测立体化学）、Invert（反转）、Deviation From Plane（偏离平面）、Add Centriod（增加质心原子）、Rectify（矫正）、Clean Up（清除）、Bond Proximate（邻近成键）、Lone Pairs（孤对电子）、Overlay（覆盖）、Dock（对接）等选项。

（5）Calculations 菜单　Calculations 菜单有 Stop（停止）、Dihedral Driver（二面角驱动）、Extended Hückel（扩展 Huckel 方法）、MM2（MM2 分子力场）、MMFF94（MMFF94 分子力场）、Compute Properties （计算分子性质）、GAMESS Interface（GAMESS 界面）、Jaguar Interface

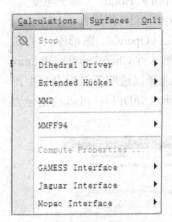

图 4-29　Calculations 菜单

（Jaguar 界面）、Mopac Interface（Mopac 界面）等选项。其中，MM2 可以进行分子力学优化与分子动力学计算；Compute Properties 可以进行各种分子性质的计算；GAMESS Interface 可以进行优化、IR、NMR 光谱预测等，如图 4-29 所示。

（6）Surfaces 菜单　Surfaces 菜单包括 Choose Calculation Result（选择计算结果）、Choose Surface（选择表面）、Radius（半径）、Display Mode（显示模式）、Color Mapping（彩色绘图）、Resolution（分辨率）、Select Molecular Orbital（选择分子轨道）、Iso（等高线）、Color A（正电荷颜色）、Color B（负电荷颜色）、Advanced Molecular Surfaces（高级分子表面）等选项。

（7）Online 菜单　Online 菜单包括 Find Structure from PDB ID（从 PDB ID 查询结构）、Find Structure from ACX Number（从 ACX 编号查找结构）、Find Structure from Name at ChemACX. com（从 ChemACX.com 查找结构）、Find Suppliers on ChemACX.Com（从 ChemACX.com 查找供给商）、Browse SciStore.Com（浏览 SciStore.Com 网站）、Browse CambridgeSoft.Com（浏览 CambridgeSoft.Com 网站）、Browse CambridgeSoft Documentation（浏览 CambridgeSoft.Com 文件）、Browse CambridgeSoft Technical Support（浏览 CambridgeSoft.Com 技术支持）、Browse CambridgeSoft Downloads（浏览 CambridgeSoft.Com 下载）、Register Online（在线注册）、Browse ChemOffice SDK（浏览 ChemOffice SDK）等选项，主要显示软件的在线功能。

（8）Window 菜单　Window 菜单包括 Cascade（层叠）、Tile Horizontally（水平并排）、Tile Vertically（垂直并列）、Arrange Icons（排列图标）、Close Window（关闭窗口）、Close All Window（关闭所有窗口）、Windows（窗口）等选项，并且打开的窗口也同时显示出来。

（9）Help 菜单　Help 菜单显示软件的帮助功能，包括 What's New（该版本更新）、Contents（内容）、Index（索引）、Search（搜索）、Get Started（开始）、Send Feedback（发送反馈）、Activate ChemBio3D Ultra（激活 ChemBio3D Ultra）、About ChemBio3D Ultra（关于 ChemBio3D Ultra）等选项，新手可以直接从 Get Started 选项进入使用教程。

4.2.2.2　工具栏

Chem3D 常用工具栏有 6 项：Standard（标准）、Building（建模）、Model Display（模型显示）、Surfaces（表面）、Demo（演示）、Calculation（计算）。根据 View 菜单中的 Toolbars 子菜单可对工具栏显示进行选择，如图 4-30 所示。表 4-1 是 Chem3D 的主要工具栏的工具图标，软件使用时，鼠标指向图标，对应的功能描述就会显示出来。

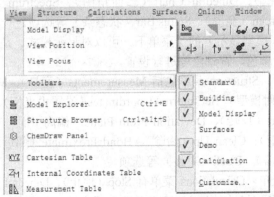

图 4-30　工具栏显示选项

表 4-1　Chem3D 的主要工具栏的工具图标

图标	功能描述	图标	功能描述
tandard（标准）工具栏			
	新建		粘贴
	打开		撤销
	保存		恢复
	复制		打印
	剪切		
Building（建模）工具栏			
	选择		双键
	移动		三键
	旋转		哑键
	缩放	A	文本构建
	区域选择		删除
	单键		
Model Display（模型显示）工具栏			
	显示模型：球棍模型	M	模型坐标轴
Bkg	背景颜色		坐标轴视图
	背景效果	C	显示元素符号
	红蓝显示	1	显示原子序号
	显示一对有立体感的结构	RES	残基符号
	透视显示（前大后小）	FS	全屏显示
	深度阴影显示（前亮后暗）		
Surfaces（表面）工具栏			
	各种表面显示		分子轨道选择
	溶剂半径	a.u.	等高线
	表面显示模式		正电荷颜色
	彩色绘图		负电荷颜色
	分辨率		
Demo（演示）工具栏			
	自旋		演示速度
	摇动		摇动振幅
	旋转轴		停止
Calculation（计算）工具栏			
	没有计算运行		框架间隔
MM2	MM2 能量优化		加热冷却
	停止		加热速度
MM2	MM2 动力学		目标温度
	步长间隔		

　　Chem3D 在工作窗口的左、右边框上增加了 Model Explorer（模型管理器）和 ChemDraw Panel（ChemDraw 面板）的弹出式窗口功能。用户使用 View→Model Explorer（Ctrl+E）命

令可以激活模型管理器，使用 View→ChemDraw Panel 命令可激活 ChemDraw 面板。除了模型管理器和 ChemDraw 面板是 Chem3D 固定在工作窗口的左、右边框上，其他的显示窗口（如 Output、Measurement 等）可拖放在上、下、左、右 4 个边框上。所有窗口都具有自动隐藏的功能，单击窗口右上角的 Auto Hide 图标，可实现自动收缩隐藏的效果；将光标移到 Chem3D 的工作区窗口内时，自动隐藏窗口会向边框方向收缩，直至完全隐藏，将光标指向边框上自动隐藏窗口的标记时，该窗口会向外自动弹出。

Model Explorer（模型管理器）以纵向平铺方式同时显示分子结构层次和 3D 窗口。模型管理器窗口主要用于显示 3D 窗口的分子模型的结构层次。对于一个小分子来说，该窗口中只显示分子及其所含的原子两个层次的信息。对于一个生物大分子来说，则可以分别依次显示蛋白质分子、肽链、官能团和原子等层次信息。单击"＋"可扩展显示层次，单击"－"则可缩减显示层次，这点类似于 Windows 中的文件夹的树状结构。使用者可以根据分子模型的结构，在模型管理器窗口中选择一个或数个对象，使其在 3D 窗口中显示或者不显示，因此，软件为显示复杂大分子的子结构带来了极大便利。如图 4-31 所示，单击模型管理器中的信息，3D 结构中的对应部分即被选中。

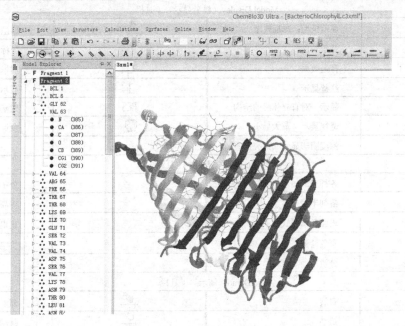

图 4-31　Model Explorer（模型管理器）显示的分子结构层次和 3D 窗口

4.2.3　分子模型的构建

有多种方式可以构建 Chem3D 中的三维分子模型，总体可以归纳为两类：通过二维分子模型转换，利用 Chem3D 产生分子模型。

4.2.3.1　通过二维分子模型转换

ChemDraw 和 ISIS/Draw 是二维分子图形绘制软件。Chem3D 可以直接读入 ChemDraw 和 ISIS/Draw 格式的文件，也可将 ChemDraw 和 ISIS/Draw 界面的二维分子图形直接拷贝到 Chem3D 的工作窗口，自动将二维图形转换成三维图形，如图 4-32 所示。

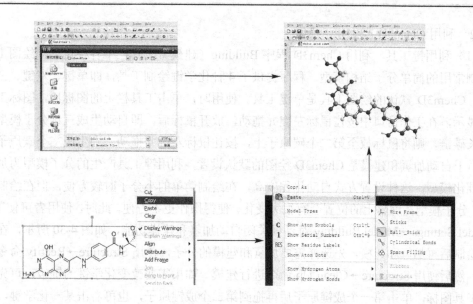

图 4-32　通过二维分子模型转换为三维分子模型

同时，Chem3D 将 ChemDraw 整合在同一个平台上，在 Chem3D 的工作界面右方嵌入了 ChemDraw 面板，使用者可以直接在 Chem3D 的界面上进行 ChemDraw 的操作，而不必另外启动 ChemDraw 程序。使用 View→ChemDraw Panel 命令可激活 ChemDraw 面板。单击 ChemDraw 面板内的工作区，　则工作区出现蓝色边框且弹出 ChemDraw 绘图工具栏，如图 4-33 所示，表示当前的工作窗口位于 ChemDraw。右击工作区则会出现 ChemDraw 的菜单项，使用者可根据需要进行选择。单击 ChemDraw 面板右上角的 Auto Hide 图标，ChemDraw 面板会自动隐藏，在 Chem3D 窗口右边的垂直列出现 ChemDraw 标记，当鼠标指向 ChemDraw 标记时，其面板会自动弹出。

在 ChemDraw 面板的上方共有 7 个工具图标，分别为 Link Mode（连接方式）、Draw>3D (add)（将 Draw 面板模型加入 3D 窗口）、Draw>3D (replace)（将 Draw 面板模型替换 3D 窗口模型）、3D>draw（将 3D 窗口模型转入 Draw 面板）、Clean Up Structure Or Reaction（结构或反应标准化）、Clear（删除）、Lock（锁定），如图 4-34 所示。此外，将 ChemDraw 面板中模型选中并用鼠标左键拖到 3D 窗口，也可实现二维图形到三维图形的转换。Chem3D 默认设定 3D 和 Draw 窗口同步动作，即任何一个窗口的图形变化，另一个窗口也同时具有相应的变化。

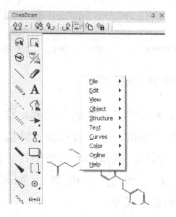

图 4-33　Chem3D 界面上的 ChemDraw 面板

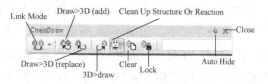

图 4-34　ChemDraw 面板上方的工具图标

4.2.3.2 利用 Chem3D 产生分子模型

（1）利用键工具　利用 Chem3D 程序 Building（建模）工具栏中各种化学键绘图工具可以绘制常用的简单分子结构模型。程序提供了 4 种化学键绘制工具，即单键、双键、三键、哑键。Chem3D 默认的绘图工具是单键工具。使用时，单击工具栏上的图标后，图标工具会加亮显示，在工作窗口中按住鼠标左键并拖动，放开鼠标后，即自动生成三维分子模型。如需加长碳链，则将鼠标放至第二个碳原子上，按住鼠标左键并拖动，则生成三个碳原子的长链。由于自动加氢和建模是 Chem3D 绘图的默认设置，利用键工具产生的分子模型为加氢后的标准化模型。这种设置方式自动化程度高，在绘制简单的小分子时较方便，但在绘制大分子时，分子模型在屏幕上的位置会有很大变化，使得操作更不方便。此时，使用者可使用 File →Model Settings→Model Building 对话框关闭自动加氢和建模功能，如图 4-30 所示，在完成模型绘制后再加氢和建模。先选择需要加氢和建模的分子，使用 Structure→Rectify 命令进行加氢，然后使用 Structure→Clean Up 命令进行建模。如果需要改变化学键的键级，可先单击该键工具图标，单击第一个成键原子后再拖到第二个成键原子，也可右击某一化学键，在弹出对话框中选择 Set Bond Order 进行键级的设置。如需恢复默认的自动加氢与建模设置，在如图 4-35 所示的 Model Building 选项卡中选择 Correct Building Types（更正建模类型）、Rectify（加氢）、Apply Standard Measurements（应用标准数据）、Fit Model to Window（最佳窗口位置）复选框，或单击对话框下面的 Reset to Default（恢复到默认）按钮即可。

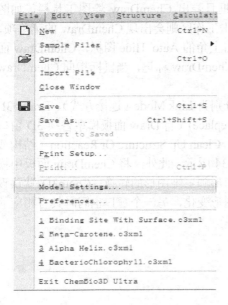
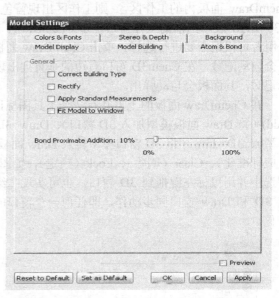

图 4-35　Chem3D 自动加氢与建模功能的取消与恢复

（2）利用文本工具　利用 Building（建模）工具栏中文本构建工具可输入元素、原子类型、子结构、电荷和原子编号，或者进行以上各种数据组合的编辑，也可直接输入结构式名称得到三维分子模型。如图 4-36 所示，输入"folic acid"，回车，则得到叶酸结构式。也可以使用文本构建工具输入分子表达式直接生成三维分子模型。如输入 $(CH_3)CH(CH_3)CH_2CH(OH)CH_3$，回车后可得到 2-甲基戊烷的分子模型。

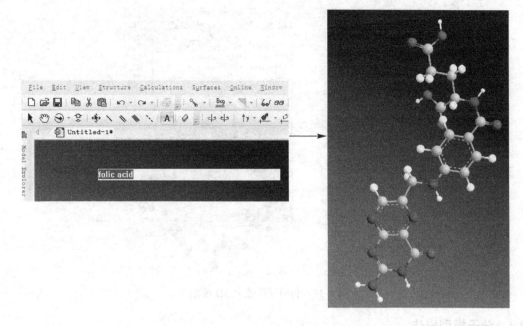

图 4-36　利用文本构建工具产生分子模型

使用文本构建工具时应注意以下事项。

◇ 单击文本构建工具，在工作窗口的空白位置单击即可激活文本框；如果单击某一原子，则文本框内容更新到原子上。

◇ 所输入的文本区分大小写。元素符号的正确写法可参照 View→Parameter Table→Element 元素表中所列出的符号。

◇ 如果要更改原子的元素符号，单击原子，在输入框中输入元素符号，回车。也可使用其他工具（如单键工具），双击原子，在输入框中输入元素符号，回车后也可改变原子类型，输入数字则可改变原子编号。

（3）利用子结构　要构建复杂的大分子结构，可利用程序自带的子结构库进行组建。例如，构建蛋白质结构可由氨基酸链接生成。使用 View→Parameter Table→Substructure 命令，将选中的子结构拷贝到工作区，然后就可以根据自己的需要编辑结构模型。Chem3D 子结构库带有 256 种常见的子结构。

（4）利用模板　Chem3D 提供了一些模板文件，利用这些模板可以建立 3D 模型。在 File→Sample Files 下有 Bio、Demo、Drug、Inorganic、Nano 共 5 类结构模板，可以根据需要选择模板，并在模板上进行结构修改。如图 4-37 所示为 Drug 中的环　精模型。

（5）利用坐标表　Chem3D 以 Cartesian Table（直角坐标表）和 Internal Coordinates Table（内坐标表）两种方式显示分子结构的坐标。使用 View→Cartesian Table 和 View→Internal Coordinates Table 命令可激活坐标表显示。一般情况下，坐标表显示的是已经存在于 3D 窗口分子的原子坐标。但是对于模型显示区和坐标表都是空的工作窗口，可以使用坐标表构建分子模型。使用时先将文本形式或 Excel 的坐标拷贝到剪贴板，然后在坐标表窗口中右击，选择 Paste Cartesian 命令，就可构建三维分子结构模型。直角坐标的数值由 4 列构成，第一列为元素符号，其他三列分别代表相应的 *X*、*Y*、*Z* 坐标，各列间以空格分隔。

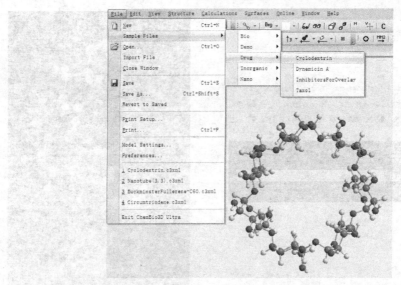

图 4-37 利用模板建立 3D 模型

4.2.4 分子模型操作

4.2.4.1 显示

如图 4-38 所示，Chem3D 的分子模型显示模式有 Wire Frame（线状）、Sticks（棒状）、Ball & Stick（球棒）、Cylindrical Bonds（圆柱键）、Space Filling（空间填充）、Ribbons（带状）、Cartoons（动画）共计 7 种模式。其中，带状是蛋白质的二级结构显示模式，动画是带状结构的立体显示。使用空格键可以进行不同显示模式的切换，也可以使用 File→Model Settings →Model display→Model Type 或 View→Model Display→Display Mode 命令直接进行设置。

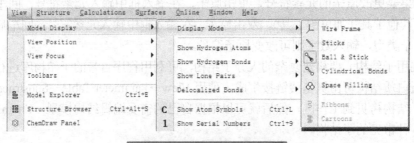

图 4-38 Chem3D 的分子模型显示模式

此外，应用 Chem3D 可以观看屏幕显示的立体效果。在 Model Display（模型显示）工具栏，Red & blue（红蓝）为使用红蓝立体眼镜时的显示模式；Stereo（立体）显示两个具有立体效果的分子模型；Perspective（透视）表示有距离感的显示，距离远的原子显示更小；Depth Fading（深度阴影）将距离较远的部分以深度阴影的方式显示。使用者可使用 File→Model Settings→Stereo & Depth→Field of View 命令调整透视比例的大小。另外，Atom Label（原子标记）可显示原子的元素符号；Serial Number（序号）用于显示坐标表中的原子序号。

4.2.4.2　平移与旋转

在 Chem3D 的 Building（建模）工具栏中提供了 Translate（平移）、Rotate（旋转）工具，使用这两个工具，可以对三维分子模型进行平移和旋转，使分子模型具有更好的视觉效果。

将分子置于 3D 窗口，单击小手形平移工具，鼠标显示为小手状，在窗口的任一位置按住鼠标左键并拖动，可实现分子在窗口内的平移。

单击旋转工具图标，在窗口内部鼠标显示为小手中间一个旋转箭头形状，当鼠标处于窗口的四边时，会显示出上下左右四边区，如图 4-39 所示。鼠标在上边区和下边区做水平拖动时，分子图形分别沿 Z 轴（Rotate About Z Axis）和 Y 轴（Rotate About Y Axis）旋转；鼠标在右边区做垂直拖动时，分子图形沿 X 轴（Rotate About X Axis）旋转；当鼠标在左边区做垂直拖动时，分子图形绕着化学键（Rotate About Bond）旋转，前提是要先选定一个化学键才有效。在此 4 个边条位置时，鼠标的形状为旋转形，且各不相同。

当鼠标处于非边区位置时，4 个边区将自动隐藏，使用者可按住鼠标左键并上下左右拖动，使分子进行旋转。如果要进行精确角度的旋转操作，可单击旋转工具图标右边的黑色向下三角图标进入旋转角度的转盘设置窗口，如图 4-40 所示。在窗口的下部有 8 个小图标，最左侧为改变坐标，右边分别对应：X 轴、Y 轴、Z 轴、轨迹球、化学键、二面角（一边）、二面角（另一边）。使用者要先单击某个图标，选择要旋转的对象，再拖动转盘的指针进行旋转，也可以在输入框中，直接输入具体的数值，按回车键，进行精确旋转。

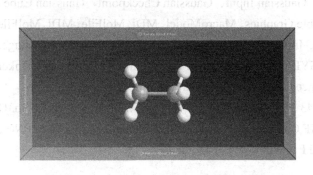
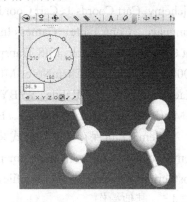

图 4-39　Chem3D 窗口分子的旋转界面　　　　　图 4-40　精确旋转示意图

当窗口内有多个分子时，使用以上方法将对所有分子进行平移和旋转。如需对某个分子进行平移或旋转，则先使用选择工具进行拖拉选择该分子，或单击选择工具后，双击该分子上某一原子选择该分子，单击平移或旋转工具后，按住 Shift 键进行拖动，则可仅对选中的分子进行平移或旋转。

4.2.4.3　动画

Chem3D 具有显示动画的功能。先由 View→Demo→Axis 命令选择旋转的轴或键，再由

View→Demo 命令选择 Spin 或 Rock，分子模型将绕所设定的轴或键进行转动或摇摆，使用者可以从不同角度观看分子结构，获得更多的信息。也可以直接从工具栏进行相关操作。如果要将转动或摇摆动画保存，则单击 File→Save as 命令，选择 Windows AVI Movie（*.avi）文件格式，并可以对平稳度、时长、速度、旋转轴等进行设定，如图 4-41 所示。

图 4-41　动画保存界面

4.2.4.4　分子结构的输入与输出

Chem3D 支持许多分子图形软件的文件格式，也可支持一些著名的计算化学程序的文件格式，它为计算化学程序的运行创造了友好的图形界面，使用时直观且方便，同时也提供了良好的输入输出接口，这也是 Chem3D 的显著优点之一。

Chem3D 可打开的文件格式有 37 种，包括 Chem3D XML、Chem3D 8.0、Chem3D 3.2、Alchemy、Cart Coords 1、Cart Coords 2、CCDB、ChemDraw、ChemDraw XML、Chemical Markup Language、Conn Table、Gamess Input、Gaussian Input、Gaussian Checkpoint、Gaussian Cube、Int Coords、ISIS Sketch、ISIS Transportable Graphics、MacroModel、MDL MolFile、MDL MolFile 3000、mmCIF、MSI ChemNote、MOPAC Input、MOPAC Graph、Protein Data Bank、Schrodinger Maestro、SDFile、SMDFile、SYBYL、SYBYL2、Tinker MM2 Input、Tinker MM3 Input、Tinker MM3 (Proteins) Input、SMILES、Enhanced MetaFile、Regular MetaFile 等。

Chem3D 可保存的文件格式共有 43 种，除了以上不含斜体的 32 种外，还有 Chem3D Template、ROSDAL、InChI、Bitmap、GIF Compressed Picture、JPEG Compressed Picture、PNG、PostScript、QuickDraw3D Metafile、TIFF、Window AVI Movie 等。

4.2.4.5　其他操作

Chem3D 还具有其他操作功能，如 Measurement（度量）、Center Model（模型居中）、Reflect（反映）、Invert（反转）、Add Centriod（增加质心原子）、Overlay（重叠）、Dock（对接）等。这些功能均可以在 Structure（结构）菜单或其子菜单下实现。

4.2.5　分子结构信息

Chem3D 可以很轻松地以表格形式给出分子结构信息，不仅可以列出直角坐标表和内坐标表，还可以给出分子的键长、键角以及二面角等几何结构数据。

在 3D 窗口构建分子后，将鼠标指向其中任一原子就可以显示出该原子的元素符号、编号及元素性质；将鼠标指向化学键则可以显示出键长与成键原子；选中三个成键原子，鼠标指向其中一个原子时可以显示出三个原子的键角；选中 4 个连接的成键原子，鼠标指向其中一个原子可以显示出 4 个原子的二面角；选中某一原子，鼠标指向另一个成键或非成键的原子可以显示出两个原子之间的距离。

使用 View→Cartesian Table 或 Internal Coordinates Table 命令可以在窗口的左侧显示出分子的直角坐标表或内坐标表；使用 Structure→Measurements→Generate All Bond Lengths（键长）、Generate All Bond Angles（键角）、Generate All Dihedral Angles（二面角）、Generate All Close Contacts（近距离接触）命令，则可以在窗口的左侧显示出分子的所有几何参数（键长、键角、二面角、近距离原子间距），单击某一条参数信息，则窗口中对应的原子被选中。图 4-42 为叶酸分子及其键长、键角、二面角及近距离原子间距数据。

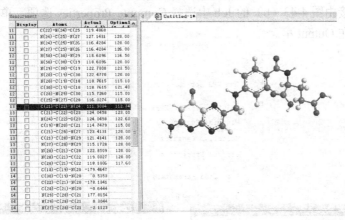

图 4-42　叶酸分子及结构信息

4.2.6　分子的计算

分子的计算是 Chem3D 的主要功能之一，计算方法可分为两种类型：分子力学和量子化学，量子化学又包括半经验的方法和从头算（ab initio）方法。在 Chem3D 中分子力学计算的方法包括两种力场：MM2、MMFF94；半经验的两种方法为 Extended Hückel、Mopac；从头算的两种方法为 GAMESS、Jaguar。而针对分子的计算主要包括分子动力学、能量优化和单点计算。

4.2.6.1　分子力学方法

（1）MM2　MM2 是 Norman Allinger 及合作者开发的分子力场方法，在小分子的有机化学领域应用广泛。图 4-43（a）显示了 MM2 分子力学方法主要功能，使用 MM2 可进行分子的能量优化（Minimize Energy）、分子动力学计算（Molecular Dynamics）与单点计算（Compute Properties）。

◇ 能量优化。构建分子结构，如叶酸结构，单击 Calculations→MM2→Minimize Energy 命令，弹出 Minimize Energy 对话框，如图 4-43（b）所示，根据需要进行设置。Job Type 选项卡中的 Job 共有三个选项，分别为 Compute Properties、Minimize Energy 和 Molecular Dynamics，根据需要选择 Minimize Energy。5 个复选框选项是能量优化的细节，可根据需要进行选择。Minimum RMS 为能量优化结束的标准，根据分子大小及多少可进行设置，一般分子小、数量少可设置小一些，如 0.01 或 0.001，如果分子大，且数量多，可设置大一些，如 0.1。后面几项默认，单击 Run 按钮，则能量优化开始，分子结构开始变化较大，逐渐变化很小直至停止，优化结果显示在窗口下方的 Output 里。

❖ 分子动力学计算。单击 Calculations→MM2→Molecular Dynamics 命令，弹出 Molecular Dynamics 对话框，如图 4-43（c）所示。也可直接由图 4-43（b）的 Job 中选择 Molecular Dynamics 选项，在 Dynamics 中根据需要进行设置。其余项默认，单击 Run 按钮，分子动力学计算开始，分子结构不停发生变化，直至达到设置的步数而停止。结果显示在 Output 里。

❖ 单点计算。单击 Calculations→MM2→Compute Properties 命令，弹出"单点计算"对话框。由于 MM2 的主要功能不是单点计算，因此可计算性质很少，主要计算能量。也可直接由图 4-43（b）的 Job 中选择 Compute Properties 选项，单击 Run 按钮，结果保存在 Output 里。

(a)

(b)

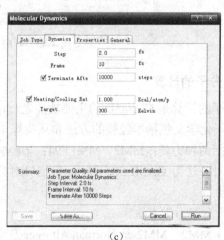

(c)

图 4-43　MM2 分子力学方法主要功能

使用时需要注意以下几点。

❖ 当第一个分子结束计算后，MM2 中的 Repeat MM2 Job 命令将显示，如果对第二个分子进行相同的计算，则直接单击 Repeat MM2 Job 命令，进入上一个计算设置界面，直接单击 Run 按钮即可。

❖ 如果有大量分子需要做相同的计算，则可在图 4-43 计算界面下，单击 Save As 按钮，将计算设置细节保存为*.jdt 文件，其余分子的计算则可单击 Run MM2 Job 命令，进入保存的设置界面，直接单击 Run 按钮即可。

❖ 如果要设置分子的 MM2 原子类型和电荷,则单击 Setup MM2 Atom Types and Charges 命令。

❖ 如果要显示所使用的参数,单击 Show Used Parameters 命令,则所有参数在 Output 里显示出来。

❖ 在分子动力学计算或能量优化时,如果分子结构趋向不稳定,键或分子结构变形, 说明计算出现错误,需停止重新进行计算。

❖ 一般情况下,计算的顺序为"分子动力学计算以克服分子能垒——能量优化以达到 稳定构象——单点计算以得到所需性质参数"。

(2) MMFF94　与 MM2 力场相比,MMFF94 力场支持更多原子类型,提供更多更好的 计算参数。在 MM2 中因为原子类型不存在而不能计算的分子可以用 MMFF94 来完成。 MMFF94 是一个与有机和蛋白质相结合的著名的参数化计算软件,因此非常适合对蛋白质、 小分子以及包含两者的系统计算。在执行力场计算前,Chem3D 会为模型中的原子确定相应 的力场原子类型和原子电荷作为默认值进行计算。这些原子类型和电荷保存在原子性质表里, 使用者可以在那里查看并更改这些数值。MMFF94 分子力场主要功能包括能量优化和能量计 算。单击 Calculations→MMFF94 命令,显示出 MMFF94 的三项操作。

❖ 第一项 Setup MMFF94 Atom Types and Charges 为设置 MMFF94 力场原子类型与电 荷,通常在进行其他操作前先单击该项操作进行力场参数设置。

❖ 第二项为 Do MMFF94 Minimization,是能量优化项,单击进入 Do MMFF94 Minimization 对话框,如图 4-44 所示,根据需要进行设置,单击 Run 按钮,分子开 始优化,优化结果显示在 Output 里。

❖ 第三项为 Calculate MMFF94 Energy and Gradient,对话框与 Do MMFF94 Minimization 非常相似,不同之处为仅第三、四项复选项显示,其余均为灰色,单击 Run 按钮,能量计算结果显示在 Output 里。

4.2.6.2　半经验方法

(1) Extended Hückel　Extended Hückel 是简单的半经验计算方法,使用该方法可进行电 荷和表面的计算。单击 Calculations→Extended Hückel→Calculate Charges 或 Calculate Surfaces 可直接进行电荷或表面的计算。电荷计算结果会在窗口的左侧弹出的 Atom Property 里与 Output 里显示。图 4-45 为叶酸的 Extended Hückel 电荷计算结果。表面的显示与电荷不同。 4.2.7 节中将详细介绍表面的显示。

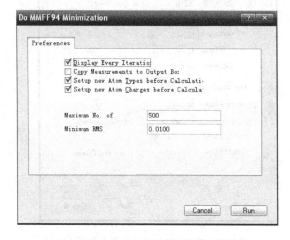

图 4-44　MMFF94 力场能量优化设置

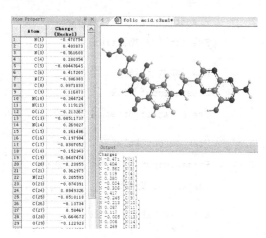

图 4-45　叶酸的 Extended Hückel 电荷计算结果

（2）Mopac　Mopac 是著名的半经验计算程序，可进行 MINDO、MINDO/3、MINDO-d、AM1 和 PM3 等方法的分子构型的能量优化，分子性质计算（如焓变、溶剂能、偶极矩、点电荷、轨道密度等），过渡态优化和光谱分析。本版本的 Chem3D 仅包含 Mopac 界面，如果要使用 Mopac，还需要在官方网站下载 Mopac 程序，进行安装，学术使用免费。

4.2.6.3　从头算方法

（1）GAMESS　GAMESS（The General Atomic and Molecular Electronic Structure System）是著名的从头算计算程序，由 Gordon 研究小组在爱荷华州立大学进行开发和维护。GAMESS 可以使用 RHF, ROHF, UHF, GVB 与 MCSCF 等计算波函数，也可以进行 CI 与 MP2 能量修正计算。如图 4-46 所示，在 Chem3D 中运行 GAMESS 可进行分子构型的能量优化[Minimize（Energy / Geometry）]、优化到过渡态（Optimize to Transition State）、计算分子性质（Compute Properties）、运行频率（Run Frequency）、预测 IR / Raman 光谱（Predict IR / Raman Spectrum）以及预测 NMR 光谱（Predict NMR Spectrum）。这里主要介绍前 4 项计算功能，而光谱预测将在 4.2.8 节中详细介绍。

◇　能量优化。构建分子结构，如本结构，保存，单击 Calculations→GAMESS Interface →Minimize（Energy / Geometry）命令，弹出 GAMESS Interface 对话框，如图 4-47 所示，根据需要进行参数设置。Job & Theory 选项卡中的 Job Type 共有 6 个选项，分别对应 GAMESS 的 6 项功能，选择 Minimize（Energy / Geometry），后面的参数可根据需要进行设置，也可使用默认值，方法为 HF，基组 3-21G，采用 R-Closed-Shell 波函数等。Advanced-1 和 Advanced-2 为优化细节，使用者可根据需要进行设置，初学者可先采用默认值。Properties 为优化结束给出的性质参数，可根据需要选择。General 为设置的关键词，也可以对计算结果保存的位置进行设定，单击 Run 按钮，则能量优化开始。优化结果显示在窗口下方的 Output 里。详细的输出文件*.out 则保存在设定的文件夹下。

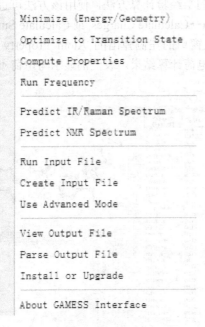

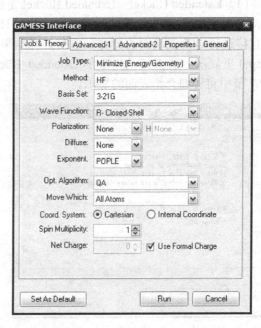

图 4-46　GAMESS 主要功能　　　　图 4-47　GAMESS 能量优化参数设置

✧ 优化到过渡态。单击 Calculations→GAMESS Interface→Optimize to Transition State 命令，弹出优化到过渡态对话框，界面与能量优化非常相似，也可直接在图 4-47 的 Job Type 中选择 Optimize to Transition State，根据需要进行设置。单击 Run 按钮，计算开始，结果显示在 Output 里。详细的输出文件*.out 则保存在设定的文件夹下。

✧ 计算性质。单击 Calculations→GAMESS Interface→Compute Properties 命令，弹出计算性质对话框。也可直接在图 4-47 的 Job Type 中选择 Compute Properties，在 Properties 项选择要计算的分子性质，单击 Run 按钮，结果保存在 Output 里。详细的输出文件 *.out 则保存在设定的文件夹下。

✧ 运行频率。单击 Calculations→GAMESS Interface→Run Frequency 命令，弹出运行频率对话框。选择其中的 Frequency 项，单击 Run 按钮，结果保存在 Output 里。详细的输出文件*.out 则保存在设定的文件夹下。

此外，Chem3D 还可以创建一个 GAMESS 程序的输入文件（Create Input File），或运行一个已有的 GAMESS 输入文件（Run Input File）。如果使用者在计算过程中进行了相关参数的设置，并且希望在以后还用到这些设置，则可以通过使用高级模式（Use Advanced Mode）将参数设置另存为作业文件，以后使用时直接运行作业文件即可。

（2）Jaguar　Jaguar 是由 Schrodinger 公司所设计的从头算及密度泛函计算程序，Chem3D 中的 Jaguar 模块功能与 GAMESS 非常相似，可以对分子进行能量优化、优化到过渡态、计算分子性质、预测 IR 光谱等计算。本版本的 Chem3D 仅包含 Jaguar 界面，如果要使用 Jaguar，还需要下载 Jaguar 程序，进行安装才可以使用。

分子模型的几何构型优化或能量优化是分子模型设计的一个重要部分，它可使分子模型更接近于真实的三维空间分子。使用者可根据具体情况，选择 Chem3D 所提供的某一种计算方法进行几何构型优化。从计算精度来讲，从头算方法优于半经验方法，而分子力学方法精度最低；从计算速度来讲，分子力学方法最快，其次为半经验方法，从头算方法最慢。使用者可根据需要计算的分子大小与数目多少进行衡量，选择一种最合适的方法进行计算。

4.2.6.4　计算分子性质

分子性质的计算是 Chem3D 的最主要功能之一，前面介绍的各种计算方法虽然都可以计算分子性质，但计算量很少，而通过这里所介绍的分子性质计算可计算五十多种分子性质，如预测 BP、MP、临界温度、临界压力、吉布斯自由能、log$P$、折射率、表面积、体积、拓扑指数、电荷、偶极矩等性质。这些性质有些是在 MM2 基础上进行的，有些是通过 GAMESS 进行的，有些是由 ChemPropPro 和 ChemPropStd 进行的。

例如，绘制叶酸结构并保存，通过上述方法进行优化后，再次保存，单击 Calculations→compute properties 命令出现 Property Picker 对话框，如图 4-48 所示。有 5 种方法计算出来的性质，包括 ChemPropPro, ChemPropStd, CLogP Driver, GAMESS Interface, Molecular Topology。使用者可根据需要进行选择，可选择一种方法里的部分性质，也可全选一种方法的所有性质，选择完毕后，单击 OK 按钮，则计算开始。所用时间在窗口上方显示，计算结果显示在下方的 Output 里。

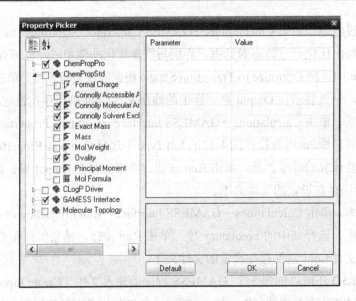

图 4-48　分子性质计算界面

4.2.7　分子表面和分子轨道图形的显示

4.2.7.1　分子表面图形的显示

由图 4-49 可以看出，Chem3D 可以显示多种分子表面图形：Solvent Accessible（溶剂可及表面）、Connolly Molecular（Connolly 分子表面）、Total Charge Density（总电荷密度）、Total Spin Density（总自旋密度）和 Molecular Electrostatic Potential（分子静电势）。由 Surfaces→Display Mode 命令可以看出分子表面图形的显示模式有：Solid（实心）、Wire Mesh（网格）、Dots（点状）、Translucent（透明）。

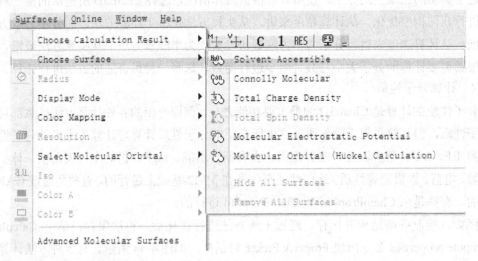

图 4-49　分子表面图形种类

在 Surfaces→Color Mapping 命令下，使用者可对 Surface Color（表面颜色）、Atom Property（原子特征）、Atom Color（原子颜色）、Element Color（元素颜色）、Group Color（基团颜色）、Group Hydrophobicity（基团疏水性）、Potential（势能）、Spin Density（自旋密度）、Mol. Orbital

（分子轨道）等进行设置。

　　Chem3D 对分子表面和分子轨道图形的显示具有可调性，它可自行设置：Radius（半径）、Resolution（分辨率）、Iso（等高线）以及 Positive Color[正电荷颜色（默认为红色）]和 Negative Color[负电荷颜色（默认为蓝色）]等。

　　分子表面图形除了 Solvent Accessible、Connoly Molecular 外，其余的表面图形的显示都涉及分子的电子性质，都需要先进行量子化学计算。可以先在 Calculations 菜单中选择某种量子化学方法（半经验或从头算），并在其 Compute Properties 中选择所需要的分子性质进行计算，然后再显示分子表面图形。例如，要显示苯分子的静电势表面，先进行量子化学计算，选择 Calculations→GAMESS Interface→Computer Properties→Properties/Electrostatic Potential（或 Molecular Surface）命令，再使用 Surfaces→Choose Surface→Molecular Electrostatic Potential 命令，苯分子的静电势表面显示出来，使用 Surfaces→Display Mode→Translucent 命令，选择透明显示模式，并适当调整分辨率和等高线的网格，则得到如图 4-50 所示的苯分子的静电势透明显示图形。图 4-51 为苯分子的溶剂可及表面网格显示图形。

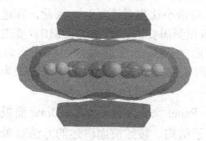 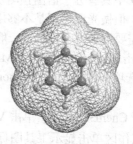

　　图 4-50　苯分子的静电势透明显示图形　　　　图 4-51　苯分子的溶剂可及表面网格显示图形

4.2.7.2　分子轨道图形的显示

　　分子轨道图形的显示也需要先进行量子化学的计算。以苯为例来说明，首先画出苯分子结构，使用 Calculations→Extended Hückel→Calculate Surfaces 命令进行表面计算，然后使用 Surfaces→Choose Surface→Molecular Orbital 命令，显示出苯分子的 HOMO 轨道图（默认），如图 4-52 所示。如果要更改轨道，可由 Surfaces→Select Molecular Orbital 命令进行更改，默认的轨道为 HOMO 轨道。从 Surfaces→Select Molecular Orbital 命令也可以看出，苯分子共有 30 条分子轨道，HOMO 轨道为第 15 条，轨道能量为–16.079eV，而 LUMO 轨道为第 16 条，轨道能量为–1.092eV。图 4-53 为苯分子的 LUMO 轨道图。

 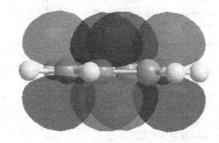

　　图 4-52　苯分子的 HOMO（N=15）轨道图　　　图 4-53　苯分子的 LUMO（N=16）轨道图

　　分子的 HOMO 轨道和 LUMO 轨道在反应及电荷转移的络合物形成中起着至关重要的作用。HOMO 轨道为最高占有轨道，轨道上的电子与其他电子相比能量较高，反应或形成络合物时易给出电子，可以表征分子与亲电试剂反应的敏感性；而 LUMO 轨道为最低空轨道，相比其他空轨道，易接受电子，可以表征与亲核试剂反应的敏感性。根据复杂分子的 HOMO 轨道和 LUMO 轨道，可以大致判断相关反应的位置信息。图 4-54 与图 4-55 分别为叶酸的 HOMO 分子轨道和 LUMO 分子轨道。

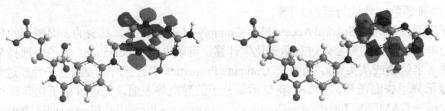

| 图 4-54　叶酸的 HOMO 分子轨道 | 图 4-55　叶酸的 LUMO 分子轨道 |

4.2.8　分子谱图的预测

4.2.8.1　IR 谱图预测

Chem3D 中具有分子谱图预测功能的主要是 GAMESS[2]。使用 GAMESS 时，一般需要 10MB 内存，但做光谱预测是不够用的（有时运行能量最小化也显不足）。因此，在进行光谱预测时，需要增加内存容量，一般 IR 和 NMR 光谱预测需要内存增加到 30MB。要改变内存参数，单击 Calculations→GAMESS Interface 下面的计算命令进入对话框，将对话框 Advanced-1 选项卡中的 Max Memory 设置为 30，如图 4-56 所示。下面以苯甲酸分子为例进行详细介绍。

❖ 打开 Chem3D 程序，单击 View→ChemDraw Panel 命令，显示 ChemDraw 面板，在其工作区单击显示工具图标，画出苯甲酸分子结构。按照前面讲述的方法对苯甲酸分子进行 GAMESS 优化，参数采用默认值。

❖ 选择 Calculations→GAMESS Interface→Predict IR/Raman Spectrum 命令，将内存设置成 30MB，单击 Run 按钮运行。

❖ 完成后，IR 光谱将出现在光谱浏览器中，具体数值则显示在下方的 Output 里，同时显示的还有内坐标和 3D 分子图形，如图 4-57 所示。使用者可由内坐标窗口查看 IR 光谱预测的键长和原子角度。

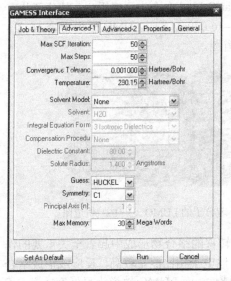

图 4-56　GAMESS 内存设定

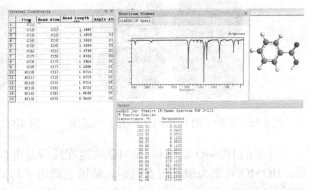

图 4-57　由 Chem3D 的 GAMESS 预测出的苯甲酸 IR 光谱

4.2.8.2　NMR 谱图预测

GAMESS 还可以对 NMR 谱图进行预测，方法同 IR 光谱预测。对分子如苯甲酸优化完毕后，单击 Calculations→GAMESS Interface→Predict NMR Spectrum 命令，将内存设置为30MB，在 Properties 里选择 All Properties，单击 Run 按钮运行，将同时得到 ^{1}H-NMR 和 ^{13}C-NMR[1]谱图。计算完成后，^{1}H-NMR 和 ^{13}C-NMR 光谱出现在光谱浏览器中，具体数值则显示在下方的 Output 里和左侧的 Atom Property 里，如图 4-58 所示。

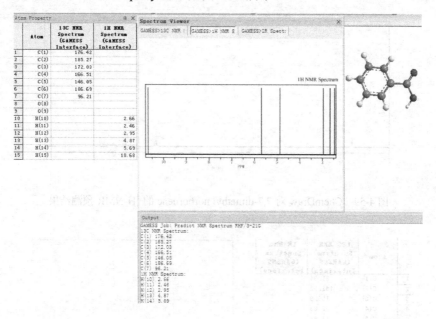

图 4-58　由 Chem3D 的 GAMESS 预测出的苯甲酸 ^{1}H-NMR 和 ^{13}C-NMR 光谱

4.2.8.3　Chem3D 与 ChemDraw NMR 处理的差异

Chem3D 中 GAMESS 的 NMR 能够处理 ChemDraw 的 NMR 处理不了的案例，如7,7-dimethyl norbornene 分子。这个分子中的两个甲基在 ChemDraw 里被视为完全相同，但Chem3D 则把它们当做不同的化学结构区别对待。图 4-59 为 ChemDraw 方法的 ^{1}H-NMR 预测结果，从图中可以看出，两个甲基上的氢化学位移均为 0.99。图 4-60 为 Chem3D 方法的[1]H-NMR 预测结果，从结果可以看出，两个甲基上的氢化学位移不相同，双键侧的甲基氢化学位移为 10.59，单键侧的甲基氢化学位移为 10.64。同样，两种方法得到的 ^{13}C-NMR 也不相同，读者可自己进行检验。此外，需要注意的是，GAMESS 的 ^{1}H-NMR 光谱不显示 ChemDrawNMR 中带有的耦合分裂。

总体来说，ChemDraw 和 Chem3D 提供了一整套 NMR、IR 光谱预测工具，有些参数是可调的。每种方法各有优势，将它们组合在一起可以满足大多数科研需要。ChemDraw 中的ChemNMR 优点有：① ^{1}H-NMR 的耦合分裂预测；② 分子结构自动映射谱峰，反之亦然；③ NMR 预测的数据信息可打印出来；④[1]H-NMR 的磁场强度可调整。Chem3D 中的 GAMESS优点有：① 多种溶剂模型，还有其他参数可调；② NMR、红外光谱预测；③ 采用从头算计算方法，使得计算更精确。

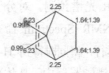

ChemNMR ^{1}H Estimation

Estimation quality is indicated by color: good, medium, rough

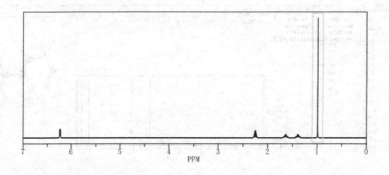

图 4-59　ChemDraw 对 7,7-dimethyl norbornene 的 ^{1}H-NMR 预测结果

	Atom	13C NMR Spectrum (GAMESS Interface)	1H NMR Spectrum (GAMESS Interface)
1	C(1)	21.94	
2	C(2)	151.52	
3	C(3)	150.9	
4	C(4)	21.85	
5	C(5)	17.89	
6	C(6)	18.53	
7	C(7)	17.66	
8	C(8)	33.1	
9	C(9)	31.06	
10	H(10)		10.92
11	H(11)		1.04
12	H(12)		1.03
13	H(13)		10.91
14	H(14)		13.1
15	H(15)		13.1
16	H(16)		13.13
17	H(17)		13.13
18	H(18)		10.59
19	H(19)		10.59
20	H(20)		10.59
21	H(21)		10.64
22	H(22)		10.64
23	H(23)		10.64

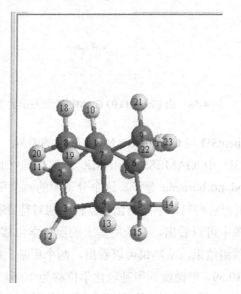

图 4-60　Chem3D 对 7,7-dimethyl norbornene 的 ^{1}H-NMR 预测结果

4.3　ChemFinder

4.3.1　软件介绍

ChemFinder 是一个智能型的快速化学搜寻引擎，所提供的 ChemInfo 是目前世界上最丰富的数据库之一，包含 ChemACX、ChemINDEX、ChemRXN、ChemMSDX，并不断有新的

数据库加入。利用 ChemFinder 可以建立化学数据库、储存及搜索，或搭配 ChemDraw、Chem 3D 使用，也可以使用现成的化学数据库。ChemFinder 可以从本机或网上搜寻 Word、Excel、PowerPoint、ChemDraw、ISIS 格式的分子结构文件，还可以与 Excel 结合，可连接的关联式数据库包括 Oracle 及 Access，输入的格式包括 ChemDraw、MDL ISIS SD 及 RD 文件。ChemFinder 8.0 以前的版本自带数据库，数据库文件扩展名为 CFW，默认存放在 C:\ Program Files\CambridgeSoft\ChemOffice 2004\ChemFinder\Samples 文件下，而新版本的 ChemFinder 数据库需要下载安装才可以使用。

4.3.2　化学物质检索方法

The Merck Index（默克索引）是由美国 Merck 公司出版的化学药品大全，介绍了一万多种化合物的性质、制法以及用途，注重对物质药理、临床、毒理与毒性研究情报的收集，并汇总了这些物质的俗名、商品名、化学名、结构式，以及商标和生产厂家名称等资料。在此将介绍 The Merck Index 检索方法。

单击 ChemFinder Ultra 11.0 启动 ChemFinder，出现 ChemFinder 对话框，如图 4-61 所示，包括三个选项卡，单击 Existing 标签，找到 Merck Index\Compound Monographs 文件夹，选择 The Merck Index.cfw 数据库，单击"打开"按钮，进入数据库界面，如图 4-62 所示。

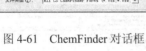

图 4-61　ChemFinder 对话框

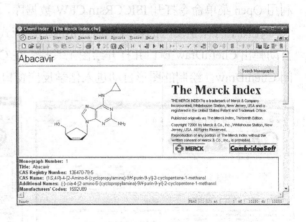

图 4-62　数据库界面

单击数据库界面右上角的 Search Monographs，进入数据库搜索界面，如图 4-63 所示。检索可以通过 Structure（结构）、Molecular Weight（分子量）、 Molecular Formula（分子式）、All Names and Synonyms（所有名称和俗名）等多种方式进行。

例如，要检索"阿莫西林"药物信息，可在 All Names and Synonyms 一栏中输入"amoxicillin"，单击 Perform Search 按钮，则出现阿莫西林的信息，包括：药物名称、化学结构式、CAS 登记号、分子量、相关的参考文献等各种信息。如要检索下一个物质，单击 Search Monographs 按钮回到数据库搜索界面即可。

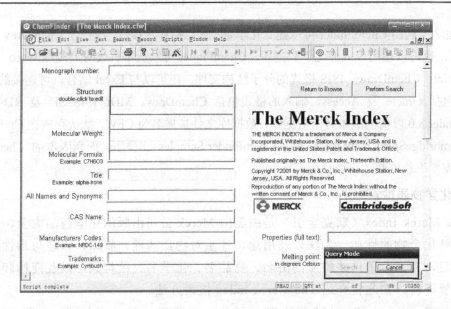

图 4-63　数据库搜索界面

4.3.3　化学反应的检索

ChemFinder 提供了化学反应数据库 ISICCRsm.CFW，打开该数据库可以检索化学反应。利用 Open 菜单命令打开 ISICCRsm.CFW 数据库，界面如图 4-64 所示。

在图中有化学反应的窗口中输入相应的反应式，就可以进行反应检索。双击反应式窗口，自动弹出 ChemDraw 窗口并打开绘图工具栏，在 ChemDraw 窗口中绘制分子式和箭头后，关闭 ChemDraw，绘制的图形自动进入化学反应窗口，如图 4-65 所示。

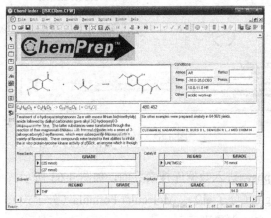

图 4-64　化学反应检索数据库界面

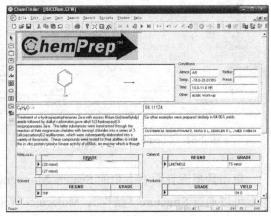

图 4-65　化学反应窗口

单击菜单 Search→Find 命令，即可得到结果。单击▦按钮显示窗口变为列表形式，如图 4-66 所示。表中列出所有检索得到的与输入反应式相关的反应。改变搜索窗口中箭头的位置，可以分别对产物和反应物进行检索。箭头位于分子结构前为以产物检索化学反应；箭头位于分子结构后为以反应物检索化学反应。

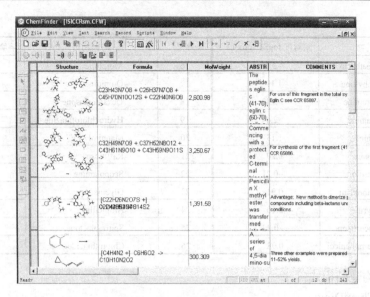

图 4-66　检索结果列表图

4.4　ChemOffice 系统使用实例

定量结构-活性关系 (quantitative structure activity relationship, QSAR) 是一种基于配体（小分子）的药物设计方法。它的根本思想是一系列药物活性的高低取决于药物分子的结构，结构决定性质，只要找出药物分子结构性质与它们的活性之间的数学关系，就有可能预测出活性高的药物分子结构。随着定量构效关系的发展，QSAR 已经不再局限于结构与活性关系，结构与性质（如疏水性、溶解度、分离度等）关系也多有研究。在 QSAR 中，结构信息的提取常有两种方式：实验得到和计算得到。随着计算机技术的发展和各类化学软件的出现，目前的 QSAR 基本用计算得到的结构参数代替实验参数。本节将系统介绍使用 ChemOffice 提取结构参数的使用实例。

在新药的开发过程中，生物活性是一个关键因素，但其他的影响因素如吸收、分布、代谢和排泄（ADME）等也同样重要。除了血管给药外，其他给药方式都要经过吸收。如口服给药，药物在吸收之前必须先崩解、释放、溶解在胃肠道消化液中，然后才能以被动扩散或主动转运等吸收机制通过消化道黏膜，进入血液循环。药物的溶解度和渗透性都是药物吸收的重要因素。对一些难溶性药物或溶出速度很慢的药物来说，溶出速度成为影响药物吸收的主要因素，溶出过程是吸收的限速过程，这可能是由于药物透过小肠黏膜的能力与肠腔和血液中的药物浓度比有关。因此提高难溶性药物的溶解度和溶出速度常成为改善其口服给药生物利用度的首要步骤。文献报道了 26 种药物名称及其在水中的溶解度，如表 4-2 所示。为了得到定量结构-溶解度关系模型，首先建立 26 种药物分子结构，然后对其进行优化，并提取出多种结构参数。

表 4-2　药物名称与水溶解度数据

序号	药物	溶解度 logS/（mmol/L）	序号	药物	溶解度 logS/（mmol/L）
1	Salicylicacid	1.44	3	Disulfiram	−0.66
2	Diazepam	−0.68	4	Tolbutamide	−0.17

续表

序号	药物	溶解度 logS/（mmol/L）	序号	药物	溶解度 logS/（mmol/L）
5	Indomethacin	−2.06	16	Morphine	1.69
6	Theophylline	1.19	17	Quinidine	−0.49
7	Desipramine	−2.43	18	Dexamethasone	−0.62
8	Imipramine	−2.44	19	Hydrochlorothiazide	0.64
9	Caffeine	1.13	20	Mannitol	3.74
10	Piroxicam	0.20	21	Raffinose	3.30
11	Prednisolone	−0.21	22	Scopolamine	1.76
12	Trimethoprim	0.91	23	Glycine	3.92
13	Antipyrine	2.10	24	Ampicillin	1.01
14	Hydrocortisone	−0.22	25	Spironolactone	−1.17
15	Chloramphenicol	0.08	26	Chlorothiazide	0.80

第一步：构建结构式

✧ 打开 ChemDraw。

✧ 单击文本工具，在窗口中输入"Salicylicacid"，选中，单击 Structure→Convert Name to Structure 命令，结构式出现。

✧ 单击 File→Save 命令，在准备好的文件夹如 solubility 下保存为 01.cdx。

✧ 单击 File→New Document 命令，在新窗口如上所述，得到 2 号药物结构，另存为 02.cdx。

✧ 以此类推，得到所有化合物结构，如图 4-67 所示，一个化合物保存为一个文件，为了不产生混淆，文件名称与药物分子序号一致。

✧ 如果遇到 ChemDraw 无法转换的药物名称，则可通过 ChemFinder 或其他手段得到其结构式。

✧ 从头全部检查结构式，确保结构式无误。

第二步：结构优化

✧ 打开 Chem3D。

✧ 打开 01.cdx。

✧ 三维结构式出现后，单击 File→Save as 命令，另存为 01.c3xml。

✧ 单击 Calculations→MM2→Minimize Energy 命令。

✧ 将 Minimum RMS 设为 0.01，单击 Run 按钮。

✧ 运行结束后，单击"保存"按钮。

✧ 打开 02.cdx，与 01.cdx 相同处理方式，先另存为 02.c3xml。

✧ 单击 Calculations→MM2→Repeat MM2 Job，在出现的对话框中单击 Run 按钮。

✧ 运行结束后，保存。

✧ 以此类推，将所有结构全部优化完毕。

第三步：参数提取

✧ 打开 Chem3D，打开 01.c3xml 文件。

✧ 单击 Calculations→Compute Properties 命令，进入计算性质对话框。

✧ 选择自己所要提取的参数名称，如：Heat of Formation（生成热）、Connolly Molecular Area（表面积）、Connolly Solvent Excluded Volume（分子体积）、Mass（分子量）、

Ovality（椭圆度）、Mol Refractivity（摩尔折射率）、Partition Coefficient（分配系数）、Polar Surface Area（极性表面积）等。

✧ 计算结束，保存，数据显示在下方的 Output 里，将数据整理到 Excel 表格中。
✧ 打开 02.c3xml 文件，同 01.c3xml 相同操作，计算出相同参数的数值，整理到表格中。
✧ 所有分子计算完毕，就得到如表 4-3 所示表格，每个分子提取的参数数值均在表格中。
✧ 计算时注意，即使是相同的参数，使用不同的方法，得到的结果也不相同，所以要保证每个分子的每种参数使用相同的方法。

第四步：建立数学模型（本部分在第 2 章介绍）。

1 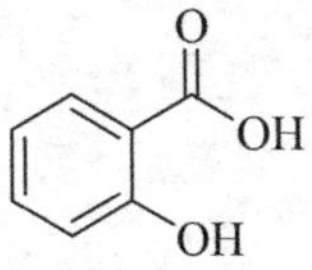
2 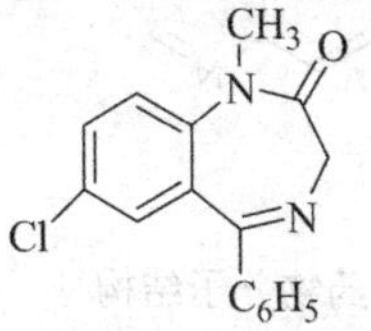
3 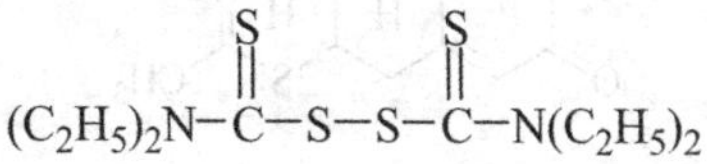

4 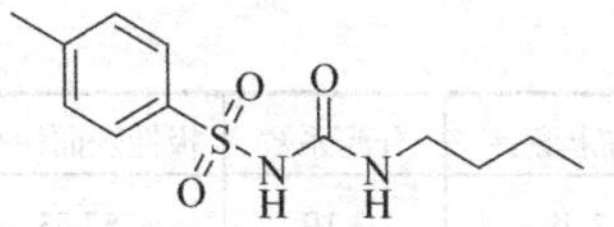
5 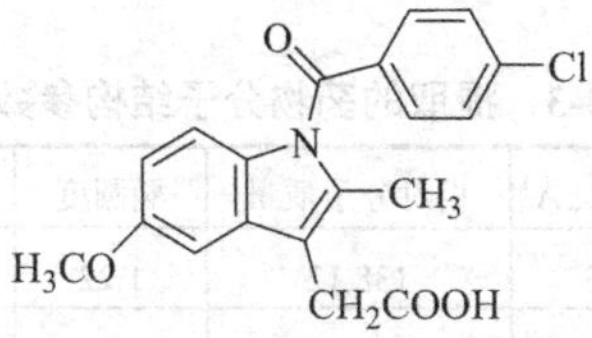
6 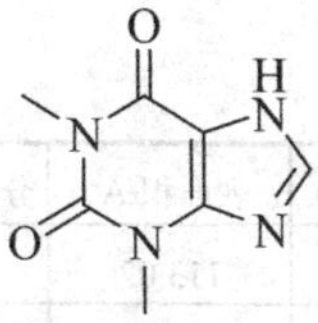

7 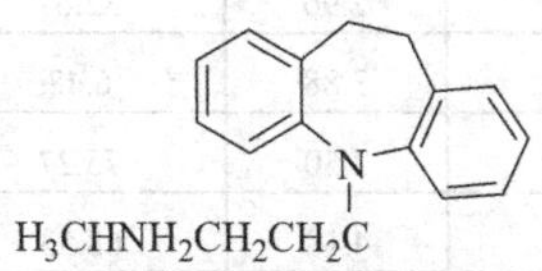
8 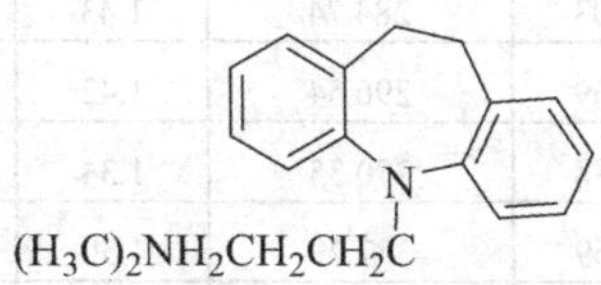
9 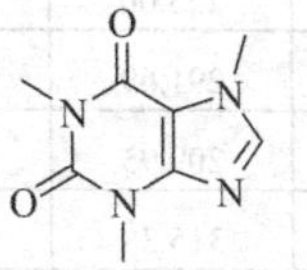

10 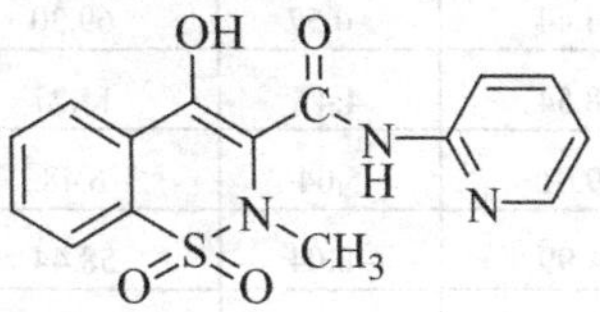
11 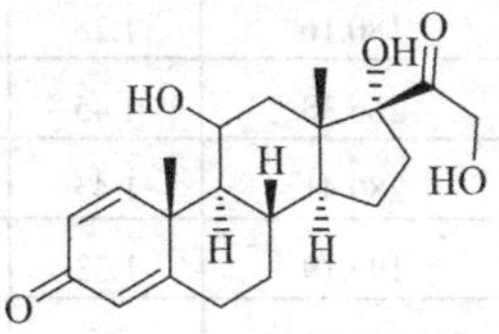
12 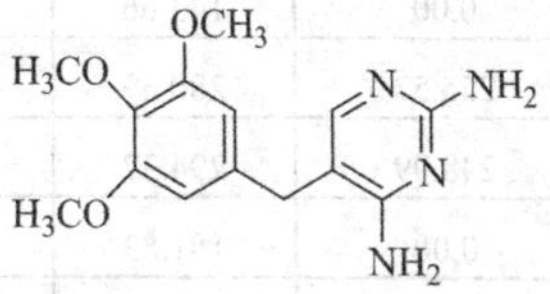

13 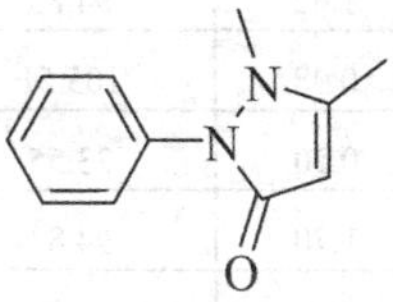
14 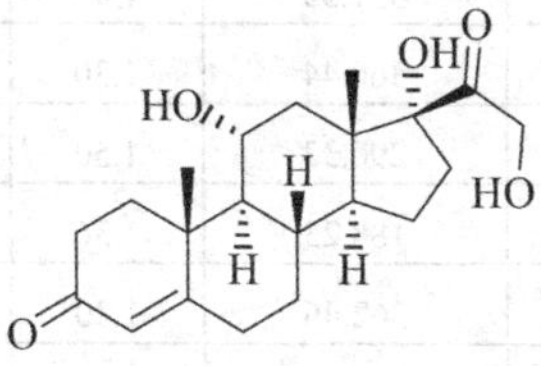
15 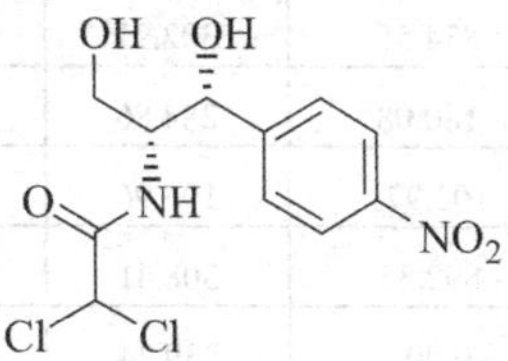

16 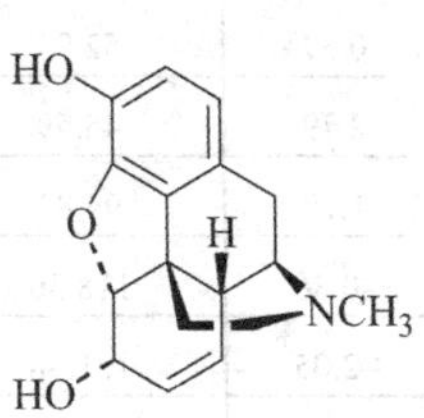
17 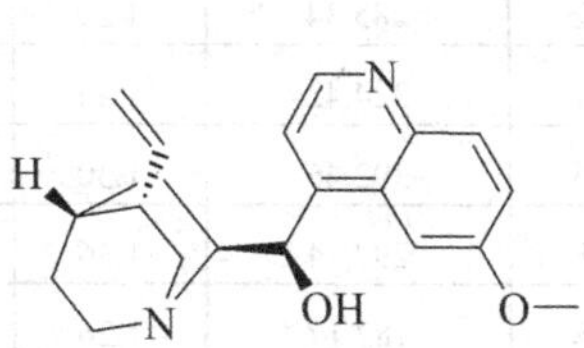
18 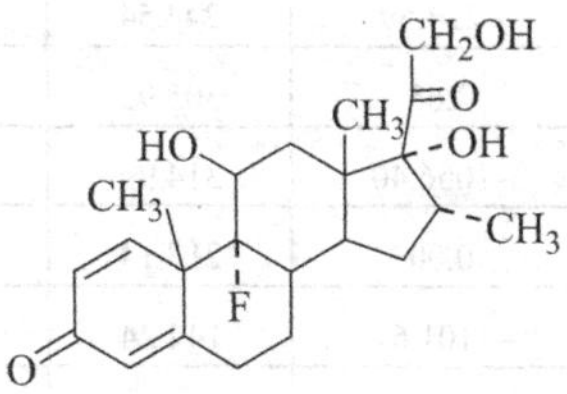

19 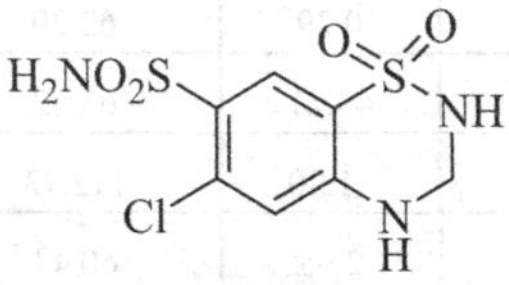
20 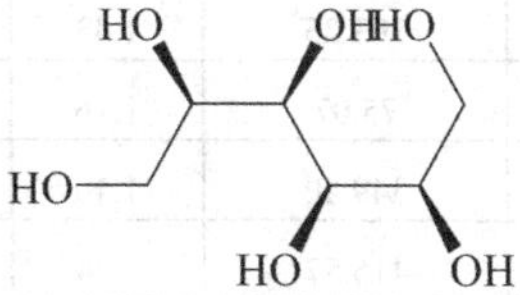
21 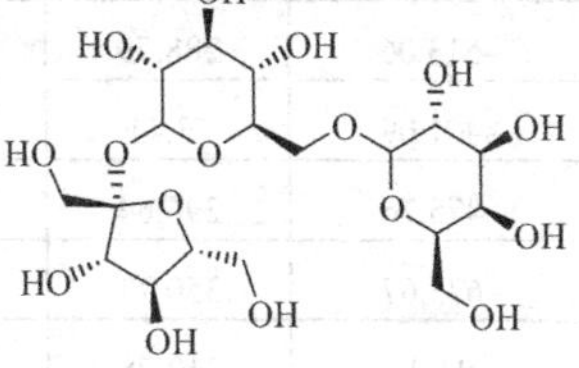

图 4-67

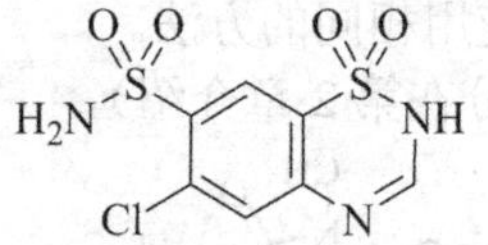

图 4-67　药物分子结构

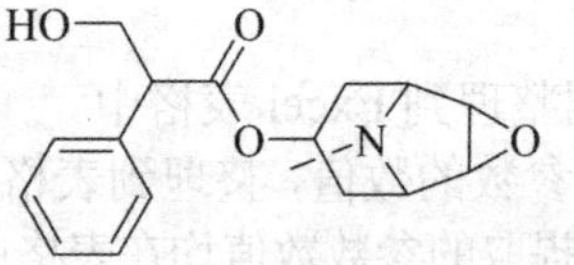

表 4-3　提取的药物分子结构参数

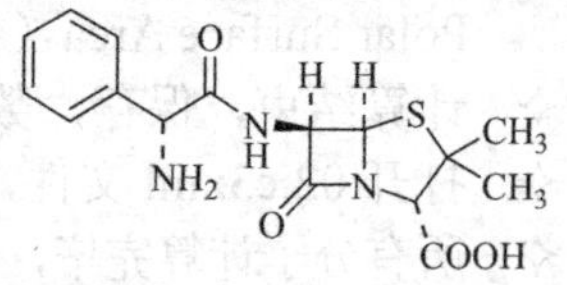

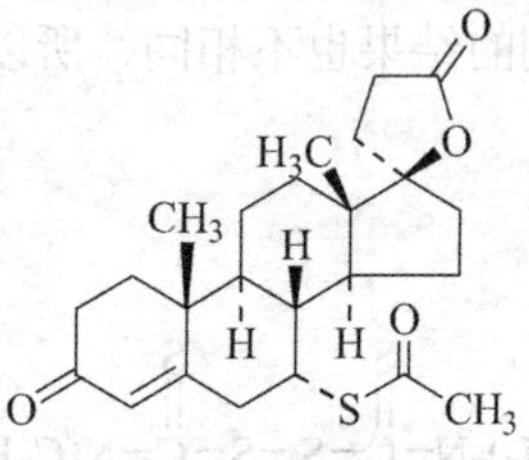

序号	生成热/(kJ/mol)	表面积/Å²	分子体积/Å³	相对分子质量	椭圆度	摩尔折射率	分配系数	极性表面积/Å²
1	−478.86	113.02	84.23	138.12	1.22	3.49	2.19	57.53
2	156.72	255.00	224.03	284.74	1.43	8.12	2.96	32.67
3	0.00	291.69	277.69	296.54	1.42	8.95	3.88	6.48
4	0.00	209.95	184.88	270.35	1.34	7.12	2.50	75.27
5	0.00	315.38	285.69	357.79	1.50	9.51	4.18	68.53
6	0.00	143.66	112.18	180.16	1.28	4.44	−0.57	69.30
7	255.57	280.69	253.49	266.38	1.45	8.54	4.47	15.27
8	248.99	294.37	271.42	280.41	1.45	9.01	5.04	6.48
9	0.00	181.83	149.52	194.19	1.33	4.99	−0.04	58.44
10	−185.76	281.86	245.84	331.35	1.49	8.29	1.89	99.60
11	−834.55	302.91	335.37	360.44	1.30	9.84	1.42	94.83
12	−180.08	284.86	244.93	290.32	1.50	7.83	0.98	105.51
13	102.97	195.96	162.03	188.23	1.36	5.56	0.20	23.55
14	−892.33	308.41	344.50	362.46	1.30	9.79	1.70	94.83
15	0.00	239.24	204.86	323.13	1.42	7.68	−1.63	116.24
16	−224.59	244.54	246.42	285.34	1.29	7.88	0.57	52.93
17	3.65	305.93	292.61	324.42	1.44	9.56	2.79	45.59
18	−1056.40	314.99	354.25	392.46	1.30	10.32	1.79	94.83
19	0.00	217.14	190.68	297.74	1.36	6.32	−0.36	118.36
20	−1101.67	144.24	115.38	182.17	1.26	3.88	−2.05	121.38
21	−2789.20	337.17	318.45	504.44	1.50	10.44	−5.32	268.68
22	−513.06	288.79	269.84	303.35	1.43	8.12	0.29	62.30
23	−401.09	73.41	47.23	75.07	1.16	1.66	−3.21	63.32
24	−475.76	296.64	289.05	349.40	1.40	9.14	−1.20	112.73
25	−673.67	350.73	396.56	416.57	1.34	11.54	2.65	60.44
26	0.00	212.78	181.39	295.72	1.37	6.14	−0.29	118.69

习　题

1. 利用 ChemDraw 绘制下列化合物结构式，为其命名并预测它们的 NMR 化学位移。

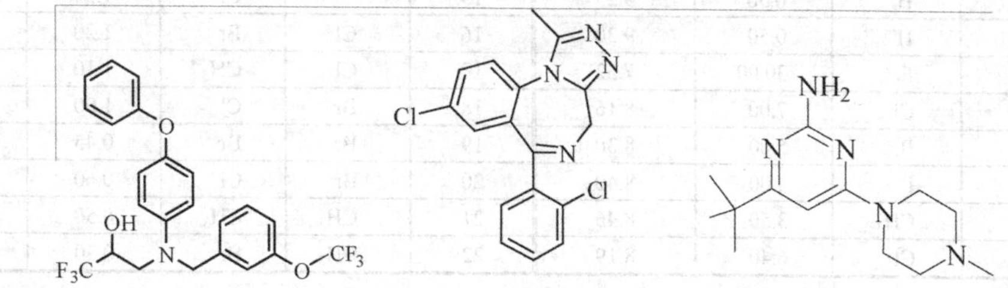

(1)　　　　　　　　　　(2)　　　　　　　　　　(3)

2. 绘制下列反应方程式。

（1）

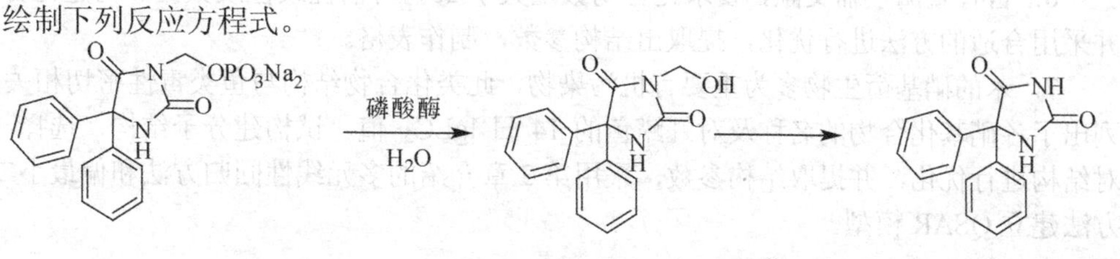

磷酸酶
H_2O

（2）

哌啶，DMF

R_3—NCO

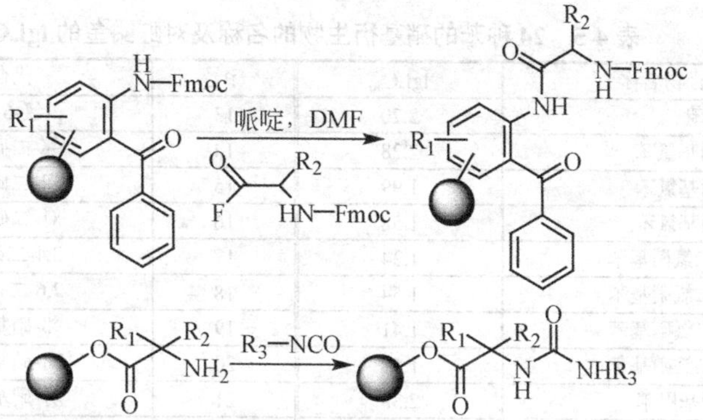

3. 利用 ChemDraw 绘制回流装置图。

4. 将题 1 中的结构式采用 MM2、MMFF94 以及 GAMESS 方法进行能量优化，提取分子的结构信息，比较三种方法的区别。

5. N, N-二甲基-2-溴苯乙胺衍生物是肾上腺素能阻断剂，结构式如表 4-4 所示，R_1，R_2 为苯环上的取代基，活性指标采用大鼠半数有效量 ED_{50}（见表 4-4，表中的 $\log 1/C = \log(MW/ED_{50})$）。请绘制化合物结构式，采用半经验方法进行结构优化，并提取出适当数量的结构参数，制作表格。

表 4-4　N, N-二甲基-2-溴苯乙胺衍生物结构与活性

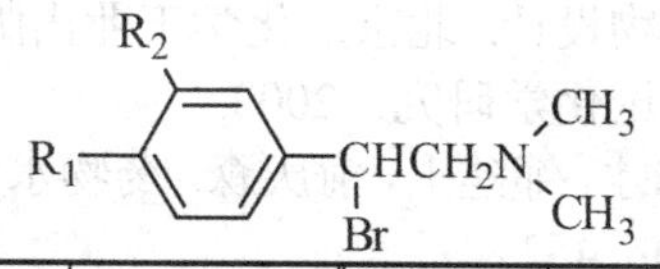

序号	取代基				序号	取代基			
	R_1	R_2	ED_{50}	$\log 1/C$		R_1	R_2	ED_{50}	$\log 1/C$
1	H	H	35.00	7.46	2	F	H	7.00	8.16

续表

序号	取代基		ED50	log1/C	序号	取代基		ED50	log1/C
	R_1	R_2				R_1	R_2		
3	Cl	H	2.10	8.68	13	F	Br	2.70	8.57
4	Br	H	1.30	8.89	14	F	CH3	1.50	8.82
5	I	H	0.56	9.25	15	Cl	Cl	1.30	8.89
6	CH3	H	0.50	9.30	16	Cl	Br	1.20	8.92
7	H	F	30.00	7.52	17	Cl	CH3	1.10	8.96
8	H	Cl	7.00	8.16	18	Br	Cl	1.00	9.00
9	H	Br	5.00	8.30	19	Br	Br	0.45	9.35
10	H	I	4.00	8.40	20	Br	CH3	0.60	9.22
11	H	CH3	3.50	8.46	21	CH3	CH3	0.50	9.30
12	F	Cl	6.40	8.19	22	CH3	Br	0.30	9.52

6. 自行查阅一篇文献，要求化合物数量大于 25，有活性或性质数据。构建化合物结构，并采用合适的方法进行优化，提取出结构参数，制作表格。

7. 苯的硝基衍生物多为重要有机污染物，此类化合物结构与鱼类毒性密切相关。表 4-5 列出了各硝基化合物的名称及对虹鳟鱼的 14 日 lgLC50 值。试构建分子结构，选择一种方法对结构进行优化，并提取结构参数，采用第 2 章介绍的多元线性回归方法和偏最小二乘分析方法建立 QSAR 模型。

表 4-5　24 种苯的硝基衍生物的名称及对虹鳟鱼的 lgLC50

序号	化合物名称	lgLC50	序号	化合物名称	lgLC50
1	硝基苯	2.70	13	2-氯-6-硝基甲苯	1.48
2	邻-硝基氯苯	2.28	14	邻-二硝基苯	0.85
3	间-硝基氯苯	1.99	15	间-二硝基苯	1.36
4	对-硝基氯苯	1.58	16	对-二硝基苯	0.37
5	2,3-二氯硝基苯	1.34	17	2,4-二硝基甲苯	1.84
6	2,4-二氯硝基苯	1.54	18	2,6-二硝基甲苯	1.99
7	2,5-二氯硝基苯	1.41	19	邻-硝基苯胺	1.85
8	3,4-二氯硝基苯	1.47	20	间-硝基苯胺	2.57
9	邻-硝基甲苯	2.38	21	对-硝基苯胺	2.59
10	间-硝基甲苯	2.34	22	2,3-二硝基甲苯	1.00
11	对-硝基甲苯	2.43	23	3,4-二硝基甲苯	0.92
12	4-氯-2-硝基甲苯	1.56	24	2,4,6-三硝基甲苯	0.71

LC50 为半数致死浓度，单位：μmol/L。

参 考 文 献

[1] 汪海，田文德. 实用化学化工计算机软件基础. 北京：化学工业出版社，2009.

[2] http://chembionews.cambridgesoft.com/articles/static/644Chinese.html?userid=1411719&cid=684.

[3] http://www.electrochem.cn/~cheminfo/material/curricula/chapter09/9_3_2.html.

[4] 俞庆森，邹建卫，胡艾希. 药物设计. 北京：化学工业出版社，2005.

[5] 胡桂香. 药物吸收与代谢的理论化学研究. 2003.

[6] 金海晓，胡桂香，吴天星，商志才，邹建卫，俞庆森. 药物水溶解度的 QSAR 研究与 VolSurf 参数. 结构化学，2004，23(4)：452.

[7] 郎佩珍，马逊风，黄宗浩，陆光华. 苯的硝基衍生物结构与活性相关性研究. 东北师大学报：自然科学版，1995，(2)：78.

第 5 章 Tsar

5.1 构效关系软件 Tsar

5.1.1 软件介绍

Tsar（Tools for Structure Activity Relationships）是 2000 年由 Oxford Molecular 公司开发的用于研究定量结构-活性关系的软件。2001 年，英国的 Oxford Molecular Group（OMG）公司、Synopsys Scientific 系统公司、美国 Molecular Simulations Inc.(MSI)公司、Genetics Computer Group（GCG）公司合并组建成 Accelrys 公司。Tsar 软件属于 Accelrys 公司所有。

Tsar 软件提供研究定量结构-活性关系的所有功能，包括输入和储存化合物分子的结构和活性数据，计算分子的描述以及进行数据的整理和统计分析。Tsar 软件能计算出分子的组成、分子指数、几何、电荷和量子化参数。分子组成参数反映了分子的组成信息，主要包括分子中原子、基团、环的数目以及分子量等；分子指数参数包括分子的连接性指数、形状指数、拓扑指数；几何参数描述了分子的大小和形状，主要包括惯性矩、分子体积和表面积等；电荷参数描述了分子中电荷的分布信息，主要包括总偶极、偶极矩和取代基键偶极等；量化参数主要反映了分子中的电荷分布以及分子轨道能量等信息，描述分子的反应、分子之间的静电相互作用以及分子轨道之间的相互作用，量化参数主要包括生成热、偶极矩、HOMO 以及 LUMO 能量等。Tsar 软件可应用于医药、农药和毒理等方面的 QSAR 建模。

5.1.2 主界面

Tsar 软件的主界面如图 5-1 所示。主界面也称项目窗口，包括菜单栏、工具栏、视图选项卡、状态栏、滚动条等。Tsar 中所有需要处理的数据组成一个项目，查看这些数据使用项目窗口。菜单栏位于主界面的最上边，单击每项菜单均会出现包含一系列相关命令的子菜单；工具栏位于菜单栏的下方，由一系列菜单栏中常用命令的快捷方式按钮组成；视图选项卡允许用户切换当前项目的不同视图，项目窗口能够对同一套数据所包含的信息进行重新排列，以不同视图显示同一套数据，但是不同排列方式。状态栏显示当前项目的状态，用鼠标拖动滚动条显示窗口边界的信息。项目窗口的表格区由行和列组成，每一行包括一个分子结构的所有信息，每一列表示分子结构（或取代基结构）的一类信息。项目窗口的大小可以调节，选择 Display 菜单下的 Full Screen 命令实现全屏显示，当项目窗口已经处于全屏显示，重新选择 Display 菜单下的 Full Screen 命令将恢复到原来的大小。项目窗口在全屏状态不能显示状态栏。

Tsar 除了主界面（项目窗口）外，还有其他一些窗口，单击 Window 菜单中的命令可以打开这些窗口。选择 Database Viewer 命令，打开 Tsar 自带的数据库文件；选择 Message 命令，显示系统信息或错误信息的窗口；选择 Running Jobs 命令，显示 Tsar 目前正运行的作业的窗口；选择 Topliss Trees 窗口，显示脂肪族和芳香族的 Topliss 决策树结构窗口。

Tsar 软件创建的项目的数据主要在主界面（项目窗口）中，Tsar 软件还提供其他的显示窗口便于用户查看分析，其中，Visualizer 窗口可以查看分子的 3D 结构，Graph Manager 窗口显示统计分析的结果图，Results Manager 窗口用表格的形式显示统计分析结果。

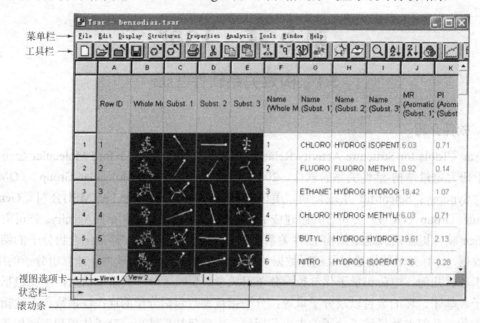

图 5-1　Tsar 的主界面

5.1.3　菜单栏

Tsar 软件主界面共有 9 项菜单，分别为 File, Edit, Display, Structures, Properties, Analysis, Tools, Window, Help。每项菜单下又包含与之相关的各项命令。子菜单中相应的命令前有"√"，则表示该条命令已经被执行；命令后有小三角符号，则表示该条命令有子菜单；命令为灰色，表示该条命令尚未激活，如图 5-2 所示。

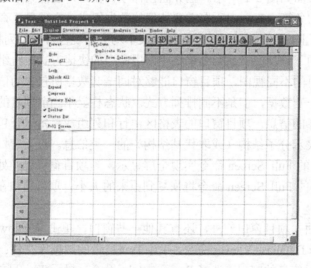

图 5-2　Tsar 的菜单栏

File 菜单命令主要对项目进行新建、打开、关闭、保存、另存、输入文件、输出文件、页面设置、打印预览、打印以及退出项目操作。

Edit 菜单命令主要对项目进行复原、剪切、拷贝、粘贴、删除、全部选择、不选择、反向选择、部分选择、查找、替换操作。

Display 菜单命令主要对项目进行插入、格式化、隐藏、显示、锁定、开锁、显示工具栏、显示状态栏、全屏幕显示等操作。

Structures 菜单命令主要对项目窗口中的分子结构进行操作，包括加氢、删除氢、删除小片段、定义取代基、搜寻数据库、转化 3D 结构、优化 3D 结构、叠合分子、查看分子的 3D 结构、编辑 3D 结构等。

Properties 菜单命令主要是计算分子的各种性质以及进行 ADME 筛选。

Analysis 菜单命令主要是对项目窗口中的数据进行分析，包括作图、单变量分析、数据简化、聚类分析、回归分析。

Tools 菜单命令是对项目窗口中的数据进行处理，包括行排序、过滤、合并、赋予颜色以及根据自定义的函数形成新的列等操作。

Window 菜单命令是用于打开项目窗口、Database Viewer 窗口、Message 窗口等。

Help 为帮助菜单。

5.1.4　工具栏

选择 Display 菜单中的 Toolbar 命令实现工具栏的打开或关闭，工具栏所对应的命令在子菜单中都能找到，它们的功能如下。

工具栏	菜单命令
	File→New Project
	File→Open Project
	File→Close Project
	File→Save Project
	File→Import From File
	File→Export To File
	File→Print
	Edit→Cut
	Edit→Copy
	Edit→Paste
	Structures→Corina-Make 3D
	Structures→Charge2-Derive Charges
	Structures→Cosmic-Optimize 3D
	Structures→Visualize 3D
	Properties→Asp-Similarity
	Properties→Vamp-Electrostatics
	Edit→Find
	Tools→Sort Rows
	Tools→Sort Rows

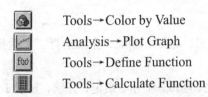

Tools→Color by Value

Analysis→Plot Graph

Tools→Define Function

Tools→Calculate Function

5.2　Tsar 基本操作

Tsar 软件的安装目录（默认的安装路径为 C:\Program Files\Oxford Molecular\Tsar）下有多个文件夹，其中，Data 文件夹包含 Tsar 软件自带的三个取代基的数据库文件，分别为 aliphatic.tsard, aromatic.tsard 和 waterbeemd.tsard, 这些数据库包含取代基的结构和性质；Example 文件夹包含 Tsar 操作说明书中介绍的例子所需用到的原始数据；Help 文件夹包含介绍 Tsar 软件使用的详细说明书。本章侧重介绍 Tsar 软件的基本操作和应用实例，读者可参照 Help 文件下的 tsargsb.pdf (Tsar[TM] 3.3 for Windows Getting Started)、tsauser.pdf (Tsar[TM] 3.3 for Windows User Guide) 和 tsaref.pdf (Tsar[TM] 3.3 for Windows Reference Guide)等文件深入了解。

5.2.1　数据导入

5.2.1.1　将 Tsar 自带的数据库中的数据导入项目窗口

Tsar 提供两个取代基性质和结构的数据库，一个是包含 166 个芳香族取代基的数据库 aromatic.tsard，另一个是包含 103 个脂肪族取代基的数据库 aliphatic.tsard。

选择 File→New Project 命令创建一个新的项目。

选择 Window→Database Viewer 命令打开 Database Viewer 窗口。aromatic.tsard 为默认的打开数据库。如果打开的不是 aromatic.tsard 数据库，在该窗口中选择 File→Open Database…命令选择默认的 Tsar 安装路径 C:\Program Files\Oxford Molecular\Tsar\Data 下的 aromatic.tsard 数据库，如图 5-3 所示。

图 5-3　Database Viewer 窗口

◆　在 Database Viewer 窗口中，按住 Ctrl 键同时单击 B、C、E 三列。

◆　在 Database Viewer 窗口中，选择 File→Append To Project 命令。这样就将刚刚选中

的 B、C、E 三列加到项目窗口中。

◇ 在 Database Viewer 窗口中，选择 File→Close Window 命令关闭窗口。

◇ 在项目窗口中，选择 File→Save Project 命令保存项目。如图 5-4 所示为导入数据后的项目窗口。

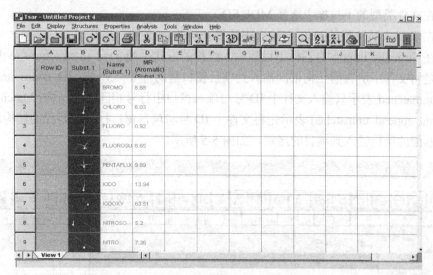

图 5-4　导入数据的项目窗口

5.2.1.2　将自制的数据导入项目窗口

用户可以将两类自制的数据导入到项目窗口中，一类是结构数据，另一类是数字或文本数据。表 5-1 总结了 Tsar 软件输入和输出文件的格式和文件类型。例如，Tsar 软件可以读入 MDL SD 格式文件中的结构和文本（或数字）信息，也可以读入 ASCII 格式文件中的文本或数字信息。

表 5-1　Tsar 软件输入和输出文件的格式和类型

格式	输入	输出	数据类型
ASCII	是	是	文本、数字
CSSR	是	是	结构
COSMIC	是	否	结构
HTML	否	是	结构图像、文本、数字
MAD	是	否	结构
MDL MOL	是	是	结构
MDL SD	是	是	结构、文本、数字
PDB	是	是	结构
SMILES	是	是	结构
Sybyl Mol/Mol2	是	是	结构
Vamp/MOPAC archive	是	否	结构
CAChe CSF	是	是	结构
MacroModel	是	否	结构
Unichem	是	否	结构

化合物分子的结构式可以采用 ChemOffice 制备（详见第 4 章）。这里采用 Tsar 安装目录

下 Data 文件夹中的 templates 文件（MDL SD 格式）和 Example 文件夹中 hbond_aliph 文件（ASCII 格式）介绍 Tsar 导入这两类数据的操作过程。

（1）MDL SD 格式文件的导入

◇ 在项目窗口中，选择 File→Import From File 命令。

◇ 在文件类型的下拉框中选择 MDL SD。

◇ 在 Tsar 安装路径的 Data 文件夹中选择 templates 文件，打开。

◇ 在 Structure Import 对话框中设置输入结构的方式。Append all structures to the project 是将文件中所含的结构依次输入到项目窗口新的行中；Match ID codes and discard unmatched 表示只输入文件中 ID 号与项目窗口中行号相匹配的结构；Match ID codes but append unmatched 表示先将文件中 ID 号与项目窗口行号相匹配的结构输入，不匹配的结构输入到项目的尾端，如图 5-5 所示。

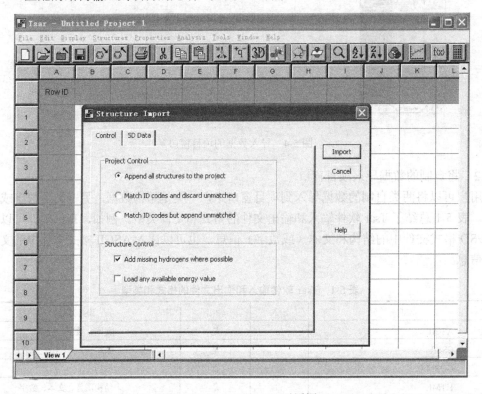

图 5-5　Structure Import 对话框

Add missing hydrogens where possible：对价键不饱和的结构增加氢原子。

Load any available energy value：计算分子能量值并将它加到新的一列中。

◇ 单击 Import 按钮。

（2）ASCII 格式文件的导入

◇ 选择 File→New Project 命令。

◇ 选择 File→Import From File 命令。

◇ 在文件类型的下拉列表中选择 ASCII data。

◇ 在 Tsar 安装路径的 Example 文件夹（C:\Program Files\Oxford Molecular\Tsar\Example）中，选择 clonidine 文件。

✧ 打开，出现 ASCII File Preview 对话框，如图 5-6 所示。

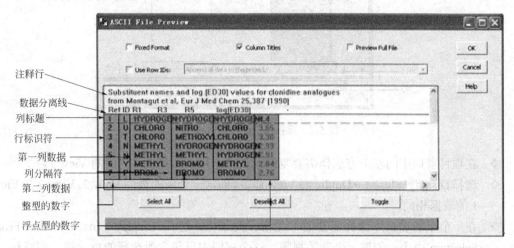

图 5-6　ASCII File Preview 对话框

✧ 选择 Column Titles 复选框。

✧ 将鼠标箭头移到数据分离线的上方，直至鼠标箭头变成十字，单击，移动数据分离线到列标题的上方。

灰色：注释行，注释行信息将不会被读入项目窗口中。

蓝色：文本数据。

绿色：浮点型的数字。

红色：整型的数字。

紫色：列标题。

当 ASCII 文件中含有行标识符时，双击行标识符所在列（如图 5-6 中的 L 列标题所在列），Use Row IDs 复选框自动被选上。它的下拉列表中有如下选项。

Append all data to the project：将每一行数据输入到项目窗口的一个新的行中。

Match ID codes and discard unmatched rows：将 ASCII 文件行的标识符与项目窗口中行的标识符相匹配的数据输入，不匹配的数据舍弃。

Match ID codes and append unmatched rows:：将 ASCII 文件行的标识符与项目窗口中行的标识符相匹配的数据输入，不匹配的数据后输入。

✧ 单击 Select All 按钮。

✧ 单击 OK 按钮。

5.2.2　数据显示

5.2.2.1　复制视图

Tsar 软件的项目窗口能够以多个视图（View）显示一个项目中的数据，即数据相同而显示方式不同。有两种方式创建一个新的视图，一种是复制当前的视图，另一种是复制当前视图的一部分。在新创建的视图中更改数据的显示模式不影响原来视图中的数据显示模式。

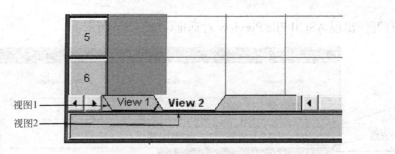

图 5-7   项目窗口的视图选项卡

◇ 在项目窗口中的左下方选择需要复制的视图选项卡，如图 5-7 中的 View 1。

◇ 选择 Display→Insert→Duplicate View 命令，创建一个新的视图 View 2。View 2 与 View 1 的数据相同。

◇ 在一个项目窗口中选择需要的单元格、列或行，选择 Display→Insert→View From Selection 命令，创建一个新的视图，这个视图中只包含所选择的单元格、列或行。

◇ 在项目窗口的左下方，单击选择需要重命名的视图选项卡，选择 Display→Format→View，在出现的 Display Attributes 对话框中的 Title 文本框中输入新的名字，如图 5-8 所示。

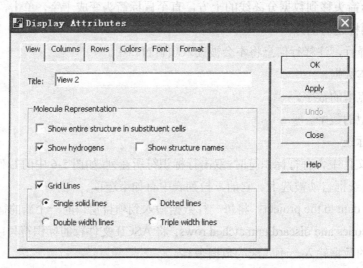

图 5-8   Display Attributes 对话框的 View 选项卡

5.2.2.2 改变视图显示风格

◇ 选择 Display→Format→View 命令，打开 Display Attributes 对话框。

◇ 选择 View 选项卡。

◇ Grid Lines 参数是设置行和列之间的分隔线的显示模式。

◇ Show entire structure in substituent cells：选择该项将显示整个分子结构而取代基部分加亮，不选择该项将只显示取代基部分。

◇ Show hydrogens：选择该项将显示结构中的氢原理，不选择该项将不显示结构中的氢原子。

◇ Show structure names：选择该项将取代基的名称显示在取代基结构的单元格中。

5.2.2.3　改变单元格显示风格

◇　选择 Display→Format→Cell 命令。

◇　选择 Colors 选项卡。

◇　移动颜色调节区的滑轮调节单元格的背景颜色和字体颜色。

◇　单击 OK 按钮，单元格颜色改变，如图 5-9 所示。

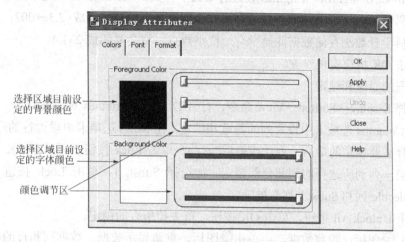

图 5-9　Display Attributes 对话框的 Colors 选项卡

◇　选择 Edit→Select All 命令，选择所有的单元格。

◇　选择 Display→Format→View 命令。

◇　选择 Format 选项卡，如图 5-10 所示。

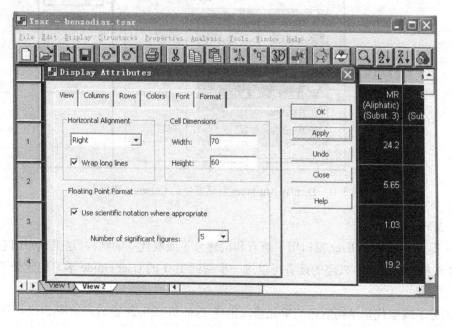

图 5-10　Display Attributes 对话框中的 Format 选项卡

◇　Horizontal Alignment 用来调整列中的数据的显示方式：靠单元格左边（Left）、居中（Center）和靠单元格右边（Right）。

◇ Wrap long lines 用来调整单元格中长字符段的显示模式，如果选择它则单元格中的长字符段以多行的方式显示。

◇ Cell Dimensions 用来调整单元格的大小：宽（Width）、高（Height）。

◇ Use scientific notation where appropriate：该选项表示用科学计数法存储数据，相应的 Number of significant figures 设置有效数字位数。例如，231.42 这个数字，如果设置成科学计数法存储数据并显示有两位有效数字，将会显示成 2.3e+002；如果不设置成科学计数法存储数据并显示有一位小数点，将会显示成 231.4。

◇ 单击 OK 按钮实现设置。

5.2.2.4　数据的隐藏和锁定

◇ 选择 Display→Format→View 命令，打开 Display Attributes 对话框。

◇ 在 Columns 选项卡中设置列的隐藏和锁定，在 Rows 选项卡中设置行的隐藏和锁定。

◇ 选择需要锁定的最后一列（或最后一行），单击 Lock 按钮，再单击 OK 按钮，这样从第一列到所选择的列部分都锁定。如选择 Subst. 1，单击 Lock 按钮，则 Whole Molecule 列和 Subst.1 列都被锁定。

◇ 单击 Unlock All 按钮，单击 OK 按钮，可去掉所有的锁定。

◇ 单击💡图标，隐藏数据，再单击💡图标，重新显示数据。数据列和行的隐藏和显示不需要是连续的行和列，如图 5-11 所示。

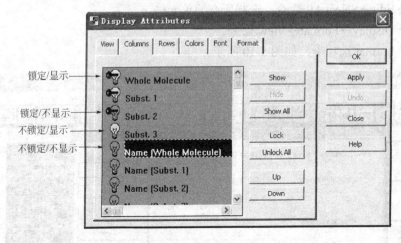

图 5-11　Display Attributes 对话框中的 Columns 选项卡

5.2.2.5　3D 结构查看

Tsar 提供 Tsar Visualizer 窗口用于查看和构建分子或取代基的结构。这里只介绍它常用的查看 3D 结构的功能，有兴趣的读者可以进一步阅读 Tsar 的 User Guide 学习构建分子的具体步骤。

双击分子或取代基结构所在的单元格，出现 Tsar Visualizer 窗口，如图 5-12 所示。该窗口中主要包括菜单栏、类型栏、工具图标板和状态栏。其中，类型栏可以显示和修改所选择原子的元素类型、杂化类型和电荷，还可以显示和修改所选择键的类型；工具图标板提供选择工具、画图工具和操作工具，如图 5-13 所示。

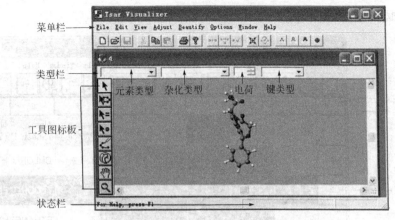

图 5-12　Tsar Visualizer 窗口

5.2.3　数据处理

5.2.3.1　数据的选择

◇　单一选择：单击相应的行按钮、列按钮或单元格。

◇　选择相连的多个对象（行、列和单元）：单击第一个对象，移动滚动条到最后一个对象，按 Shift 键同时单击最后一个对象。

◇　选择非相连的多个对象：单击第一个对象，然后一直按住 Ctrl 键，同时单击其余的要选择的对象，直至所有的对象都选择完，如图 5-14 所示。

◇　选择所有的单元：单击"选择所有数据"按钮，或者选择 Edit→Select All 命令。

◇　去选择部分已选择的对象：按 Ctrl 键同时单击相应的对象。

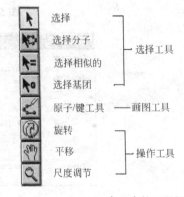

图 5-13　Tsar Visualizer 窗口中的工具图标板

◇　去选择全部选择的对象：选择 Edit→Deselect All 命令。

◇　进行反向选择：选择 Edit→Toggle Selection 命令。

5.2.3.2　数据的复制粘贴

读者可以从其他应用软件中复制数据粘贴到 Tsar 的项目窗口中，如 Microsoft Excel，IsisDraw^{TM}，ChemDraw^{TM}。可以复制小到一个单元格的数据，也可以复制大到整张表格的数据。另外，也可以将 Database Viewer 窗口和 Results Manager 窗口中的结果复制到项目窗口中。

◇　选择要复制的数据。

◇　选择 Edit→Copy 命令。

◇　在 Tsar 软件的项目窗口中，选择与复制数据一样大的区域，或者，选择一个单元格，如果选择的是一个单元格，Tsar 自动将被复制数据左上方的数据定位到该单元格中。

◇　选择 Edit→Paste 命令。

5.2.3.3　数据的查找替换

◇　选择被查找的数据，如列、行或一系列的单元格。

◇　选择 Edit→Find 命令，如图 5-15 所示。

◇　在 Find 对话框中，Search Type 选择 Numeric，并选择 Range 复选框，在 Find What

文本框中输入数据范围。

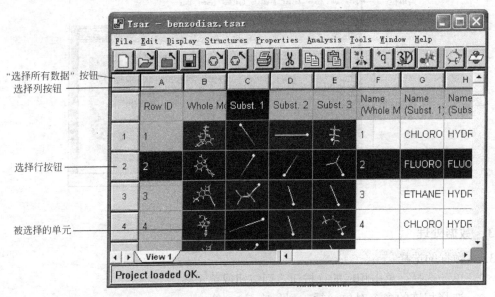

图 5-14　项目窗口中数据的选择

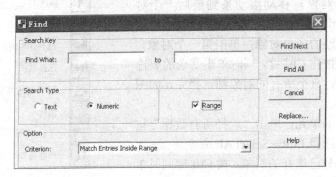

图 5-15　Find 对话框

◇ Find Next 是查找下一个，Find All 是显示所有查找结果，Cancel 是取消查找并关闭
对话框，单击 Replace 按钮打开替换单元内容的文本框，将替换内容填写到 Replace
With 进行替换，如图 5-16 所示。

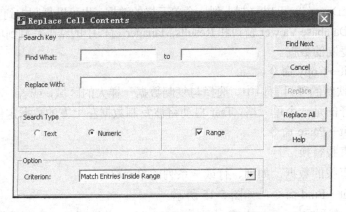

图 5-16　Replace Cell Contents 对话框

❖ 在 Criterion 下拉列表框中选择查找的标准，如果查找的是一个范围，则可以在 Criterion
下拉列表框中设定是查找这个范围之内的数据或者这个范围之外的数据。

❖ 选择 Edit→Undo 恢复到替换前的数据。

5.2.3.4　数据的过滤

❖ 选择需要过滤的数据，如一列数据或一系列单元格。

❖ 选择 Tools→Filter 命令显示 Filter 对话框，如图 5-17 所示。

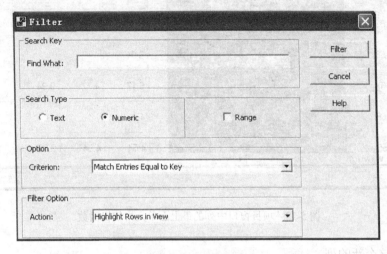

图 5-17　Filter 对话框

❖ 在 Search Key, Search Type 和 Option 部分设定过滤的标准。

❖ 在 Filter Option 中选择过滤选项。Highlight Rows in View 将符合过滤标准的行加亮；
Copy Rows in View 将创造一个新的视图只包含符合过滤标准的行。

❖ 单击 Filter 按钮。

5.2.3.5　编辑单元格

❖ 将鼠标放在想要编辑的单元格上方，双击。

❖ 用键盘输入想要编辑的内容。

❖ 如果需要在单元格里面换行，按住 Ctrl 键同时按 Enter 键。

❖ 按 Enter 键表示该单元格编辑完成进入下方的单元格编辑；

按 Shift+Enter 键表示该单元格编辑完成进入上方的单元格编辑；

按 Tab 键表示该单元格编辑完成进入右方的单元格编辑；

按 Shift+Tab 键表示该单元格编辑完成进入左方的单元格编辑。

❖ 将鼠标移到其他不需要编辑的单元格上方，单击，退出单元格编辑。

5.2.3.6　数据运算

可以对项目窗口中的数据列进行函数运算，包括加减乘除计算、对数函数、三角函数和
统计函数。

❖ 双击新的一列最上面的单元格，在这个单元格中进行函数编辑，如图 5-18 所示。

❖ 输入等号（=），用列的 ID 号识别数据，如要对 R 列和 S 列进行加和创造一个新的
列，那么输入 "=R+S"。

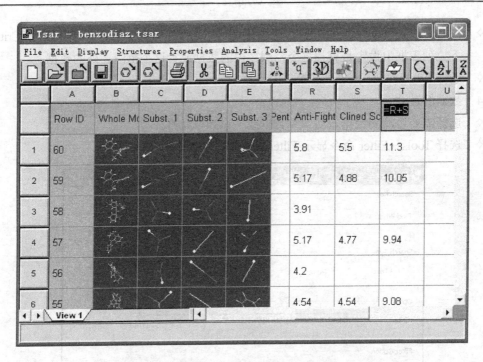

图 5-18　项目窗口中列的最上面单元格编辑函数

◇　选择这个新的列。

◇　选择 Tools→Evaluate Functions 命令。

◇　对于比较复杂的运算，可以采用 Define Function 对话框的方法。首先选择一个新的列。

◇　选择 Tools→Define Function 命令，出现如图 5-19 所示对话框。

◇　在 Column Title 文本框中输入列的名称，在 Equation Text 文本框中输入函数表达式，
如-0.27*K+0.78*M+2*L+0.89。

◇　单击 OK 按钮。

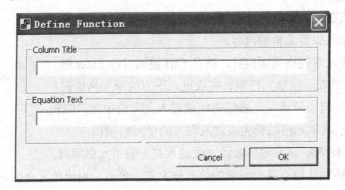

图 5-19　定义函数对话框

5.2.3.7　数据的分类

◇　选择包含数字的单元格，如含有数字的一列或一系列单元格数据。

◇　选择 Tools→Color by Value 命令，出现 Color by Value 对话框，如图 5-20 所示。Tsar
默认的状态是将数据分为一类，颜色是渐变的红色。

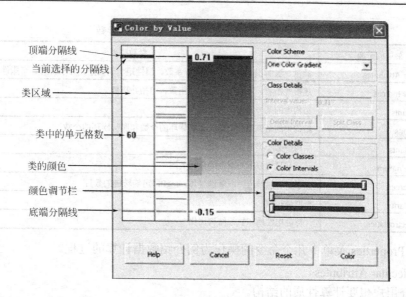

图 5-20　Color by Value 对话框

◇　Color Scheme 下拉列表框中有 4 个选项。One Color Gradient 是将所有的数据分为一类，颜色是渐变色；Two Color Gradient 是将所有的数据分为两类，颜色是渐变色；Two Color Classification 是将所有的数据分为两类，并用两种不同颜色显示；Four Color Classification 是将所有的数据分为 4 类，并用 4 种不同的颜色显示。

◇　如果希望将已有的一类再次进行分割，可单击该类区域，单击 Class Details 中的 Split Class 按钮，这时出现一条新的分割线将这个类一分为二，单击这条新的分隔线，可以用鼠标拖动这条分割线或改变 Class Details 中的 Interval value 的值。

◇　如果想将已经分割的两个类合并成一个类，可单击两个类之间的分割线，单击 Class Details 中的 Delete Interval 按钮。

◇　在 Color Details 中有两个选项，Color Classes 类中的颜色为非渐变色；Color Intervals 类中的颜色为渐变色。

◇　当 Color Details 中选择的是 Color Classes，需要单击类区域，并拖动颜色调节栏调节类的颜色，当 Color Details 中选择的是 Color Intervals 单选按钮时，需要单击两个类之间的分割线，并拖动颜色调节栏调节颜色。

◇　单击 Color 按钮。

5.2.4　数据计算

　　Tsar 储存完整的分子和取代基的 3D 结构信息，而不只是一个结构的图像，因此，使用者能用 Tsar 计算和预测分子或取代基的结构性质。大部分结构性质的计算是源于分子或取代基的 3D 结构，有一些结构性质的计算需要部分电荷的信息，因此，在计算结构性质之前要确定分子或取代基有一个合理的 3D 结构和正确的部分电荷。查看一个结构的原子部分电荷信息，可以双击这个结构打开 Visualizer 窗口，选择 Display→Atom Labels→Partial Charges 命令。Tsar 的 Properties 菜单中含有多个命令计算结构性质（见表 5-2）。

表 5-2　Properties 菜单中命令所计算的参数

Properties 菜单的子命令	参数类型
Molecular Attributes	质量、表面积、体积、Verloop 参数、惯性矩、偶极矩、分子折射、亲脂性和亲脂参数
Molecular Indices	连接性指数、形状指数、拓扑指数、电拓扑指数
Atom Counts	结构中的某一类原子的个数
Ring Counts	结构中的全部环的个数、芳香族环的个数和脂肪族环的个数
Group Counts	结构中某一类基团的个数
Autocorrelogram	计算和显示分子相似性的自相关图
ADME Screen	分子量、氢键给体、氢键受体，logP，可旋转键的数目
Asp-Similarity	相似性指数
Vamp-Electrostatics	计算静电性质和执行结构优化

　　下面以 Properties 菜单中几个命令的操作为例介绍数据计算的过程。

5.2.4.1　Molecular Attributes

　　◇　选择用户想要计算性质的结构。

　　◇　选择 Properties→Molecular Attributes 命令，出现 Molecular Attributes 对话框，如图
　　　　5-21 所示。

　　◇　Molecular Attributes 对话框中共有 5 个选项卡，24 个描述子。如 Verloop 参数，它是
　　　　多维立体参数(Sterimol parameter)，只适用于取代基的计算，是用一个长度参数(L)
　　　　和 4 个宽度参数(B1,B2,B3,B4)来表示取代基的大小。

　　◇　单击 Calculate 按钮。

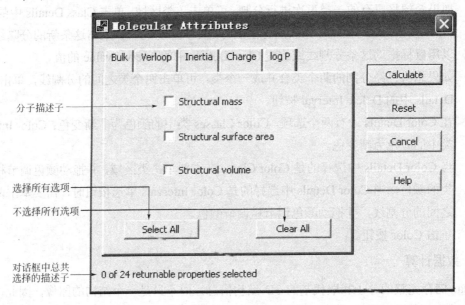

图 5-21　Molecular Attributes 对话框

5.2.4.2　Atom Counts

　　在 Atom Counting 对话框中，可以计算一个元素在一个结构中出现的次数，也可以计算
氢键给体和氢键受体在一个结构中的个数。

　　◇　选择需要计算描述子的结构。

- ✧ 选择 Properties→Atom Counts 命令，打开 Atom Counting 对话框，如图 5-22 所示。
- ✧ 在 Types 选项卡中，分为元素类型和原子类型两种选择类型。
- ✧ 在 Elements 选项卡中是一张元素周期表，用户可以选择不常见的元素，如果在 Types 选项卡中已经选择的元素，在 Elements 选项卡中自动显示被选中。
- ✧ Reporting 选项卡是设置输出新列的标题，默认的原子类型的标题为"Number of $"，元素类型的标题为"Number of $ Atoms"，其中，$指代元素名称或原子类型的名称。

5.2.4.3 ADME Screen

ADME 是指药物的吸收（absorption）、分布（distribution）、代谢（metabolism）、排泄（excretion）英文首字母的缩写，用于评价药物的药代动力学特征。ADME Screen 对话框如图 5-23 所示。

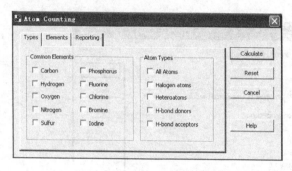

图 5-22　Atom Counting 对话框

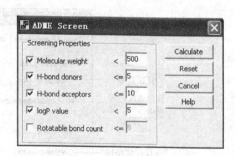

图 5-23　ADME Screen 对话框

5.2.4.4 Vamp-Electrostatics

Tsar 提供 Vamp 程序，Vamp 是一种半经验分子轨道程序，能优化真空中的结构、计算真空中结构的能量和水溶液中结构的能量。VAMP Parameters 对话框中有 Control、Parameters、Optimization 和 Reporting4 个选项卡，如图 5-24 所示。

- ✧ 选择需要计算描述子的结构。
- ✧ 选择 Properties→Vamp-Electrostatics 命令，打开 VAMP Parameters 对话框。
- ✧ 选择 Control 选项卡，Calculation type 下拉列表框中选择计算类型，包括真空中的单点能计算（Single Point Energy in Vacuo）、溶液中的单点能计算（Single Point Energy in Solvent）和真空中的结构优化（Structure Optimization（in vacuo））。选择 Update partial charges on completion 复选框表示计算完成之后更新部分电荷。在 Working directory 文本框中设置计算文件的存储路径，Base filename 定义文件名的词根，比如，在文件存储路径 D:\下有 Vamp_1_14 文件，其中，Vamp 是文件名的词根，1 是指 job 1，14 是指 14 号结构。选择 Keep result files on completion 复选框表示在存储路径下保留所有计算文件，不选择该项则只保留在计算过程中有问题的文件。
- ✧ 选择 Parameters 选项卡，设置自洽场计算参数，如图 5-25 所示。在 Hamiltonian type（哈密顿类型）下拉列表框中选择电子相互作用的参数和方法：AM1, PM3, MNDO, MNDO/C, MINDO/3。AM1(Austin Method 1)对有机分子适用，包括简单的杂化化合物，对含硫、磷、氮、硼和氢键的化合物不适用；PM3 (Parametric Method 3)是 MNDO 的改进版，对含氮、磷和氢键的化合物适用；MNDO (Modified Neglect of Differential

Overlap)半经验计算方法，对含氢键的化合物不适用；MNDO/C(Modified Neglect of Differential Overlap with Electron Correlation)适用于开壳体系的组态相互作用；MINDO/3 改进了适合于碳阳离子和硅烷的参数。Converger type（收敛类型）的下拉列表框中有 4 类收敛标准，其中 Standard 为默认设置。在 Type of formalism 下拉列表框中选择 Hartree-Fork 波函数的自洽场方法（self-consistent field）的形式：Restricted Hartree-Fock（RHF）是指自旋限制的 Hartree-Fork 计算，适合所有电子自旋都已经配对的闭壳层体系；Unrestricted Hartree-Fock (UHF)是指自旋非限制 Hartree-Fork 计算，有两组分子轨道，一组是 alpha 电子的，一组是 beta 电子的，适合于开壳层体系；Annihilated UHF Hartree-Fock (AUHF)是指有自旋湮灭步骤的非限制 Hartree-Fork 计算。

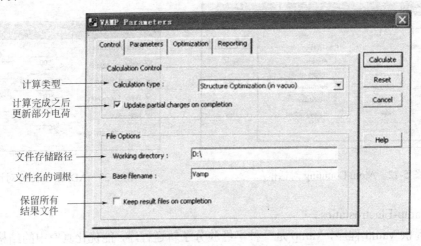

图 5-24　VAMP Parameters 对话框的 Control 选项卡

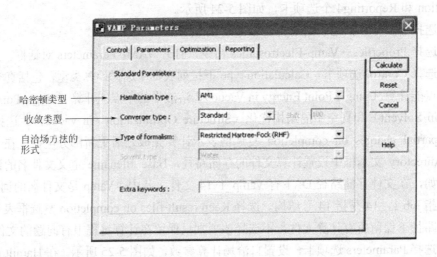

图 5-25　VAMP Parameters 对话框的 Parameters 选项卡

❖　在 Optimization 选项卡中，设定优化的类型、优化的时间限制（秒）和优化包括的成分，如图 5-26 所示。

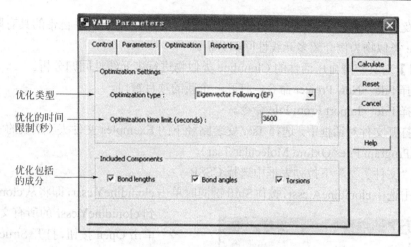

优化类型

优化的时间
限制(秒)

优化包括
的成分

图 5-26　VAMP Parameters 对话框的 Optimization 选项卡

❖　在 Reporting 选项卡中选择需要计算和输出的参数，如图 5-27 所示。
❖　单击 Calculate 按钮。

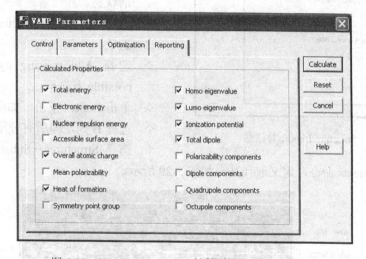

图 5-27　VAMP Parameters 对话框的 Reporting 选项卡

5.3　数 据 统 计

5.3.1　多元线性回归

多元线性回归是简单线性回归的直接推广，其包含一个因变量和两个或两个以上的自变量。简单线性回归是研究一个因变量（y）和一个自变量（x）之间数量上相互依存的线性关系。而多元线性回归是研究一个因变量（y）和多个自变量（x_i）之间数量上相互依存的线性关系。关于多元线性回归的指标描述详见第 2.3.1 节。

多元线性回归方程中并非自变量越多越好，原因是自变量越多剩余标准差可能变大；同时也增加收集资料的难度。故需寻求"最佳"回归方程，逐步回归分析是寻求"较佳"回归方程的一种方法。逐步回归分析有向后剔除法（backward selection）、向前引入法（forward selection）及逐步筛选法（stepwise selection）三种。下面以 Tsar 软件自带的具有降血压活性的 Clonidine 类似物为例介绍多元线性回归分析。

【例 5-1】对具有降血压活性的 Clonidine 类似物进行多元线性回归分析。

◇ 选择 File→New Project 命令，打开一个新的项目窗口。

◇ 选择 File→Import From File 命令。

◇ 在打开文件对话框中，选择 Tsar 安装路径下的 Examples 文件夹（默认的安装路径为 C:\Program Files\Oxford Molecular\Tsar）。

◇ 在"文件类型"下拉列表框中选择 CSSR。

◇ 单击选中 clonidineA.cssr，按住 Shift 键同时单击 clonidineY.cssr，即将从 clonidineA.cssr 到 clonidineY.cssr 的所有文件选中。

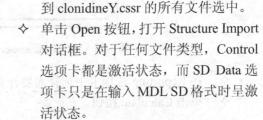

◇ 单击 Open 按钮，打开 Structure Import 对话框。对于任何文件类型，Control 选项卡都是激活状态，而 SD Data 选项卡只是在输入 MDL SD 格式时呈激活状态。

◇ 选择 Append all structures to project 单选项。

◇ 选择 Add missing hydrogens where possible 复选框。

◇ 单击 Import 按钮，如图 5-28 所示。

◇ 选择 B 列，即所有分子所在列。

◇ 选择 Structures→Substituents→Define

图 5-28　Structure Import 对话框

Substituents 命令，定义取代基，如图 5-29 所示。

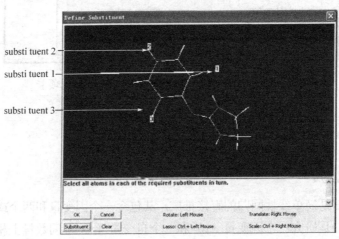

图 5-29　Define Substituent 对话框

◇ 选择第一个氯原子，即图中标记为 1 的位置，原子被加亮，然后单击 Substituent，这时显示一个数字 1 在氯原子旁边，第一个取代基定义完成。

◇ 选择图中取代基 2 所在位置的氢原子，单击 Substituents，定义第二个取代基。

◆ 选择图中取代基 3 所在位置的氯原子，单击 Substituents，定义第三个取代基。

◆ 单击 OK 按钮，项目窗口中新生成 6 列，三列是定义的取代基结构，另三列是取代
基名称，而取代基结构对应的名称还没有被识别，这三列为空列，如图 5-30 所示。

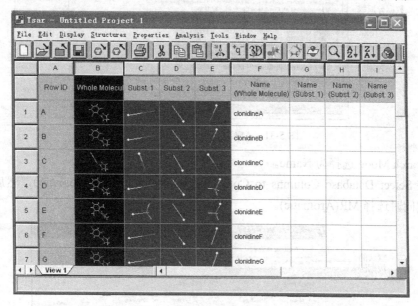

图 5-30 项目窗口新生成的取代基结构和名称列

◆ 选择取代基结构所在列，即 C、D 和 E 列。

◆ 选择 Structures→Substituents→Search Database 命令，出现 Search Database 对话框。

◆ 在 Select Database to Search 下拉列表框中选择 aromatic.tsard 文件，Search Mode 选择
Structure，Update 选择 Name。

◆ 单击 Search 按钮。

◆ Tsar 为了鉴别方便用红色字体标记直接来自数据库的数据。

◆ 选择 File→Import From File 命令。

◆ 在"文件类型"下拉列表框中选择 ASCII data。

◆ 选择 Tsar 安装路径下的 Tsar\Examples 文件夹。

◆ 选择 clonidine.dat 文件。

◆ 单击 Open 按钮，打开 ASCII File Preview 对话框，如图 5-31 所示。

◆ 选中数据分离线，并拖动数据分离线，使它置于列标题的上方，并选择 Column Titles
复选框。

◆ 双击 ID 号所在列，这时 Use Row IDs 复选框自动选中，在该选项的下拉列表框中选
择 Match ID codes but append unmatched rows。

◆ 选择活性数据所在列，即指定需要输入项目窗口的列。

◆ 单击 OK 按钮。

◆ 选择取代基名字所在列，即 G、H 和 I 列。

◆ 选择 Structures→Substituents→Search Database 命令，如图 5-32 所示。

◆ 确定 Select Database to Search 下拉列表框中选择的是默认的数据库 aromatic.tsard。

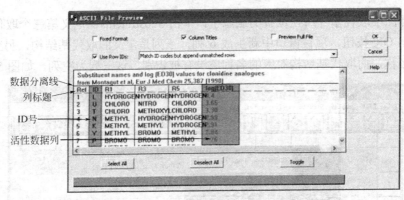

图 5-31　ASCII File Preview 对话框

✧ Search Mode 选择为 Name。

✧ 在 Select Database Columns to Copy/Update 框中选择 PI（Aromatic），然后按住 Ctrl 键同时选择 MR(Aromatic)。

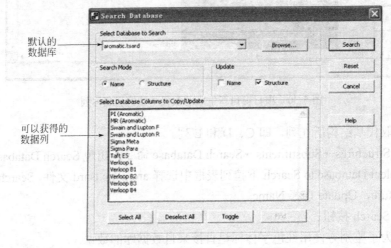

图 5-32　Search Dtabase 对话框

✧ 单击 Search 按钮，项目窗口如图 5-33 所示。

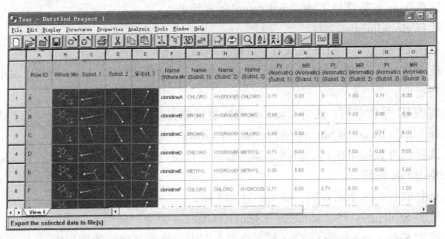

图 5-33　项目窗口中新生成的三个取代基的 PI 和 MR 性质列

◇ 选择 File→Save Project 命令。

◇ 选择合适的保存路径，并输入文件名，如 clonidine.tsar。

◇ 单击 Save 按钮。

◇ 选择活性数据所在列，即标题为 log（ED30）的列。

◇ 选择 Analysis→Regression→Multiple Regression 命令，出现 Multiple Regression Analysis 对话框，如图 5-34 所示。

◇ 在 Variable Selection 选项卡中，单击 Select All 按钮。

◇ 在 Data Preparation 选项卡中，选择 Standardize by mean/SD。

◇ 在 Stepping 选项卡中，选择 Perform F-test stepping 复选框。

◇ 在 Maximum Steps 文本框中输入 0，Exclude if correlation greater than 文本框中输入 0.9。

◇ 单击 Calculate 按钮，出现回归结果窗口。

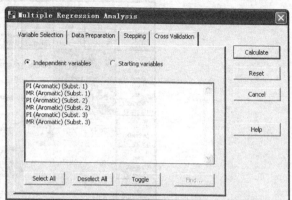

图 5-34　Multiple Regression Analysis 对话框

◇ 回归分析的结果窗口底部共有 5 个选项卡，分别是 Summary、Confidence、Stepping、Correlation 和 Data。

◇ Summary 选项卡给出回归计算的细节和统计结果，6 个变量用来做回归分析，最后回归方程采用了 4 个变量，相关系数 r^2 为 0.787，交叉验证系数 $r_{(cv)}^2$ 为 0.623。如图 5-35 所示。

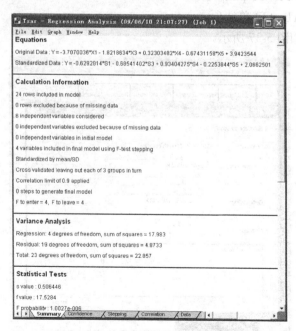

图 5-35　回归分析的结果窗口 Summary 选项卡

◇ 在 Confidence 选项卡中，可以看到 X2(MR Aromatic Subst.1)在回归过程中被剔除，
而 X6(MR Aromatic Subst.3)没有进入回归建模。

◇ 选择 Correlation 选项卡，可以看到 X2 与 X1、X6 与 X5 存在高的自相关性（>0.9），
见图 5-36，所以 X2 和 X6 在回归过程中被删除。

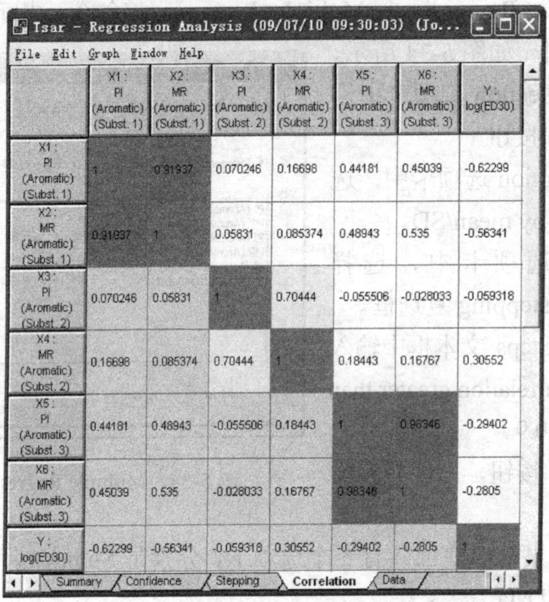

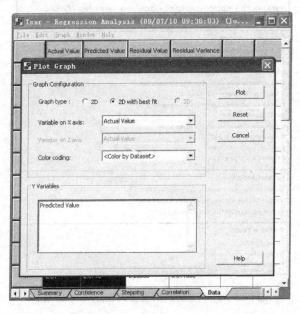

图 5-36　回归分析的结果窗口 correlation 选项卡

◇ 在 Data 选项卡中，选择 Actual Value 和 Predicted Value 所在列。

◇ 选择 Graph→Plot Graph 命令。

◇ 选择 2D with best fit 单选项。

◇ 单击 Plot，如图 5-37 所示。

图 5-37　Plot Graph 对话框

◇ 在 Graph Manager 窗口中，选择 Display→Attributes 命令，出现 Graph Attributes 对话框。

◇ 选择 Dataset 选项卡，在 Point Labels 中选择 Labels 单选项，见图 5-38。

◇ 单击 OK 按钮。

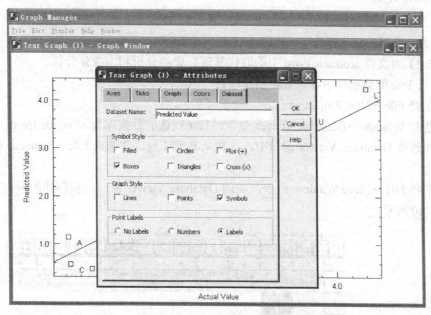

图 5-38　Graph Attributes 对话框

◇ 选择 File→Close Window 命令关闭 Graph Manager。

◇ 选择 File→Close Report 命令关闭 Results Manager。

◇ 在出现的提问对话框中单击 Discard 按钮。

除了将 Maximum Steps 文本框中的数字改为 6，逐步回归分析的其他操作步骤与简单回归分析一样。逐步回归得到的相关性系数 r^2 和 $r_{(cv)}^2$ 比简单回归分析小，但是逐步回归方程只用了三个变量，对新化合物的活性预测有利。在回归结果的窗口中选择 Confidence 选项卡，如图 5-39 所示，回归方程只用到 X1(PI Aromatic Subst.1)、X2(PI Aromatic Subst.2)和 X4(MR Aromatic Subst.2)，而 X5(PI Aromatic Subst.3)在逐步回归分析中被剔除，这说明 X5 相对于 X1、X2 和 X4 对活性的影响没有那么重要。

	Abbreviation	Standardization	Cross Validations	Coefficient	Jacknife SE	Covariance SE	t-value	t-probability	
PI (Aromatic) (Subst. 1)	X1	S1=(X1-0.64917)/0.16975	3	-4.247	0.6396	0.66866	-6.3515	3.3747e-008	
PI (Aromatic) (Subst. 2)	X3	S3=(X3-0.38917)/0.37622	3	-1.6243	0.14895	0.41912	-3.8754	0.00094125	
MR (Aromatic) (Subst. 2)	X4	S4=(X4-4.7725)/2.8915	3	0.29584	0.019905	0.055173	5.3621	3.0071e-005	
Constant	C			4.0435	0.34559				
MR (Aromatic) (Subst. 1)	X2	S2=(X2-6.0512)/+1.4819	0						Never enters model
PI (Aromatic) (Subst. 3)	X5	S5=(X5-0.44833)/+0.33424	1						Excluded from final model
MR (Aromatic) (Subst.)	X6	S6=(X6-4.5058)/+2.6487	0						Never enters model

图 5-39　逐步回归分析结果窗口的 Confidence 选项卡

❖ 在项目窗口中，选择 File→Exit 命令。

❖ 选择 Save 是保存项目，选择 Discard 是关闭项目并不保留最近的修改。

5.3.2 主成分分析

关于主成分分析的基本介绍详见第 2.3.5 节。本节将以 Tsar 自带的数据库为例介绍聚类分析和主成分分析的基本操作。

【例 5-2】对文件 aromatic.tsard 中的取代基进行聚类分析和主成分分析。

（1）从 Tsar 的数据库中导入数据创建项目

❖ 选择 File→New Project 命令。

❖ 选择 Window→Database Viewer 命令，Tsar 默认的数据库为 aromatic.tsard。

❖ 在这个 Database Viewer 窗口中，选择从 B 到 I 列，并选择 File→Append To Project 命令。

❖ 选择 File→Close Window 命令，关闭 Database Viewer 窗口。新创建的项目窗口如图 5-40 所示。

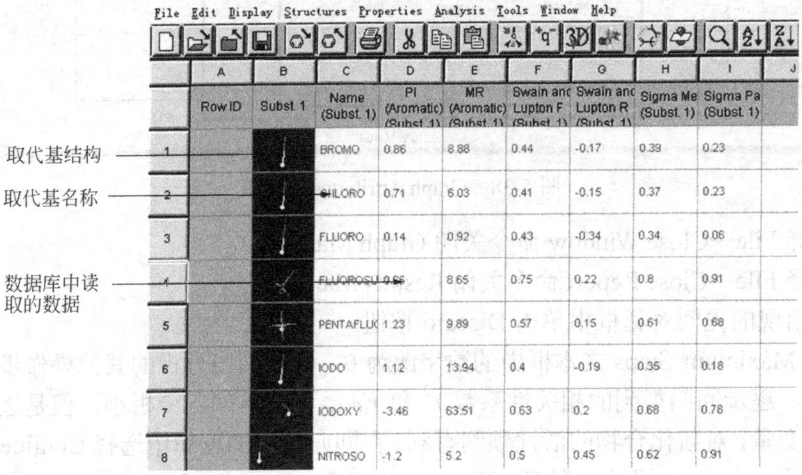

图 5-40 新创建的项目窗口

（2）Cluster 分析

❖ 在项目窗口中，选择从 D 列到 I 列的 6 列数据。

❖ 选择 Analysis→Cluster→Cluster Analysis 命令，打开 Cluster Analysis 对话框，见图 5-41。

❖ 在 Agglomeration Method 部分选择 Complete linkage (Maximum distance)单选项。

❖ 在 Data Standardization 部分选择 Standardize by mean/SD 单选项。

❖ 单击 Calculate 按钮。

❖ 在 Result Manager 窗口中，选择 File→Add "Clusters" to Project，如图 5-42 所示。

❖ 在出现的图 5-42 窗口中单击 Dendrogram…按钮，打开聚类分析的结果，在 Dendrogram for Cluster Analysis（聚类分析系统树图）窗口中右击，左右拖动鼠标是横向缩放，上下拖动鼠标是纵向缩放。目前显示的分类数是 7 个分类，单击中间的竖线，向左移动，直到出现 10 个分类，如图 5-43 所示。

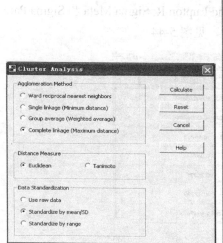

图 5-41 Cluster Analysis 对话框

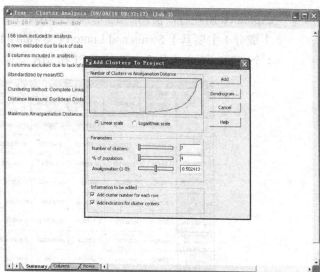

图 5-42 Result Manager 窗口

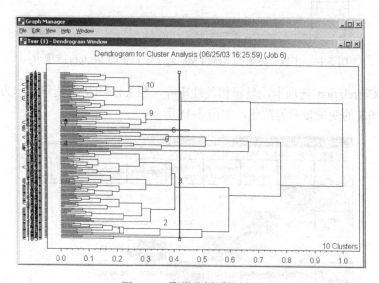

图 5-43 聚类分析系统树图

✧ 在 Result Manager 窗口中，选择 File→Add Clusters to Project 命令。

✧ 在出现的对话框中选择 Classes，不选择 Cluster Centers。

✧ 选择 File→Close 命令关闭 Graph Manager 窗口。

✧ 选择 File→Close Report 命令关闭 Result Manager 窗口。

（3）主成分分析

✧ 在项目窗口中，将从 D 列到 I 列的 6 列选中。

✧ 选择 Analysis→Data Reduction→Principal Components 命令，打开 Principal Components Analysis 对话框。

✧ 选择 Standardize by mean/SD。

✧ 单击 Calcualte 按钮。

✧ 在 Result Manager 窗口中，选择在窗口底下的 Vectors 选项卡，查看 Total variance explained 所在行，前两个主成分解释 78%的变量，前三个主成分解释 90%的变量，主成分 1 主要基于 Swain and Lupton F, Swain and Lupton R, Sigma Meta 和 Sigma Para 4 个变量，而主成分 2 主要基于 PI 和 MR 变量，见图 5-44。

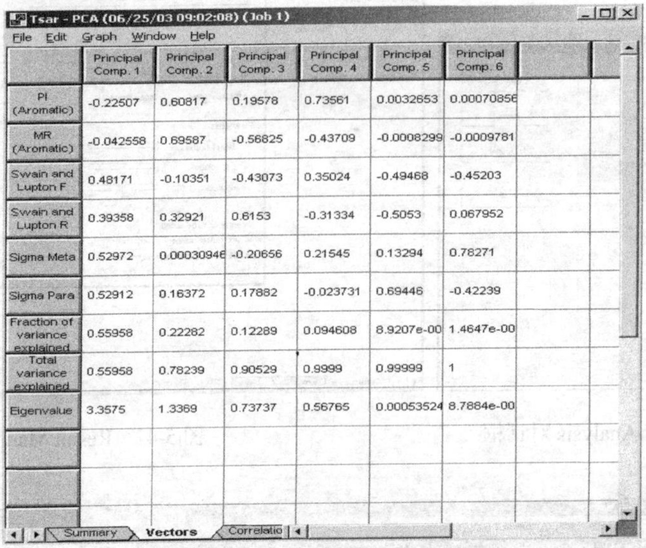

	Principal Comp. 1	Principal Comp. 2	Principal Comp. 3	Principal Comp. 4	Principal Comp. 5	Principal Comp. 6		
PI (Aromatic)	-0.22507	0.60817	0.19578	0.73561	0.0032653	0.00070856		
MR (Aromatic)	-0.042558	0.69587	-0.56825	-0.43709	-0.0008299	-0.0009781		
Swain and Lupton F	0.48171	-0.10351	-0.43073	0.35024	-0.49468	-0.45203		
Swain and Lupton R	0.39358	0.32921	0.6153	-0.31334	-0.5053	0.067952		
Sigma Meta	0.52972	0.00030946	-0.20656	0.21545	0.13294	0.78271		
Sigma Para	0.52912	0.16372	0.17882	-0.023731	0.69446	-0.42239		
Fraction of variance explained	0.55958	0.22282	0.12289	0.094608	8.9207e-00	1.4647e-00		
Total variance explained	0.55958	0.78239	0.90529	0.9999	0.99999	1		
Eigenvalue	3.3575	1.3369	0.73737	0.56765	0.00053524	8.7884e-00		

图 5-44　主成分分析的 Result Manager 窗口中的 Vectors 选项卡

✧ 选择 Correlation 选项卡，显示相关性矩阵，相关性>0.9 的变量显示为红色，0.7<相关性<0.9 的变量显示为黄色，如图 5-45 所示。

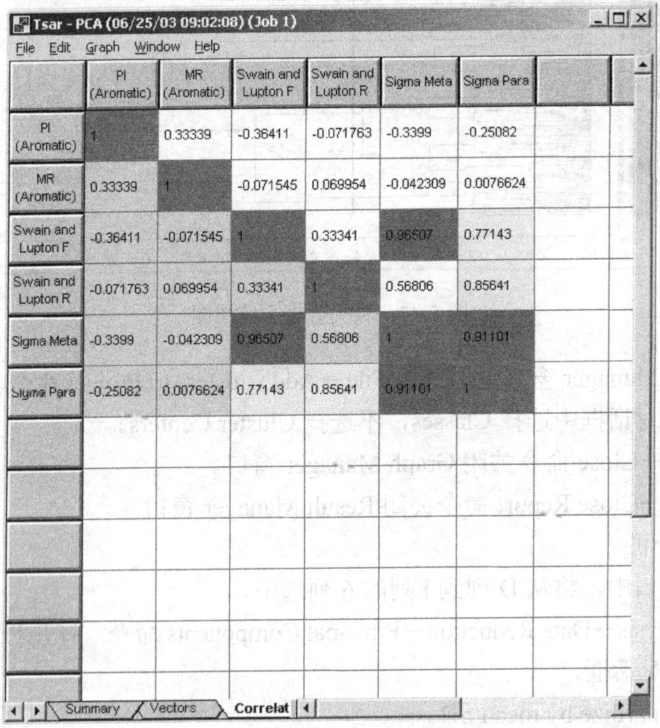

	PI (Aromatic)	MR (Aromatic)	Swain and Lupton F	Swain and Lupton R	Sigma Meta	Sigma Para	
PI (Aromatic)	1	0.33339	-0.36411	-0.071763	-0.3399	-0.25082	
MR (Aromatic)	0.33339	1	-0.071545	0.069954	-0.042309	0.0076624	
Swain and Lupton F	-0.36411	-0.071545	1	0.33341	0.96507	0.77143	
Swain and Lupton R	-0.071763	0.069954	0.33341	1	0.56806	0.85641	
Sigma Meta	-0.3399	-0.042309	0.96507	0.56806	1	0.91101	
Sigma Para	-0.25082	0.0076624	0.77143	0.85641	0.91101	1	

图 5-45　主成分分析的 Result Manager 窗口中的 Correlation 选项卡

✧ 在 Vectors 选项卡中选择 Principal cornp.1，Principal cornp.2 两列。

✧ 选择 Graph→Plot Principal Components 命令，2D 图形显示大约 80%的取代基信息，如图 5-46 所示。

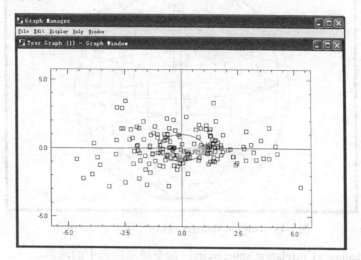

图 5-46　Graphic Manager 窗口中的 2D 图形

✧ 选择 File→Close Window 命令，关闭 2D 图形的 Graph Manager 窗口。

✧ 在 Result Manager 窗口的 Vectors 选项卡中，选择前三个主成分所在列。

✧ 选择 Graph→Plot Principal Components 命令，平动鼠标右键调节图形显示尺寸。按住并拖动鼠标左键转动 3D 图形，图形中的颜色表示前三个主成分解释全部变量的信息，黄色表示被很好地解释，蓝色表示不能被很好地解释，如图 5-47 和图 5-48 所示。

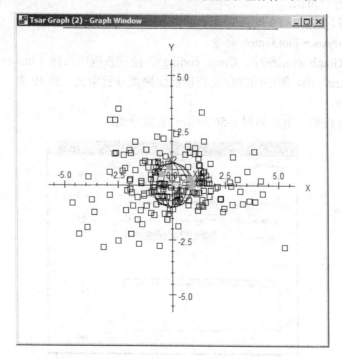

图 5-47　Graphic Manager 窗口中的 3D 图形

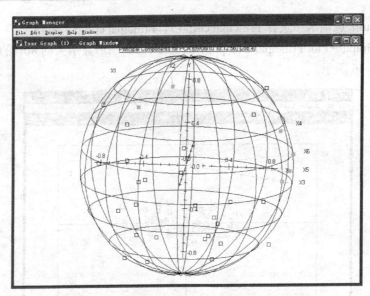

图 5-48　Graphic Manager 窗口中调整后的 3D 图形

❖ 选择 Display→Correlation sphere/circle 命令隐藏图形中的球形。

❖ 选择 File→Close Windows 命令关闭 Graph Manager 窗口。

（4）将 PCA 的结果加到项目窗口中

❖ 在 Result Manager 窗口中，选择 File→Add "PCA Vector Equations" to Project 命令。

❖ 在出现的 Add PCA Vectors 对话框中选择 Principal cornp.1，Principal cornp.2 和 Principal Comp.3。

❖ 单击 Add 按钮。

（5）做主成分分析图

❖ 在项目窗口中，选择 PCA Vectors 所在列（J、K、L 三列）。

❖ 选择 Analysis→Plot Graph 命令。

❖ 在 Plot Graph 对话框中，Color coding 下拉列表框中选择 Clusters Generated Form Cluster Analysis，图中的颜色是根据前面聚类分析定义，共 10 类，每一类一种颜色，见图 5-49。

❖ 单击 Plot 按钮，出现如图 5-50 所示的主成分图。

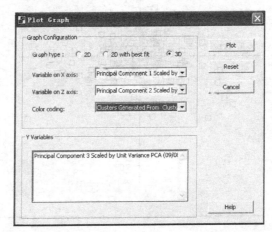

图 5-49　Plot Graph 对话框

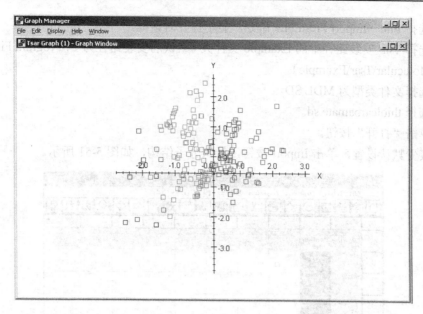

图 5-50　Graph Manager 窗口中的主成分图

5.3.3　偏最小二乘分析

偏最小二乘分析（PLS）和 PCA 相似，差别在于用于描述变量 Y 中因子的同时也用于描述变量 X。为了实现这一点，在数学上以矩阵 Y 的列去计算矩阵 X 的因子，与此同时，矩阵 Y 的因子则由矩阵 X 的列去预测。数学模型为：

$X=TP+E$

$Y=UQ+F$

式中，E，F 分别为应用偏最小二乘模型去拟合 X 和 Y 所引进的误差；T，U 的矩阵元分别为 X 和 Y 的得分，P 和 Q 的矩阵元分别为 X 和 Y 的装载。为使因子 T 既可描述 X 矩阵，同时也可描述 Y 矩阵（或反之），则需要采取折中方案，即将 T 进行坐标旋转。

与 PCA 相似，PLS 包括装载矩阵和得分矩阵。前者主要包括变量信息，潜变量（LV），与 PCA 的 PC 概念相似，是由原变量线性组合得到，也具有 PC 的两个特征。后者主要包括样本信息。

在使用中，先将数据进行标准化处理（autoscaling），然后进行偏最小二乘分析，最后利用交叉验证（cross-validation）技术评价模型的预测能力并得到模型潜变量数。

交叉验证时，先去掉一个或 n 个样本，用其余的化合物建立模型来预测去掉的物种的活性，直到所有样本都被取出并验证过。

与多元线性回归、主成分分析方法相比较，偏最小二乘分析方法具有明显优点，详见第 2.3.6 节。

下面以 Tsar 自带的数据为例介绍 PLS 分析步骤。

【例 5-3】Thiolcarbamates 具有抗真菌和除草的作用，试采用偏最小二乘分析方法对一系列的 thiolcarbamates 进行建模，得到预测模型。

（1）读入一系列 thiolcarbamates 的结构

◇　选择 File→New Project 命令打开新的项目窗口。

◇ 选择 File→Import From File 命令，显示打开对话框。

◇ 选择 Tsar 安装路径中的 Example 文件夹（默认的安装路径为 C:\Program Files\Oxford Molecular\Tsar\Example）。

◇ 选择文件类型为 MDL SD。

◇ 选择 thiolcarbamate.sd。

◇ 单击"打开"按钮。

◇ 接受默认设置，单击 Import 按钮，导入分子结构，如图 5-51 所示。

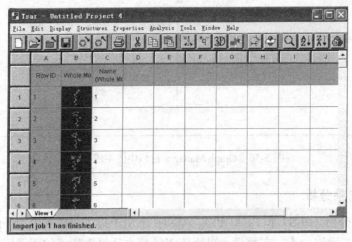

图 5-51　导入了分子结构的项目窗口

（2）定义取代基

用户可以将分子中变化的部分或感兴趣的部分定义为取代基（substituent），所有分子中共有的部分称为模板部分。

◇ 选择 Whole Molecules 所在列（B 列）。

◇ 选择 Structures→Substituents→Define Substituents 命令。

◇ 按住 Ctrl 键，用鼠标左键在第一个取代基的外围画一个套索，如图 5-52 所示，如果画错了取代基，可以重新按住 Ctrl 键和鼠标左键在已经选择的取代基外围画套索取消选择。

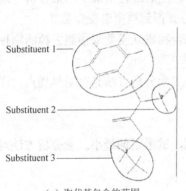

（a）取代基包含的范围

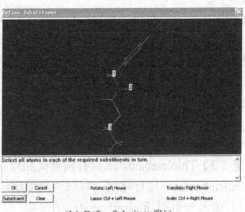

（b）Define Substitute 窗口

图 5-52　定义取代基

◇ 在 Define Substituent（定义取代基）窗口中，单击 Substituent 按钮。

◇ 单击第二个取代基原子所在的位置。

◇ 单击 Substitutent 按钮。

◇ 按住 Ctrl 键，用鼠标左键在第三个取代基的外围画一个套索。

◇ 单击 Substitutent 按钮。

◇ 单击 OK 按钮。在项目窗口中新增了 6 列，三列是定义的取代基，另三列是取代基的名称，如图 5-53 所示。

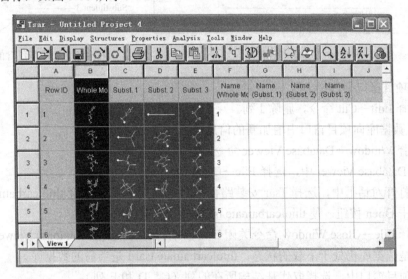

图 5-53　新增 6 个新列的项目窗口

（3）对取代基结构进行重新排列

检查新生成的三列取代基的结构，会发现 Phenyl 基团在一些分子中被定义为 Substituent 1，而在另一些分子中则被定义为 Substituent 2，这是因为这两个取代基是连接在同一个碳原子上的，因此，要对取代基进行重新排列。

◇ 选择 Substituent 2 所在列（D 列）。

◇ 选择 Properties→Group Counts 命令。

◇ 在出现的 Group Counting 对话框中选择 Phenyl。

◇ 单击 Calculate 按钮。

◇ 项目窗口中出现新的一列（J 列），含有数字 1 或 0，选择 J 列。

◇ 选择 Tools→Filter 命令出现 Filter 对话框，见图 5-54。

◇ 在 Find What 文本框中填入 1。

◇ 在 Action 下拉列表框中选择 Highlight Rows in View。

◇ 单击 Filter 按钮，所有的取代基 2 中含 Phenyl 的行都被选中。

◇ 选择 Structures→Substitutents→Define Substitutents 命令，重新定义取代基，如图 5-55 所示，当三个取代基定义完成后，单击 OK 按钮，这时 Phenyl 基团都是 Substituent 1。

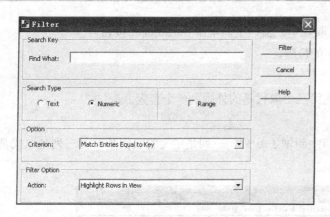

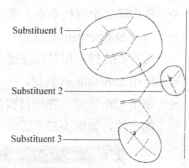

　图 5-54　Filter 对话框　　　　　　　　　　　　图 5-55　取代基包含的范围

◇　在项目窗口中选择 J 列。

◇　选择 Edit→Cut 命令，删除 J 列。

（4）从数据库向项目窗口中增加新的信息

◇　选择 Window→Database Viewer 命令。

◇　在 Database Viewer 中，选择 File→Open Database 命令。

◇　在打开对话框中，选择 Tsar 安装路径下的 Data 文件夹，选择 thiolcarbamate.tsard。

◇　单击 Open 按钮，使 thiolcarbamate.tsard 成为当前的数据库。

◇　选择 File→Close Window 命令关闭 Database Viewer（虽然 Database Viewer 关闭了，但是数据库仍处于下载的状态，thiolcarbamate.tsard 是当前的数据库）。

◇　在项目窗口中，选择取代基结构所在的列（C，D 和 E 列）。

◇　选择 Structures→Substituents→Search Database 命令。

◇　单击 Search 按钮，所有取代基的名字被加入到相应的列中，并有红色字体显示，如图 5-56 所示。

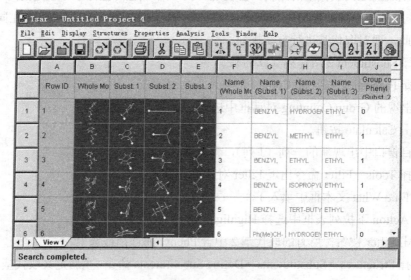

图 5-56　含取代基名称的项目窗口

◇　选择取代基名字所在列（G，H 和 I 列）。

◇ 选择 Structures→Substituents→Search Database 命令。

◇ 确信 Select Database to Search 文本框中是 thiolcarbamate.tsard, Search Mode 为 Name。

◇ 在 Select Database Columns to Copy/Update 中选择 Es。

◇ 单击 Search 按钮，三列新的 Es 加入到项目窗口中，分别为三个取代基的 Es。

◇ 选择 Substituent 1 所在的列（G 列）。

◇ 选择 Structures→Substituents→Search Database 命令。

◇ 确信 Select Database to Search 文本框中是 thiolcarbamate.tsard, Search Mode 为 Name。

◇ 在 Select Database Columns to Copy/Update 中选择 PI。

◇ 单击 Search 按钮。

（5）增加氢的指示变量

◇ 选择 Name (Subst.2)所在列（H 列）。

◇ 选择 Analysis→Cluster→Indicator Variable 命令。

◇ 在 Find What 中输入 Hydrogen。

◇ Search Type 选择 Text。

◇ 单击 Generate 按钮，产生新的一列 Indicator Variable (containing "Hydrogen")（N 列），
取代基是氢原子的变量值为 1，是其他取代基的为 0。

（6）输入活性数据

◇ 选择 File→Import From File 命令。

◇ 在打开对话框中，选择 Tsar 安装路径下的 Examples 文件夹。

◇ 在"文件类型"下拉列表框中选择 ASCII data。

◇ 选择 thiolcarbamate.dat 文件。

◇ 单击"打开"按钮。

◇ 在 ASCII File Preview（ASCII 文件预览）对话框中，选择 Column Titles 复选框，如
图 5-57 所示。

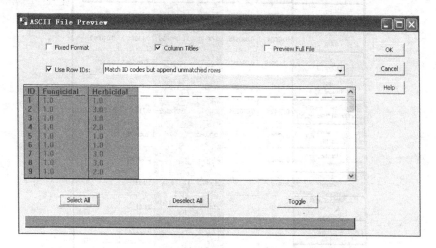

图 5-57　ASCII File Preview 对话框

◇ 双击 ID 所在列，使这一列与项目窗口中的 ID 匹配。

◇ 在 Use Row IDs 下拉列表框中选择 Match ID codes but append unmatched rows。

◇ 单击 Select All 按钮。

◇ 单击 OK 按钮。

（7）偏最小二乘分析

有活性数据的化合物只有前面 83 个化合物，剩余的化合物的活性数据将用偏最小二乘分析预测。

◇ 选择 Fungicidal 和 Herbicidal 数据所在列（O 和 P 列）。

◇ 选择 Analysis→Regression→Partial Least Squares 命令，打开 Partial Least Squares（偏最小二乘分析）对话框，见图 5-58。

◇ 单击 Select All 按钮，选择所有参数。

◇ 单击 Calculate 按钮，即得到 PLS 分析结果，如图 5-59 所示。

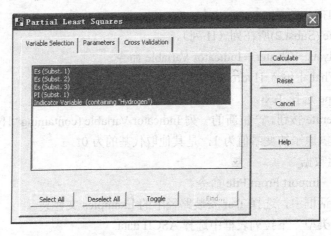

图 5-58　Partial Least Squares 对话框

	PLS dim 1	S.D. dim 1	PLS dim 2	S.D. dim 2	PLS dim 3	S.D. dim 3
Es (Subst. 1)	0.10281	0.068763	0.29226	0.045278	0.32537	0.029948
Es (Subst. 2)	0.46054	0.008575	0.47193	0.084655	0.13054	0.070012
Es (Subst. 3)	-0.12649	0.09411	0.036223	0.11872	-0.015867	0.12415
PI (Subst. 1)	0.417	0.10123	0.70966	0.11809	0.73051	0.074343
Indicator Variable (containing "Hydrogen")	0.78425	0.018224	0.42744	0.012485	0.7118	0.12342
Constant term	0.2794		-0.22342		-0.40078	
Statistical Significance	0.62025		0.87072		0.99582	
Residual Sum of Squares	30.478		21.497		19.331	
Predictive Sum of Squares	31.546		23.107		21.31	
E statistic	-		0.73248		0.92223	
Cross Validation r(CV)^2	0.8153		0.71821		0.74013	
Fraction of variance explained	0.62832		0.73784		0.76425	

图 5-59　PLS 分析结果窗口

◇ 选择 Fungicidal 选项卡，Fraction of variance explained（即 R^2）表示对应的维数下 PLS 解释大约 75%的变量。

◇ 选择 Herbicidal 选项卡，Fraction of variance explained 表示对应的维数下 PLS 解释大约 60%的变量。

◇ 在 Data 选项卡中有化合物的实验值、计算值和剩余方差，用户可以选择 Graph→Plot Graph…命令作图。

（8）将 PLS 结果加到项目窗口中

◇ 选择 File→Add to Project 命令。

◇ 选择 Equations。

◇ 选择所有的 PLS dimensions。

◇ 单击 Add 按钮，见图 5-60。

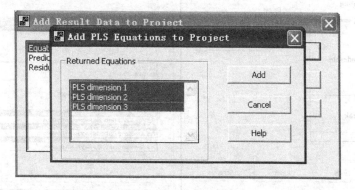

图 5-60　Add PLS Equations to Project 对话框

在项目窗口中总共增加 6 列（从 Q 列到 V 列），三列是 Fungicidal 活性的 PLS dimensions，另三列是 Herbicidal 活性的 PLS dimensions。

◇ 在 Result Manager 窗口中，选择 File→Close Report 命令。

◇ 单击 Discard 按钮，关闭 Result Manager 窗口。

◇ 在项目窗口中，移动滚动条，用户会发现从 Q 列到 V 列的 6 列中的从 84 到 104 行是没有数据的。

◇ 选择从 Q 列到 V 列的 6 列。

◇ 选择 Tools→Evaluate Functions 命令，从 84 到 104 行将都填满数字。

（9）判别式分析

使用判别式分析，数据必须分类。最初的实验室数据是分为三类（1.0, 2.0 和 3.0），在前面的操作中，活性数据是作为一个数值，现在用户可以将它们分为三类，并给每一类一个描述的名字。

◇ 在项目窗口中，选择 Fungicidal 活性数据所在列（O 列）。

◇ 选择 Analysis→Cluster→Generate Classes 命令。

◇ 单击 OK 按钮，出现 Generate Classes 对话框。

◇ 在 Classification Scheme 下拉列表框中选择 High/Med/Low Classification。

◇ 选中 19 个样本数所在行，将右边的 Class Name 改为 strong，选中中间行，将 Class Name 改为 moderate，选中下面一行，将 Class Name 改为 weak。选中 strong 与

moderate 之间的线，将 Interval Value 改为 2.5，选中 moderate 与 weak 之间的线，将 Interval Value 改为 1.5，如图 5-61 所示。

◇ 单击 Generate 按钮。

◇ 选择新产生的 Fungicidal 列（W 列）。

◇ 选择 Analysis→Cluster→Discriminant Analysis 命令，出现 Discriminant Analysis 对话框。

◇ 在 Variable Selection 选项卡中，按住 Shift 键和鼠标左键选择 Fungicidal 回归方程的三个 PLS dimensions，如图 5-62 所示。

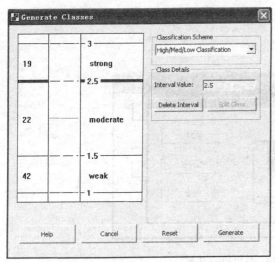

图 5-61　Generate Classes 对话框

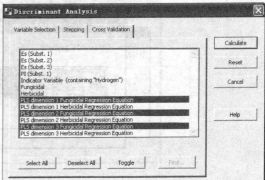

图 5-62　Discriminant Analysis 对话框

◇ 单击 Calculate 按钮。

◇ 在出现的 Result Manager 窗口中，选择 Stepping 选项卡，查看三类样本的分类预测情况。

◇ 选择 Classes 选项卡查看化合物分类预测，见图 5-63。

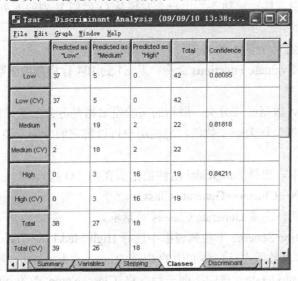

	Predicted as "Low"	Predicted as "Medium"	Predicted as "High"	Total	Confidence	
Low	37	5	0	42	0.88095	
Low (CV)	37	5	0	42		
Medium	1	19	2	22	0.81818	
Medium (CV)	2	18	2	22		
High	0	3	16	19	0.84211	
High (CV)	0	3	16	19		
Total	38	27	18			
Total (CV)	39	26	18			

图 5-63　Result Manager 窗口

❖ 在 Result Manager 窗口中，选择 Graph→Plot Classes 命令。图中右边的是分类正确的化合物，而左边的是分类不正确的化合物，如图 5-64 所示，用户可以用鼠标右键上下移动调整图片的大小。

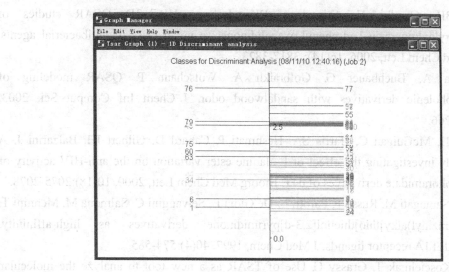

图 5-64　Graph Manager 窗口

❖ 关闭所有的图形窗口和结果窗口。

习　题

1. 对数据库 aromatic.tsard 中 166 个芳香族取代基的分子折射率（molar refractivity）与分子体积（molecular volume）建立相关性方程。

2. 从数据库 aromatic.tsard 中读入取代基结构，计算 Verloop tab 和 Structural Volume 参数，查找 trifluoromethyl 并查看该取代基结构。

3. Tsar 安装目录的 Examples 文件夹中自带有 steroids2.tsar 文件，读取 steroids2.tsar 文件，将数据分为 4 类，并进行主成分分析和判别式分析。

4. 将第 4 章习题 5 中优化后的结构导入 Tsar 软件，并计算结构参数，采用多元线性回归和偏最小二乘分析两种方法建立数学模型。

5. 将第 4 章习题 7 中优化后的结构导入 Tsar 软件，计算结构参数，采用多元线性回归和偏最小二乘分析两种方法建立数学模型，并与第 4 章的结果进行对比分析。

参 考 文 献

[1] Li H, Sun J, Sui X, Liu J, Yan Z, Liu X, Sun Y, He Z. First-principle, structure-based prediction of hepatic metabolic clearance values in human. Eur J Med Chem, 2009, 44(4):1600-1606.

[2] Chang HJ, Kim HJ, Chun HS. Quantitative structure-activity relationship (QSAR) for neuroprotective activity of terpenoids. Life Sci, 2007, 80(9): 835-841.

[3] Modarresi H, Modarress H, Dearden JC. QSPR model of Henry's law constant for a diverse set of organic chemicals based on genetic algorithmradial basis function network approach. Chemosphere, 2007, 66(11):2067-2076.

[4] Lohray BB, Gandhi N, Srivastava BK, Lohray VB. 3D QSAR studies of N-4-arylacryloylpiperazin-1-yl-phenyl-oxazolidinones: a novel class of antibacterial agents. Bioorg Med Chem Lett, 2006, 16(14): 3817-3823.

[5] Kovatcheva A, Buchbauer G, Golbraikh A, Wolschann P. QSAR modeling of alpha-campholenic derivatives with sandalwood odor. J Chem Inf Comput Sci, 2003, 43(1):259-266.

[6] Knaggs MH, McGuigan C, Harris SA, Heshmati P, Cahard D, Gilbert IH, Balzarini J. A QSAR study investigating the effect of L-alanine ester variation on the anti-HIV activity of some phosphoramidate derivatives of d4T. Bioorg Med Chem Lett, 2000, 10(18):2075-2078.

[7] Modica M, Santagati M, Russo F, Parotti L, De Gioia L, Selvaggini C, Salmona M, Mennini T. [[(Arylpiperazinyl)alky]thio]thienol[2,3-d]pyrimidinone derivatives as high-affininity, selective 5-HT1A receptor ligands. J Med Chem, 1997, 40(4):574-585.

[8] Haiech J, Koscielniak T, Grassy G. Use of TSAR as a new tool to analyze the molecular dynamics trajectories of proteins. J Mol Graph, 1995, 13(1):46-48, 59-60.

[9] Montagut M, Saux M, Carpy A, Grassy G. Analyse multidimensionnelle des RSA d'une série de molecules apparentéees à la clonidine. Eur.J.Med.Chem, 1990, 25, 387-395.

[10] Miyashita Y, Ohsako H, Takayama C, Sasaki SI. Multivariate structure-activity relationships analysis of fungicidal and herbicidal thiolcarbamates using partial least squares method. Quant.Struct.-Act. Relat, 1992,11,17-22.

第 6 章 AutoCAD

6.1 概 述

计算机辅助设计（Computer Aided Design，CAD）是当今世界上最为流行的计算机辅助设计软件，也是我国目前应用最为广泛的图形软件之一。1982 年 1 月，Autodesk 公司在这一年推出 AutoCAD 1.0 版本（当时命名为 Micro CAD），在二十多年的发展历程中，该企业不断丰富和完善 AutoCAD 系统，并连续推出各个新版本，使 AutoCAD 由一个功能非常有限的绘图软件发展到了现在功能强大、性能稳定、市场占有率位居世界第一的 CAD 系统，在城市规划、建筑、测绘、机械、电子、造船、汽车、化工等许多行业得到了广泛的应用。统计资料表明，目前世界上有许多设计部门、数百万的用户应用此软件，其已成为工程技术人员的必备工具之一。

6.2 AutoCAD 的初步认识

AutoCAD 版本每年更新一次。它提供了强大的视窗界面，使用户几乎不用记住各种命令的英文拼写形式，就能完成全部工作。对各种修改工作，也常常可以通过双击目标对象而自动进入修改界面，由其提供的修改对话框进行修改，方便工程人员绘制。本章以 AutoCAD 2012 版本为例，对 AutoCAD 的各项功能进行介绍。本节首先通过对 AutoCAD 的界面介绍，让读者从感性上认识一下 AutoCAD。

6.2.1 打开程序

打开 AutoCAD 应用程序有两种方式。可以双击桌面上的 AutoCAD 快捷图标打开 AutoCAD 程序；也可以单击 Windows 界面左下方的"开始"按钮，选择"所有程序"→Autodesk →AutoCAD 2012 – Simplified Chinese→AutoCAD 2012，激活 AutoCAD 程序。

AutoCAD 程序打开后，会出现如图 6-1 所示的界面，在此界面上可以直接进行绘图操作。也可以选择界面左上角下拉菜单中的"AutoCAD 经典"选项，进入"AutoCAD 经典"界面，如图 6-2 所示。本章介绍的绘图操作主要在"AutoCAD 经典"界面中进行。

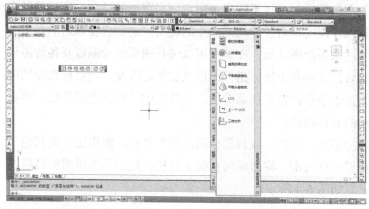

图 6-1　AutoCAD 2012"二维草图与注释"工作界面

图 6-2　AutoCAD 2012 工作界面的选择

6.2.2 工作界面

AutoCAD 的工作界面按照从上到下、从左到右的顺序，分别由标题栏、菜单栏、标准工具栏、常用工具栏、绘图工具栏、绘图区域、编辑工具栏、命令行和辅助工具栏组成，如图 6-3 所示。在界面上通常还存在一个适用于不同工作领域各种常用图形的活动工具栏，不需要使用时，可以单击右上角的 ⊠ 按钮关闭即可。

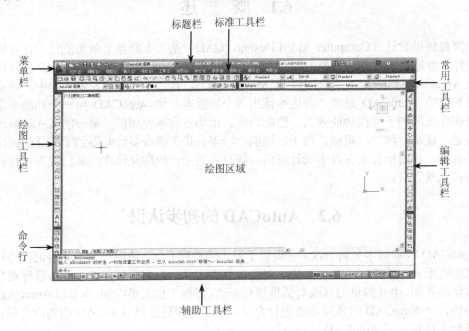

图 6-3 "AutoCAD 经典"工作界面

从图 6-3 可以看出，AutoCAD 工作界面中的各种功能栏与 Microsoft Office Word 比较相似，比如新建、打开、打印、剪切、复制等命令，因此对初学者来说学习起来更加容易。作为绘图软件，AutoCAD 中的绘图和图像编辑是最重要也是最核心的功能。这些命令可以从菜单栏中直接激活，也可以通过工作界面左右两侧的绘图工具栏和编辑工具栏进行相应命令的调用。需要提醒读者注意的是，虽然 AutoCAD 有非常好的用户交互界面，但仅通过单击各项工具栏中的按钮来进行绘图和图像编辑时，还不能实现用户所需图形的绘制，还需借助命令行中的提示以及键盘的数据输入才能实现对各种功能命令的使用，这一点在以后的章节中会详细介绍。在中间的矩形黑色区域是绘图区域，在其中可以进行图形的绘制以及各种图形编辑。鼠标在不同区域进行滑动时，在屏幕上鼠标指针的形状会随之改变。当鼠标在绘图区域内进行滑动时，鼠标的形状为正十字形；在各项菜单栏、工具栏中，形状为箭头状；而在命令行中，鼠标指针又变成闪动的光标样式。

在打开 AutoCAD 时就出现的那些工具栏一般被称作默认的工具栏。如果还需要其他工具栏，可以在已有的工具栏上任意一处右击，将出现所有的工具栏，只需单击所需工具栏，即可使这个工具栏出现在屏幕上，如图 6-4 所示。

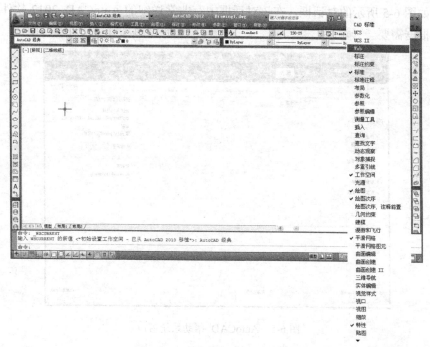

图 6-4 AutoCAD 2012 的工具栏

6.2.3 控制屏幕的显示

虽然计算机屏幕的大小是有限的，但在 AutoCAD 中提供了可以控制缩放的工具，让用户可以方便地把图形放大或缩小，有利于从总体上观看图形，也可以放大至某个细节进行查看。需要注意的是，这里仅仅是视觉效果的大小缩放，并非图形真正的扩大或缩小。进行图形的视觉缩放有多种实现方式。

（1）直接使用命令，如 zoom。在命令行中输入"zoom"，按回车键，后续命令行演示如下：

命令：zoom

指定窗口的角点，输入比例因子 (nX 或 nXP)，或者

[全部(A)/中心(C)/动态(D)/范围(E)/上一个(P)/比例(S)/窗口(W)/对象(O)] <实时>：

在冒号后面可以直接输入缩放倍数，视图会按照缩放倍数大小进行相应缩放；也可以再次按回车键，这时在屏幕上鼠标指针变为放大镜样式，按住左键向上或向下移动即可将视图放大或缩小。

（2）单击工具栏中的按钮，如 🔍。按住鼠标左键向上或向下移动即可将视图放大或缩小。

（3）通过滚轮的滚动来进行窗口的缩放。如果使用带滚轮的鼠标，可以通过滚轮的前后滚动，将视图放大或缩小。另外，通过按住滚轮还可以进行窗口的平移。

6.2.4 帮助系统

对于初学者来讲，学会调用 AutoCAD 的帮助系统是非常重要的。在 AutoCAD 中有非常完善的 AutoCAD 帮助系统来帮助初学者熟悉各种命令的使用方法。AutoCAD 的帮助调用有以下三种方式。

（1）通过 AutoCAD 菜单中的"帮助"命令来启动帮助系统。

单击 AutoCAD 菜单中的"帮助"，选择"帮助"命令，激活 AutoCAD 帮助程序。屏幕

上即弹出如图 6-5 所示的对话框。在该对话框中有非常详细的 AutoCAD 2012 软件的使用说明，可以根据需要——调用。

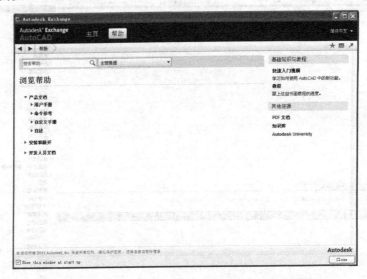

图 6-5　AutoCAD 帮助系统窗口

（2）按 F1 键调用帮助系统。

（3）在命令行里直接输入 help 指令，也可以弹出如图 6-5 所示窗口。

如果初学者仅想获得针对某个命令的帮助，也可以先激活该命令，然后再按 F1 键，即可获得该命令的帮助。例如，如果想获得如何绘制直线的命令，先单击绘直线的命令按钮✎，按 F1 键，即可打开针对直线命令的帮助窗口，如图 6-6 所示。

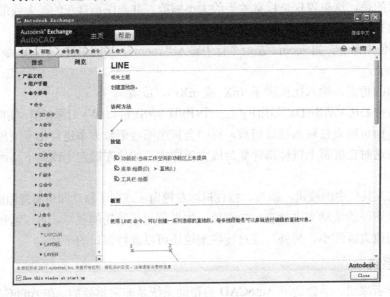

图 6-6　直线命令的帮助窗口

6.2.5　保存图形

绘制完成的图形可以通过以下方式进行保存。

（1）单击标准工具栏中的"保存"按钮 ，会弹出如图 6-7 所示的对话框，选择保存文件的路径，输入文件名称，将文件类型保存为.dwg 文件，就可以把所绘制的图形保存起来。

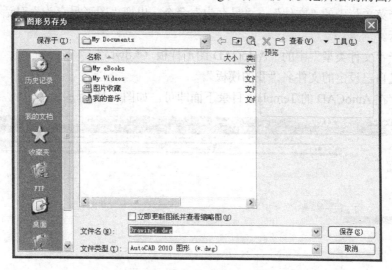

图 6-7　"图形另存为"对话框

（2）选择菜单栏中的"文件"→"保存"命令，如图 6-8 所示，也可以激活"保存"命令，弹出如图 6-7 所示对话框，进行图形的保存。

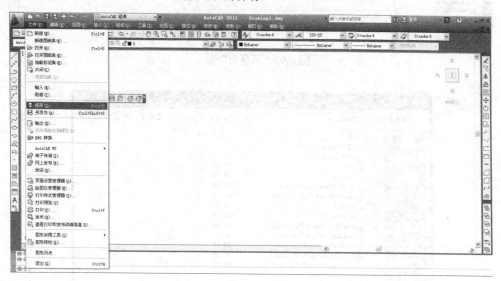

图 6-8　AutoCAD 2012 "保存"命令的调用

6.2.6　保存图形样板

利用 AutoCAD 软件进行绘图时，一般需要对图形的属性或图形单位等格式进行相应的设置。如果下次绘图时需要用到相似的设置，是否每次都要进行重新设置呢？答案是否定的。用户可以将所做的这些设置以图形样板的方式保存起来，根据需要随时调用相应的样板，直接调用即可。下面举例说明。

【例 6-1】标注字体选用 Standard，标注样式采用 ISO-25 标准。将如上格式保存为图形样板并进行相应模板的调用。

步骤：

❖ 选择菜单栏中的"文件"→"另存为"命令，出现"图形另存为"对话框，如图 6-9 所示。

❖ 选择"文件类型"中的"AutoCAD 图形样板（*.dwt）"。

❖ 定义自己设定的文件名"我的模板"。

❖ 保存在 AutoCAD 的 Template 目录下面即可，如图 6-10 所示。

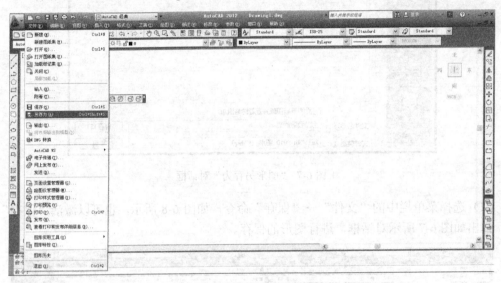

图 6-9 "另存为"命令

图 6-10 保存为图形样板

再次新建图形时，如果需要用已经设置好的图形样板，可以单击菜单中的"新建"命令，这时会自动弹出如图 6-11 所示的对话框，选择所需要的模板，如"我的模板"，这时可以调用所需要的模板。

图 6-11　"选择样板"对话框

6.3　创建 AutoCAD 图形对象

6.3.1　直线的绘制

直线是图形中较为常见的简单图元。根据两点确定一线的几何意义，使用绘直线命令时，先确定所绘线段的两个端点即可绘制出相应长度的线段。

6.3.1.1　一般直线的绘制

可以直接单击绘图工具栏中的 ✏ 按钮或在命令行中输入线的英文单词"LINE"，即可创建一系列连续的线段。可以在拾取某一坐标点后，移动鼠标至直线的另一端点，单击后回车即可。也可以单击另一端点后，右击，在弹出的菜单中选择"确认"命令，完成一段直线的绘制，如图 6-12 所示。

6.3.1.2　具有一定角度直线的绘制

首先将辅助工具栏中的"极轴"和"对象追踪"两个按钮按下。然后右击选择辅助工具栏中的"极轴"按钮，选择"设置…"命令会弹出如图 6-13 所示的对话框。

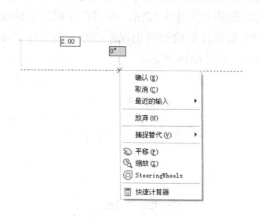

图 6-12　直线的一般绘制

图 6-13　"极轴追踪"选项卡

选择如图 6-13 所示对话框中左上角的"启用极轴追踪"复选框。在此对话框中，可以看出主要分为三个部分：极轴角设置、对象捕捉追踪设置和极轴角测量。这里仅需用到"极轴角测量"部分。增量角的初始默认值为 90，其意义为当所绘制的直线角度为 90°角的整数倍时，在绘制直线的鼠标后方会出现一条追踪线，以点虚线形式呈现，如图 6-14 所示。

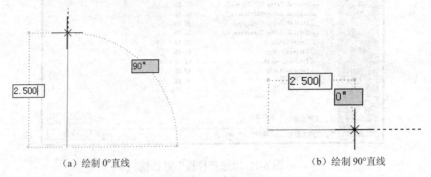

（a）绘制 0°直线　　　　　　　　　　（b）绘制 90°直线

图 6-14　绘制 90°倍数直线时的追踪线

出现追踪线的意义在于：AutoCAD 2012 相当于给予方向的指引，帮助用户进行某些精确角度的绘制。当偏离用户所设置的角度时，这根追踪线将不会出现。当然，用户可以根据自己的需要进行角度的重新设置，比如将增量角可以设置为 30°（可以通过在增量角下方空白框处直接输入角度值，也可以单击空白框旁边的下拉箭头，在弹出的下拉菜单中选择所需要的角度），那么用户就可以绘制 30°角倍数的直线，如图 6-15 所示。

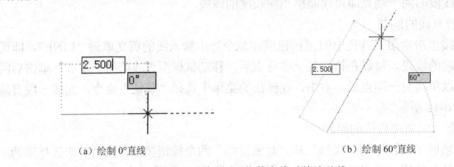

（a）绘制 0°直线　　　　　　　　　　（b）绘制 60°直线

图 6-15　绘制 30°倍数直线时的追踪线

若用户仅想绘制出某一角度的直线，而不是该角度倍数的直线时，可以进行如下设置。勾选增量角下方的"附加角"复选框，然后单击右侧的"新建"按钮，即可在左侧较大的空白框中输入设定角度，如 30°。那么只能在进行 30°角直线的绘制时出现追踪线，而其他角度包括 30°角倍数时的直线绘制时均不会出现追踪线，如图 6-16 所示。

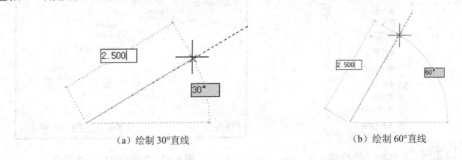

（a）绘制 30°直线　　　　　　　　　　（b）绘制 60°直线

图 6-16　绘制附加角 30°时的追踪线

如果用户仅想绘制水平和竖直的直线时，除了可以运用以上方法进行绘制以外，还有比较简单的方法，即正交法。单击辅助工具栏中的"正交"按钮，则进入正交模式状态。在进行直线的绘制时，直线的端点只能沿着 0°和 90°方向移动，即只能绘制水平和竖直的直线，如图 6-17 所示。

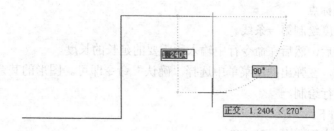

图 6-17　绘制正交直线

6.3.1.3　通过坐标绘制直线

在 AutoCAD 中，可以使用绝对坐标和相对坐标进行直线的绘制。根据两点确定一线的基本规律，确定了一条直线的两个端点坐标，即确定了直线长度和所在位置。这种方法对于初学者并不推荐使用，当绘制稍微复杂的图形时，坐标值的确定往往容易出错。

这里所说的绝对坐标和相对坐标即：

绝对坐标，以原点为基准的坐标值。

相对坐标，是以上一个点为基准的坐标值。其标志为其值的前方有一个@的符号。

在 AutoCAD 里是以相对坐标为默认坐标的。

【例 6-2】画一个三角形，如图 6-18 所示。

（1）以绝对坐标画图。

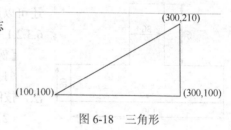

图 6-18　三角形

步骤：

◇　单击画线命令。

◇　然后输入三点坐标为（100，100）、（300，100）、（300，210）。

◇　最后闭合即可。

命令行演示如下：

命令: _line 指定第一点: 100,100

指定下一点或 [放弃(U)]: 300,100

指定下一点或 [放弃(U)]: 300,210

指定下一点或 [闭合(C)/放弃(U)]: c

（2）以相对坐标画图。

步骤：

◇　单击"画线"命令。

◇　然后输入三点坐标为（100，100）、@（200，0）、@（0，110）。

◇　最后闭合即可。

命令行演示如下：

命令: _line 指定第一点: 100,100

指定下一点或[放弃(U)]: @200,0

指定下一点或[放弃(U)]: @0,110

指定下一点或[闭合(C)/放弃(U)]: c

（3）以绝对坐标和偏移量画图。

步骤：

✧ 输入一坐标点。

✧ 按设定角度绘制第一条线。

✧ 出现极轴后，然后在命令行中输入所需要的延长的长度。

✧ 然后右击，在弹出的子菜单中选择"确认"命令即可。图形的其余直线可以重复以
上方法进行绘制。

命令行演示如下：

命令: _line 指定第一点: 100,100

指定下一点或 [放弃(U)]: 200

指定下一点或 [放弃(U)]: 110

指定下一点或 [闭合(C)/放弃(U)]: c

6.3.2 多段线的绘制

多段线命令的标志为 ⌇，与直线命令有相似之处，即都可以进行直线的绘制，但二者所
绘制的直线性质有所不同。另外，多段线不仅可以绘制直线，
还可以进行圆弧、定义线宽、厚度等其他命令操作。

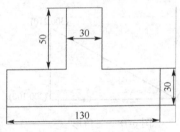

图 6-19 T形零件图

6.3.2.1 利用多段线进行直线的绘制

【例 6-3】画一个 T 形零件，如图 6-19 所示。

（1）以直线命令画图：方法参照例 6-2 的坐标和偏移量方
法，按例题中图形尺寸进行绘图。

（2）以多段线命令画图：方法同直线命令一样。

命令行演示如下：

命令: _pline

指定起点: 100,100

当前线宽为 0.0000

指定下一点或 [圆弧(A)/半宽(H)/长度(L)/放弃(U)/宽度(W)]: 50

指定下一点或 [圆弧(A)/闭合(C)/半宽(H)/长度(L)/放弃(U)/宽度(W)]: 50

指定下一点或 [圆弧(A)/闭合(C)/半宽(H)/长度(L)/放弃(U)/宽度(W)]: 30

指定下一点或 [圆弧(A)/闭合(C)/半宽(H)/长度(L)/放弃(U)/宽度(W)]: 50

指定下一点或 [圆弧(A)/闭合(C)/半宽(H)/长度(L)/放弃(U)/宽度(W)]: 50

指定下一点或 [圆弧(A)/闭合(C)/半宽(H)/长度(L)/放弃(U)/宽度(W)]: 30

指定下一点或 [圆弧(A)/闭合(C)/半宽(H)/长度(L)/放弃(U)/宽度(W)]: 130

指定下一点或 [圆弧(A)/闭合(C)/半宽(H)/长度(L)/放弃(U)/宽度(W)]: c

从以上多段线和直线命令的操作来看，二者除了在命令行中的表达有所不同以外，基本
思想都是一样的。也就是说，可以实现用两种命令绘制相同的图形。但即使图形外观相同，
但不同命令所绘制的图形其性质是有差别的。由图 6-20 可以看出，当用直线命令进行 T 形图
的绘制时，图形的每一条直线都是独立的对象。用鼠标进行单击选择时，只能选中所单击的

那一条直线，其他直线无法被选中。而用多段线命令所绘制的图形，无论鼠标单击哪一条直线，整个图形都会被同时选中，即用多段线命令所绘制的图形是一个整体。

6.3.2.2 利用多段线命令进行圆弧的绘制

【例 6-4】画一条正弦波曲线，如图 6-21 所示。

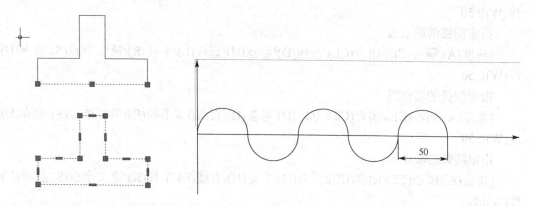

图 6-20   T 形零件图不同画法时选择对比   图 6-21   正弦波曲线图

如果进行除直线以外的图形绘制，还需进行多段线命令的特别设置。对于例 6-4 中所要求绘制的正弦波曲线，实际上是由多个圆弧构成，可以利用多段线命令进行这些圆弧的绘制。

步骤：

◇ 首先激活多段线命令后，进行起点的指定，如果没有特殊要求，可以从屏幕上任意拾取一点即可，这里为了方便书写，在命令行中输入起点坐标（100，100）作为起点。

◇ 然后命令行提示用户需要指定下一个点或[圆弧(A)/半宽(H)/长度(L)/放弃(U)/宽度(W)]，如果这时直接输入下一个点偏移量，那么只能绘制出相应长度的直线。而本题需要绘制的是圆弧，因此需要根据提示，在冒号后面输入提示命令中圆弧所对应的英文字母 A，即可激活多段线绘制圆弧的命令。

◇ 接着再输入圆弧的另一个端点的偏移量，根据题意，该偏移量应设置为 50，那么一个两端点之间距离为 50 的半圆弧就画好了。

◇ 如果继续绘制相同尺寸的第二个圆弧，只需继续水平向右滑动鼠标，并输入端点偏移量 50 即可。

◇ 以此类推，其余的圆弧按照之前的画法也可以一一绘制完成。

◇ 当绘制出最后一个圆弧后，右击，在弹出的菜单中单击"确定"命令即可。至此，一条正弦曲线就绘制完成了。

命令行演示如下：

命令: _pline

指定起点: 100,100

当前线宽为 0.0000

指定下一个点或 [圆弧(A)/半宽(H)/长度(L)/放弃(U)/宽度(W)]: a

指定圆弧的端点: 50

指定圆弧的端点或

[角度(A)/圆心(CE)/闭合(CL)/方向(D)/半宽(H)/直线(L)/半径(R)/第二个点(S)/放弃(U)/宽度(W)]: 50

指定圆弧的端点或

[角度(A)/圆心(CE)/闭合(CL)/方向(D)/半宽(H)/直线(L)/半径(R)/第二个点(S)/放弃(U)/宽度(W)]: 50

指定圆弧的端点或

[角度(A)/圆心(CE)/闭合(CL)/方向(D)/半宽(H)/直线(L)/半径(R)/第二个点(S)/放弃(U)/宽度(W)]: 50

指定圆弧的端点或

[角度(A)/圆心(CE)/闭合(CL)/方向(D)/半宽(H)/直线(L)/半径(R)/第二个点(S)/放弃(U)/宽度(W)]: 50

指定圆弧的端点或

[角度(A)/圆心(CE)/闭合(CL)/方向(D)/半宽(H)/直线(L)/半径(R)/第二个点(S)/放弃(U)/宽度(W)]:L

指定圆弧的端点或

[角度(A)/圆心(CE)/闭合(CL)/方向(D)/半宽(H)/直线(L)/半径(R)/第二个点(S)/放弃(U)/宽度(W)]:指定下一点或 [圆弧(A)/闭合(C)/半宽(H)/长度(L)/放弃(U)/宽度(W)]: c

另外需要指出的是，例 6-4 所要求绘制的圆弧起点处切线是与图中的 y 轴相切的。如果所希望绘制的圆弧起点处切线与 x 轴相切，那么还需进行多段线起点方向的设置才能继续绘图操作。

步骤：

❖ 当命令提示行中出现"指定圆弧的端点或 [角度(A)/圆心(CE)/方向(D)/半宽(H)/直线(L)/半径(R)/第二个点(S)/放弃(U)/宽度(W)]:"时，可以在冒号后面输入激活圆弧方向命令所代表的字母 d（这里不区分大小写）。

❖ 然后命令行提示"指定圆弧的起点切线方向"，这里设置成 90°。那么所得到的正弦曲线会与 x 轴相切，如图 6-22 所示。

命令行演示如下：

指定圆弧的端点或

[角度(A)/圆心(CE)/方向(D)/半宽(H)/直线(L)/半径(R)/第二个点(S)/放弃(U)/宽度(W)]: d

指定圆弧的起点切向: 90

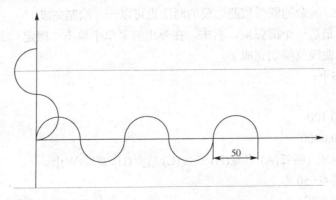

图 6-22 例 6-4 与 x 轴相切的正弦曲线图

6.3.2.3 利用多段线命令进行线宽的设定

如果对多段线命令不作任何设置，则绘制出曲线的宽度默认为 0.00。可以直接在多段线命令中设置宽度，从而绘制出具有一定线宽的图形。

这里需要说明的是，多段线中所设置的线宽与常用工具栏中的线宽设置有所区别：① 多段线作出的线不用打开线宽也是能表现出来的，而用常用工具栏中选定线宽的作法如果不打开线宽在视图上是看不出的，只有打印时才能看出线宽；② 直线线宽是等宽线，多段线线宽除等宽外，可绘制成变宽线，用子命令 W(线宽)或 H(半线宽)来指定每一段线的起始端和末端宽度。当起始端点宽度设置与末端点的宽度设置相同，则绘制出等宽线；否则则可以绘制成变宽线，如图 6-23 所示。

6.3.3 正多边形的绘制

根据圆与正多边形的关系规律"把圆 n 等分，依次连接各分点，所得的多边形是圆内接正多边形"可知，要进行正多边形的绘制，往往是与圆联系在一起。AutoCAD 正是根据这一关系进行正多边形的绘制操作。

【例 6-5】进行图 6-24 中图形的绘制，该正五边形内接于半径为 50 的圆。

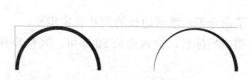

图 6-23 等宽与非等宽的多段线圆弧

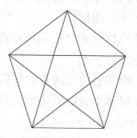

图 6-24 正五边形

观察图 6-24，该图形可以通过两步操作进行绘制：第一步先绘制最外部的正五边形，以确定五角星形的 5 个顶点；第二步用直线命令将 5 个顶点连接起来即可完成。

第一步步骤：

◇ 单击⬡图标。

◇ 命令行首先会提示用户进行多边形数目的输入。这一点与前几个命令有所不同。回顾前几个命令可以看出，绘制图形的第一步往往是在屏幕上先确定一点作为起始点后再进行后续操作，而这里需要确定的是多边形的边数。根据题意，在命令提示符后面输入数字 5。

◇ 然后再确定正多边形的中心点，也可以称为圆心，因为该点正是后续选择"内接于圆"还是"外接于圆"的那个圆的圆心所在。在屏幕上任意拾取一点或者输入用户指定的坐标皆可指定该圆心所在。

◇ 下一条命令提示用户进行内接和外接选择时，应根据题意进行选择。该五边形是以半径为 50 的圆为基准，内接于该圆的五边形，因此输入子命令 I 即可激活内接于圆的指令。

◇ 最后输入圆的半径值即可。

命令行演示如下：

命令: _polygon 输入侧面数 <4>: 5

指定正多边形的中心点或 [边(E)]:

输入选项 [内接于圆(I)/外切于圆(C)] <I>: I

指定圆的半径: 50

这里需要指出的是，从命令行演示可以看出某些命令提示的后面会有一个尖括号，里面添有一定的数字或字母。该尖括号的意思为提示命令的默认值。比如在上面的命令提示中首先要求输入边的数目，如果不输入边数 5 而是直接回车，那么系统将会默认用户将要绘制尖括号内的边数，即要进行正四边形的绘制。因此，用户可以查看尖括号内的数字或字母，这样可以适当地减少键盘的输入。

第二步步骤：

◇ 直接单击绘图工具栏中的 ╱ 图标或在命令行中输入线的英文单词 "LINE"。

◇ 按照一定顺序将 5 个顶点连接起来即可。

至此，正五边形和五角星就绘制完成了。

另外，正多边形命令不仅可以通过圆心和内接或外接某一尺寸的圆来进行多边形的绘制，还可以通过该多边形边长的设置来进行图形绘制。仍以例 6-5 中的图形为例，尺寸条件改为边长为 50 的正五边形，其绘制步骤如下。

◇ 单击 ⬠ 图标。

◇ 命令行首先会提示用户进行多边形数目的输入。根据题意，在命令提示符后面仍然输入数字 5。

◇ 在输完多边形边数回车后，输入子命令 E，激活边长的尺寸确定步骤。

◇ 在屏幕上确定五边形边的第一个端点坐标后，输入边长 50 即可，其他步骤不变。

命令行演示如下：

命令: _polygon 输入侧面数<4>: 5

指定正多边形的中心点或 [边(E)]: e

指定边的第一个端点: 100, 100

指定边的第二个端点: 50

6.3.4 矩形的绘制

矩形属于四边形。虽然正多边形也可以绘制四边形，但只能绘制相等边直角四边形，而矩形命令则可以绘制长宽不等的直角形、圆角形以及倒角形四边形。

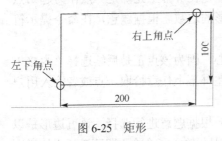

图 6-25 矩形

【例 6-6】进行图 6-25 中图形的绘制。

矩形的尺寸是由长与宽来确定的。根据这一基本原则，AutoCAD 将矩形的尺寸通过两个点来进行确定，即矩形的左下角点和右上角点。左下角点可以确定矩形的所在位置，而右上角点则确定矩形的尺寸。

步骤：

◇ 首先单击矩形命令图标 ▭。

◇ 命令行提示确定第一个角点，这里一般即为左下角点，输入需要的位置坐标或在屏幕上任意拾取一点皆可。为方便起见，本例的第一个角点坐标输入值为（100，100）。

◇ 然后提示指定另一个角点，即右上角点。右上角点的坐标确定与矩形尺寸有关，按照相对坐标的概念，输入右上角点相对于左下角点的相对坐标值即可绘制所要求的矩形尺寸，因为右上角点的坐标值就是所绘制矩形的宽度和长度。因此，本例中，输入相对坐标值为@200,100。至此，一个矩形就画好了。

当然，在 AutoCAD 中，其实并不限定第一点必须为左下角点，第二点必须为右上角点，用户可以根据实际情况自己自由确定，两个点只需是矩形某条对角线的两个端点即可。这里这样来定义两点，对于初学者来讲，可以更好地理解矩形的绘图思想。

命令行演示如下：

命令: _rectang

指定第一个角点或 [倒角(C)/标高(E)/圆角(F)/厚度(T)/宽度(W)]: 100,100

指定另一个角点或 [面积(A)/尺寸(D)/旋转(R)]: @200,100

另外，矩形命令除了可以绘制直角形矩形以外，还可以绘制圆角形以及倒角形矩形，如图 6-26 所示。

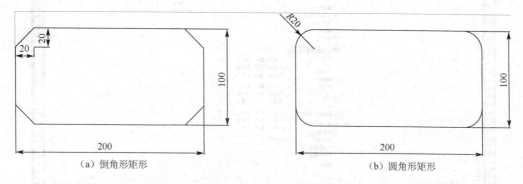

（a）倒角形矩形　　　　　　　　　　　　（b）圆角形矩形

图 6-26　非直角形矩形

绘制非直角形矩形时，需要先对矩形的类型进行设置，然后再开始确定矩形的第一个角点，否则将只能绘制直角形矩形。下面以圆角形矩形为例进行说明。

步骤：

◇ 要想绘制圆角形矩形，根据命令行提示，必须先输入绘制圆角矩形的子命令 f，从而来激活指定矩形圆角半径的命令。

◇ 然后确定圆角的半径。这里需要说明的是，圆角的半径默认值为 0，如果不输入半径数值而直接回车，也仍然只能绘制直角形矩形，因为用户并没有进行半径的设置，相当于没有对矩形进行打圆角操作。

◇ 完成圆角半径的设置后，后续步骤同例 6-6。这样，一个具有圆角的矩形就绘制完成了。

绘制圆角矩形命令行演示如下：

命令: _rectang

指定第一个角点或 [倒角(C)/标高(E)/圆角(F)/厚度(T)/宽度(W)]: f

指定矩形的圆角半径 <0.0000>: 20

指定第一个角点或 [倒角(C)/标高(E)/圆角(F)/厚度(T)/宽度(W)]: 100,100

指定另一个角点或 [面积(A)/尺寸(D)/旋转(R)]: @200,100

倒角形矩形的绘制与圆角形矩形的绘制步骤基本一致，只是在输入倒角子命令 c 后，命令行提示需要输入第一个角点距离（x 轴方向）和第二个倒角距离（y 轴方向），根据已知条件或用户要求进行分别设置即可，其他步骤同上。

6.3.5 圆弧的绘制

首先来了解一下圆弧的几何构成。圆弧的几何元素可由起点、端点、圆心、半径、角度和弦长等要素构成。当用户掌握了其中某些几何元素的数据后，就可用来创建圆弧对象。

在绘图工具栏中，圆弧命令的图标为 ⌒。如果直接单击该图标进行圆弧的绘制，在画法上比较单一。如果选择主菜单中的"绘图"→"圆弧"命令，从子菜单中可以呈现出 10 种画法，用户可以根据自己的需要选择合适的绘制圆弧方法，如图 6-27 所示。

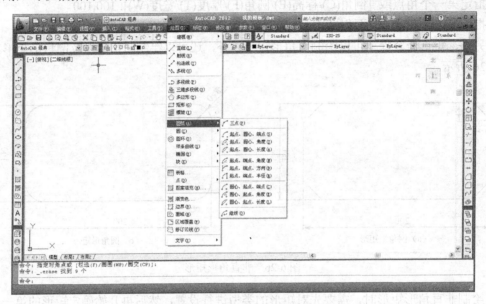

图 6-27 "圆弧"子菜单

在如图 6-27 所示的"圆弧"子菜单中有多种方法进行圆弧的绘制，其中部分命令意义如下。

三点法：依次指定起点、圆弧上任一点和端点来绘制圆弧。

起点、圆心、端点法：依次指定起点、圆心和端点来绘制圆弧。

起点、圆心、角度法：依次指定起点、圆心角和端点来绘制圆弧，其中圆心角逆时针方向为正（默认）。

起点、圆心、长度法：依次指定起点、圆心和弦长来绘制圆弧。

"圆弧"子菜单中剩下的其他命令可以参照以上命令意义来理解。

这里要特别强调的是，必须严格按照子命令的各几何元素数据的顺序进行输入。一旦起点和端点的位置颠倒，所绘制的圆弧角度也将是错误的，所画圆弧与目标圆弧的角度相加为360°。

【例 6-7】进行图 6-28 中图形的绘制。

在绘制时要特别注意角度的方向。在 AutoCAD 中，对于角度的方向有专门的设置。选择"格式"→"单位…"命令，会弹出"图形单位"对话框，然后单击"方向…"按钮，显示如图 6-29 所示对话框。按照惯例，一般选择基准角度"东"方为 0°方向，此方向即为人们习惯性使用的水平向右方向，以此方向为 0°，逆时针旋转出的角度即为标注时所测量的角度。

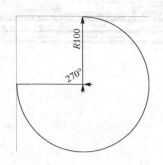

图 6-28　圆弧图形　　　　　　图 6-29　"方向控制"对话框

从图 6-28 可以看出，这是一个角度为 270°，半径为 100 的圆弧。根据已知条件，应用"起点、圆心、角度"法绘制圆弧较为合适。

步骤：

◇　选择主菜单中的"绘图"→"圆弧"命令，选择"起点、圆心、角度"命令。

◇　当命令行提示"指定圆弧的起点"时，可以在屏幕上任意拾取一点，为了方便起见，在此例中以坐标（100，100）为起点。

◇　在指定圆弧的下个点时，根据命令行提示，可以有三个点进行指定，分别为"圆弧的第二个点"、"圆心"或"端点"，这三个点指定其中一个即可。本例中，选择指定"圆心"位置，因此输入字母"c"，然后输入圆心坐标（200，100），这样半径为 100 就确定了。

◇　上述命令完成后回车，输入角度 270 即可完成圆弧的绘制。

绘制圆弧命令行演示如下：

命令: _arc 指定圆弧的起点或 [圆心(C)]: 100,100

指定圆弧的第二个点或 [圆心(C)/端点(E)]: c

指定圆弧的圆心: 200,100

指定圆弧的端点或 [角度(A)/弦长(L)]: a

指定包含角: 270

6.3.6　圆的绘制

圆的几何尺寸由圆心、半径或直径、切点等要素构成，确定这些要素的数值即可创建一个圆对象。

直接单击圆的图标按钮 ⊙，或选择主菜单中的"绘图"→"圆"命令，从子菜单中可以呈现出 6 种画法，分别是"圆心、半径"、"圆心、直径"、"两点"、"三点"、"相切、相切、半径"、"相切、相切、相切"等，如图 6-30 所示。

画圆的部分命令意义如下。

圆心、半径法：依次指定圆心、半径来绘制圆。

两点法：在直径上的两个点来绘制圆。

三点法：在三个不在同一条直线上的点来绘制圆。

相切、相切、半径：依次指定要与之相切的两个圆、圆对象的半径来绘制圆。

相切、相切、相切：依次指定要与之相切的三个圆来绘制圆。

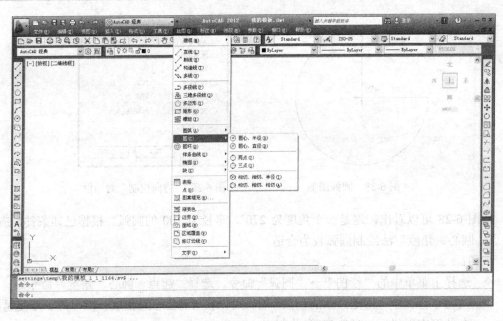

图 6-30　主菜单中"圆"的子菜单

【例 6-8】进行图 6-31 中图形的绘制。

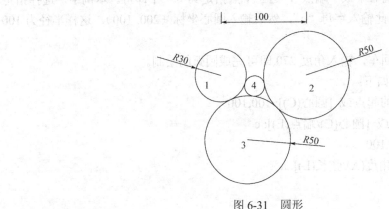

图 6-31　圆形

从图 6-31 可以看出，该图形由 4 个圆组成。要绘制这个图形，首先要确定这 4 个圆的绘图顺序，以 1→2→3→4 顺序为较佳的绘图顺序。

步骤：

◇ 先按照图示尺寸绘制圆 1 和圆 2。

◇ 然后选择"绘图"→"圆"→"相切、相切、半径"命令，分别单击圆 1 和圆 2 的边，即确定要进行相切的两个圆。这里需要说明的是，不必一定单击在切点上，单击需要相切的圆的边即可，系统可以自动找到切点。

◇ 输入题目所要求的半径尺寸 50，即可绘制出圆 3。

◇ 图中圆 4 虽然没有给出尺寸，但实际上在圆 1，2，3 确定好之后，圆 4 的尺寸即被固定下来。因为圆 4 位置是要与圆 1，2，3 均相切，圆 1，2，3 的位置确定后，那么三个切点也确定下来，根据三点确定一个圆的原则，所以圆 4 的尺寸与圆 1，2，3 的大小及尺寸密切相关的。选择"绘图"→"圆"→"相切、相切、相切"命令，

　　分别单击进行相切的三个圆的边后，圆 4 就绘制完成了。

命令提示如下：

命令: _circle 指定圆的圆心或 [三点(3P)/两点(2P)/相切、相切、半径(T)]: 100,100

指定圆的半径或 [直径(D)] <0>: 30

命令: _circle 指定圆的圆心或 [三点(3P)/两点(2P)/相切、相切、半径(T)]: 200,100

指定圆的半径或 [直径(D)] <30>: 50

命令: _circle 指定圆的圆心或 [三点(3P)/两点(2P)/相切、相切、半径(T)]: t

指定对象与圆的第一个切点:

指定对象与圆的第二个切点:

指定圆的半径 <50.0000>:

命令: _circle 指定圆的圆心或 [三点(3P)/两点(2P)/相切、相切、半径(T)]: _3p 指定圆上的第一个点: _tan 到

　　指定圆上的第二个点: _tan 到

　　指定圆上的第三个点: _tan 到

6.3.7　椭圆的绘制

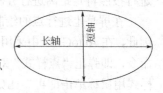

图 6-32　椭圆形

　　椭圆的几何尺寸主要由长轴和短轴来确定，如图 6-32 所示。直接单击椭圆命令按钮 ⚬ 或 "绘图" → "椭圆" 命令，输入轴端点坐标或轴心以及长短轴距离即可构建一个椭圆对象。

【例 6-9】绘制一个椭圆形，其长短轴距离分别为 200 和 100。

步骤：

◇　单击椭圆命令按钮，命令行提示要指定椭圆的轴端点或中心点以确定椭圆的位置，默认状态下一般是指定椭圆的一端轴端点，这里为了方便将其设置为（100, 100）。

◇　设置完起点后，命令行提出 "指定轴的另一个端点"，是指输入某一轴的长度，这里根据题意，将其设置成长轴的距离 200。

◇　然后，输入另一条半轴长度 50，即可完成椭圆的绘制。初学者这里要注意，第二次输入的长度为半轴长度。

命令提示如下：

指定椭圆的轴端点或 [圆弧(A)/中心点(C)]: 100,100

指定轴的另一个端点: 200

指定另一条半轴长度或 [旋转(R)]: 50

6.3.8　椭圆弧的绘制

　　椭圆弧的绘制与椭圆基本相似，可以想象成仅仅是缺少了一定弧度的椭圆，如图 6-33 所示。所以在进行椭圆弧的绘制时，AutoCAD 绘制方法是先绘制一个相同尺寸的椭圆，然后再按照一定角度削掉一部分弧线。

【例 6-10】绘制一个椭圆弧，其长短轴距离分别为 200 和 100，椭圆弧度为 270°。

图 6-33　椭圆弧

步骤：

◇　单击椭圆弧命令按钮。

◇　如下面的命令行所示，首先要进行相同尺寸的椭圆绘制，方法同例 6-9。

◇ 在椭圆绘制完成后，命令提示要指定椭圆弧的起始角度，用户指定一定角度（注意水平向右为 0°）或直接用鼠标在椭圆弧的起始处单击皆可。

◇ 随后椭圆弧的终止角度指定同起始角度的指定方法相同。当椭圆弧的起始、终点角度指定完毕后，椭圆弧即绘制完成。

命令提示如下：

指定椭圆弧的轴端点或 [中心点(C)]: 100,100

指定轴的另一个端点: 200

指定另一条半轴长度或 [旋转(R)]: 50

指定起始角度或 [参数(P)]:180

指定终止角度或 [参数(P)/包含角度(I)]:90

6.3.9　点的绘制

点是图形对象中最小最基本的绘图单元，任何图形都是由无数个点来组成的。虽然单个点本身并不能单独作为图形使用，但点在 AutoCAD 中的作用非常重要，主要作为某些图形进行按照特定距离进行分割或突出显示某一点位置时来使用。

在屏幕上进行点的绘制的时候，如果以小圆点的形式表示点，常常会忽略到点的存在。因此，在 AutoCAD 中采用一些特殊的符号来表示点。选择主菜单中的"格式"→"点样式..."命令，即弹出"点样式"对话框，如图 6-34 所示。在对话框中默认样式为小圆点，选择其他样式用鼠标单击即可。比如选择第二行第四列的点样式，单击"确定"按钮。然后单击点命令图标·，进行点的绘制，则点对象会按照已经选择的样式在绘图区域中呈现，如图 6-35 所示。这样有利于用户对点的辨认。

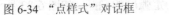

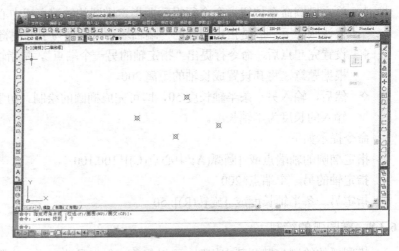

图 6-34　"点样式"对话框　　　　　　　　图 6-35　设置了一定样式的点

另外，点命令还可以进行某些图形的分割。选择主菜单中的"绘图"→"点"命令，出现的点的子命令菜单中还具有"定数等分"和"定距等分"功能。定数等分为将线段长度按设定段数平均分段，所分出的每一段长度都是相等的；定距等分为将线段长度按一定设定长度分段，但最后一点与端点的距离不一定是所设定的长度。下面举例说明。

【例 6-11】绘制一个长度为 100 的直线，将其① 进行定数等分，分成均匀的 5 段；② 进行定距等分，每段距离为 30。

步骤：

❖ 首先单击直线命令按钮 ⟋，绘制一条长度为 100 的直线。

❖ 然后选择"绘图"→"点"→"定数等分"命令。

❖ 根据命令提示，选择要等分的直线图形。

❖ 然后输入要等分的数目即可。

进行定距等分与定数等分的步骤基本相似，仅在最后一步输入需要设定的长度 30，即可创建以 30 为定距的线段分割。两种等分所呈现的效果如图 6-36 所示。很明显，定数等分可以很均匀地按照设定段数来分割线段，而定距等分只能保证分割的最后一点之前的部分是等距的，最后一点与线段的端点之间无法实现 30 的距离，有点类似于除法中当除数无法除尽时所剩余的部分。

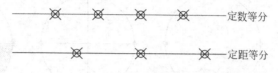

图 6-36 定数等分和定距等分的直线段

命令提示如下：

（1）定数等分。

命令：_line 指定第一点：100,100

指定下一点或 [放弃(U)]：100

指定下一点或 [放弃(U)]：

命令：_divide

选择要定数等分的对象：

输入线段数目或 [块(B)]：5

（2）定距等分。

命令：_line 指定第一点：100,50

指定下一点或 [放弃(U)]：100

指定下一点或 [放弃(U)]：

命令：_measure

选择要定距等分的对象：

指定线段长度或 [块(B)]：30

6.3.10 图案的填充

用各种线条所围起的封闭图形内部，有时会需要被填充一定的图案，从而呈现出不同的效果。比如，机械零件的剖面图中需要区分实心和空心切面时，需要用不同的填充图案来加以区别，这时就需要用到图案填充命令。与其他绘图命令不同，填充图案并不是构建一个新的图形对象，而是对原有图形内进行一定的填充。因此选择图案填充命令后，首先要先选好填充图案和填充模式，再定义要填充的范围后进行填充。图案填充命令可以通过单击 ▨ 图标或"绘图"→"图案填充..."命令来进行调用。

【例 6-12】绘制如图 6-37 所示的图形。

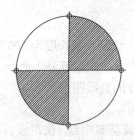

图 6-37　带填充图案的圆

从图 6-37 可以看出，该图形对象可分为 4 部分：圆、点、线以及图案填充，按照图 6-38
顺序将其一一绘制出来即可。

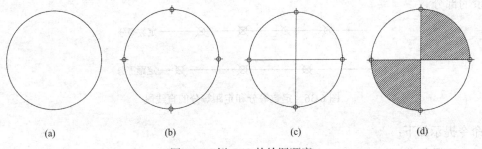

(a)　　　　　　(b)　　　　　　(c)　　　　　　(d)

图 6-38　例 6-12 的绘图顺序

步骤：
◇ 首先单击画圆命令，绘制半径为 100 的圆（用户可以自己设定），如图 6-38(a)所示。
◇ 选择主菜单中的"格式"→"点样式..."命令，弹出"点样式"对话框，选择点样式
　 为⊕。
◇ 然后选择"绘图"→"点"→"定数等分"命令，将定数等分的线段数目设为 4，
　 如图 6-38(b)所示。
◇ 接着单击画直线命令，将 4 个点按照图示连接起来，即可获得 4 等分的圆对象，如
　 图 6-38(c)所示。
◇ 最后单击图案填充命令▨，弹出如图 6-39 所示的对话框。

◇ 在"图案填充和渐变色"对话框中，
　 可以对填充图案进行设置。从图 6-39
　 可以看出，填充的默认图案名称为
　 "ANGLE"，在其下方的"样例"中也
　 呈现出相应"ANGLE"的图案。
◇ 由于与例题要求不同，还需要进行图
　 案的设置。单击"图案"下拉列表框
　 旁边的□按钮，会弹出如图 6-40(a)
　 所示的"填充图案选项板"对话框，
　 用户可从中选择需要的图案。单击
　 ANSI 标签，如图 6-40(b)所示，单击
　 ANSI31，即为例题中所需要的填充图
　 案，单击"确定"按钮。

图 6-39　"图案填充和渐变色"对话框（图案填充）

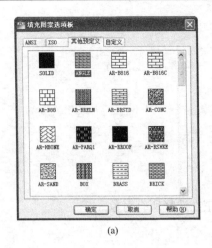 

(a) (b)

图 6-40 "填充图案选项板"对话框

❖ 这时界面会重新回到"图案填充和渐变色"对话框，在"图案"和"样例"中已经显示出刚才所选的图案样式，如图 6-41 所示。另外，在"角度和比例"区域还可进行图案的旋转角度和比例大小的修改，可以根据用户要求进行设置。

❖ 图案样式设置以后，要进行要填充范围的定义。在图 6-41 右侧【边界】一栏中，显示"添加：拾取点"按钮和"添加：选择对象"按钮可以进行操作。它们的意义分别如下。

图 6-41 "图案填充和渐变色"对话框（图案填充）

"添加：拾取点"按钮：单击该按钮，用户以拾取点的形式自动确定填充区域的边界。在填充的区域内任意点取一点，AutoCAD 会自动确定出包围该点的封闭填充边界，并且这些边界以高亮显示。

"添加：选择对象"按钮：单击该按钮，用户以选取对象的方式确定填充区域的边界。用户可根据需要选取构成填充区域的边界。同样，被选择的边界也会以高亮度显示。

根据题意，单击"添加：拾取点"按钮，界面回到绘图界面。在已经画好的 4 等分圆的右上和左下部分的内部分别单击（注意：不要在边界上单击），回车。

❖ 这时，"图案填充和渐变色"对话框重新出现，单击"确定"按钮即可。至此，带图案填充的 4 等分圆对象就绘制完成了，如图 6-38(d)所示。

命令提示如下：

命令: _circle 指定圆的圆心或 [三点(3P)/两点(2P)/相切、相切、半径(T)]: 100,100
　指定圆的半径或 [直径(D)]: 100
命令: _circle 指定圆的圆心或 [三点(3P)/两点(2P)/相切、相切、半径(T)]: 100,100
　指定圆的半径或 [直径(D)]: 100
命令: _divide

选择要定数等分的对象:

输入线段数目或 [块(B)]: 4

命令: _line 指定第一点:

指定下一点或 [放弃(U)]:

指定下一点或 [放弃(U)]:

命令: _line 指定第一点:

指定下一点或 [放弃(U)]:

指定下一点或 [放弃(U)]:

命令: _bhatch

拾取内部点或 [选择对象(S)/删除边界(B)]:　　正在选择所有对象...

正在选择所有可见对象...

正在分析所选数据...

正在分析内部孤岛...

拾取内部点或 [选择对象(S)/删除边界(B)]:

正在分析内部孤岛...

拾取内部点或 [选择对象(S)/删除边界(B)]:

图案填充命令,不仅可以填充带有一定线条的图案,还可以进行不同颜色和渐变色的填充。渐变色指从一种颜色到另一种颜色的平滑过渡,为图形添加视觉效果。单击图案填充命令▨,在弹出的"图案填充和渐变色"对话框中,选择"渐变色"选项卡,如图 6-42(a)所示。单击"颜色"下方的▨按钮,会弹出"选择颜色"对话框,如图 6-42(b)所示,用户可以选择所需要的颜色。渐变色命令也可以通过单击绘图工具栏上的▨图标来调用。

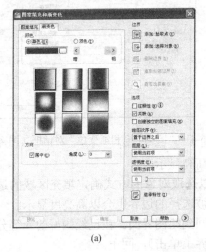

(a)

(b)

图 6-42　"图案填充和渐变色"对话框(渐变色)

6.3.11　表格的绘制

在进行图纸的标题栏绘制时,需要用到各种各样的表格来记录图形名称、绘图者以及图形尺寸等信息。AutoCAD 不仅可以绘制各种图形,自身还带有表格功能。但与 AutoCAD 的绘图功能相比,其表格功能显得比较单一。

单击绘图工具栏中的绘制表格按钮▦或选择"绘图"→"表格"命令,会弹出如图 6-43所示的对话框。表格的默认样式为 Standard,可以在"预览"白色区域看到当前表格的样式。

表格样式可以修改，单击按钮，调出"表格样式"对话框，如图 6-44 所示。

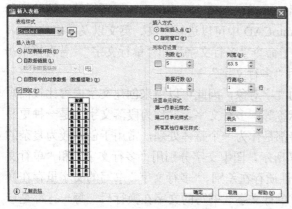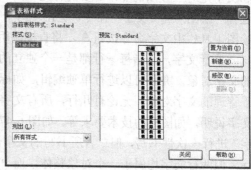

图 6-43　"插入表格"对话框　　　　　　图 6-44　"表格样式"对话框

在"表格样式"对话框中，单击"新建…"按钮，可以创建新的表格样式。先定义新表格样式名，然后再设置表格的颜色、格式、类型以及边框等信息，即可获得新的表格样式，如图 6-45 所示。

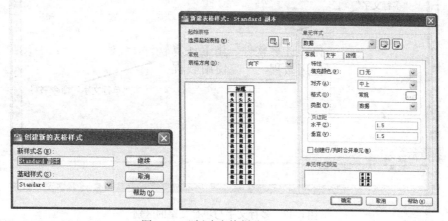

图 6-45　"新建表格样式"对话框

由于 AutoCAD 的表格绘制功能单一，并且使用起来较为烦琐，在绘制较为复杂的表格时比较困难，因此，有时也会通过直线命令来进行绘制较为复杂的表格，如图 6-46 所示。

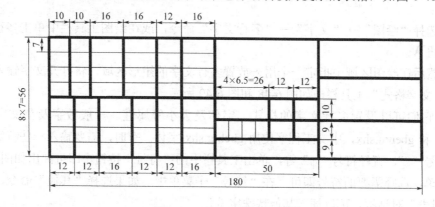

图 6-46　较为复杂的表格

6.3.12 文字的绘制

在工程图中往往要写入一些注释，包括技术样式、尺寸、明细表、标题栏等，这些注释和文字是对工程图的非常必要的补充。在 AutoCAD 中可以进行中文、英文以及数字的输入。选择"绘图"→"文字"命令，会出现两个子命令"多行文字"和"单行文字"。若直接单击绘图工具栏中文字命令按钮**A**，将直接调用"多行文字"。

单行文字，是指每一行都是一个独立的文字对象，因此可以用来创建文字内容比较简短的文字对象，并且可以进行单独编辑，如标签等；多行文字，又称为段落文字，是一种更易于管理的文字对象，无论有几行，所有文字都是作为一个整体处理，常用于创建较为复杂的文字说明，如图样的技术要求等。如图 6-47 所示，图中文字分别用"多行文字"和"单行文字"进行一次性书写，但二者所书写的文字性质存在差别。"多行文字"书写的文字虽存在换行，但两行文字均属于一个对象整体，而"单行文字"书写的文字在换行后，每一行都是一个独立的文字对象。

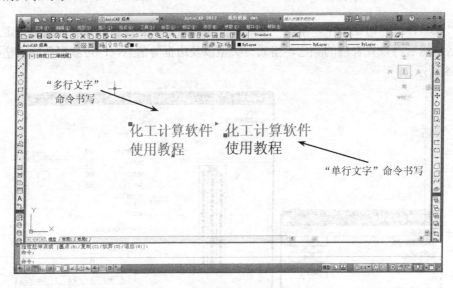

图 6-47　多行文字与单行文字的区别

【例 6-13】分别用"多行文字"和"单行文字"命令创建如图 6-47 所示的文字。

（1）用"多行文字"命令创建文字。

步骤：

◇ 选择"绘图"→"文字"→"多行文字"命令，或在绘图工具栏中单击多行文字按钮**A**。

◇ 然后在绘图区域中指定一个用来放置多行文字的矩形区域，将打开文字输入窗口和"文字格式"工具栏，如图 6-48 和图 6-49 所示。

利用它们可以设置多行文字的样式、字体及大小等属性。一般数字及英文字体使用 gbeitc.shx 和 gbenor.shx，中文工程字使用 gbcbig.shx 字体。有时，需要输入一些特殊的符号如角度符号"°"、直径符号"φ"等，单击工具栏中的"符号"按钮，即可弹出如图 6-49 所示的子菜单，选择需要的符号即可。在"符号"子菜单中，如果选择"其他"命令，将打开"字符映射表"对话框，可以插入其他特殊字符。

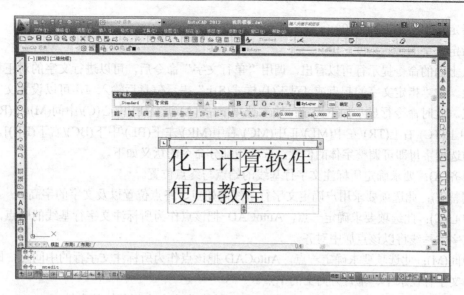

图 6-48　多行文字的创建

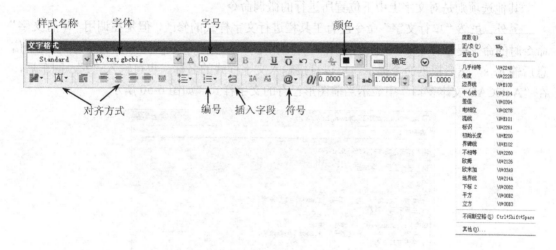

图 6-49　多行文字工具栏

　　如果需要对多行文字进行编辑，选择"修改"→"对象"→"文字"→"编辑"命令，选择创建的多行文字，即可进行文字的修改。也可以在绘图窗口中双击输入的多行文字，或在输入的多行文字上右击，在弹出的快捷菜单中选择"编辑多行文字"命令，打开多行文字编辑窗口。

　　（2）用"单行文字"命令创建文字。

　　步骤为先选择"绘图"→"文字"→"单行文字"命令。与"多行文字"不同，单行文字的创建首先要确定所用输入文字的起点、高度以及旋转角度后，再开始输入文字。输入文字时可以直接回车进行第二行文字的输入，不必再重新调用命令。

　　单行文字的命令提示行如下：

　　命令: _dtext

　　当前文字样式: "Standard" 文字高度: 2.5000　注释性: 否

　　指定文字的起点或 [对正(J)/样式(S)]:

指定高度 <2.5000>: 10

指定文字的旋转角度 <0>:

从上面的命令提示行可以看出，调用"单行文字"命令后，可以进行文字的对正和样式的修改。在"指定文字的起点或 [对正(J)/样式(S)]:"提示信息后输入 J，可以设置文字的对正方式。此时命令行显示如下提示：输入选项[对齐(A)/调整(F)/中心(C)/中间(M)/右(R)/左上(TL)/中上(TC)/右上(TR)/左中(ML)/正中(MC)/右中(MR)/左下(BL)/中下(BC)/右下(BR)]。输入相应的选项字母即可调整字体的位置。选项中部分命令的意义如下。

对齐(A)：要求确定所标注文字行基线的始点与终点位置。

调整(F)：此选项要求用户确定文字行基线的始点、终点位置以及文字的字高。

中心(C)：此选项要求确定一点，AutoCAD 把该点作为所标注文字行基线的中点，即所输入文字的基线将以该点居中对齐。

中间(M)：此选项要求确定一点，AutoCAD 把该点作为所标注文字行的中间点，即以该点作为文字行在水平、垂直方向上的中点。

右(R)：此选项要求确定一点，AutoCAD 把该点作为文字行基线的右端点。

其他选项则是对文字上中下位置所进行的微调命令。

另外，虽然"单行文字"命令没有工具栏进行文字样式的修改，但是在调用"单行文字"命令时的命令提示行中可以进行此操作。在"指定文字的起点或 [对正(J)/样式(S)]:"提示信息后输入 s，然后根据命令提示，可以直接输入文字样式的名称，也可输入"?"，回车后，在"AutoCAD 文本窗口"中显示当前图形已有的文字样式，如图 6-50 所示。

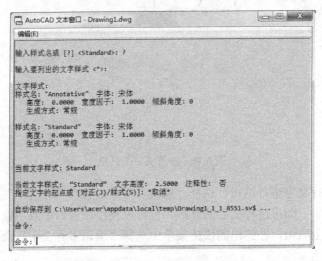

图 6-50　当前图形已有的文字样式

6.4　修改 AutoCAD 图形对象

AutoCAD 绘图界面上编辑工具栏的命令按钮即为修改 AutoCAD 图形对象命令的快捷按钮。这些命令也可以通过单击主菜单中的"修改"命令，在弹出的下拉菜单中进行选择，如图 6-51 所示。无论是弹出的菜单还是工具栏的按钮菜单，不同命令所对应的图形标志是一致的。对于编辑命令不熟悉的初学者，可以通过直接调用"修改"中的子菜单，根据命令图形和中文命令解释来学习图形编辑命令。

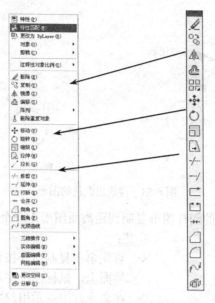

图 6-51　"编辑"菜单与编辑工具栏

6.4.1　图形删除命令

在 AutoCAD 绘图过程中，有些图形需要删除时就要用到图形删除命令 ✐。删除命令的使用方法与常用的删除命令相同，单击选中所需要的图形，单击"删除"命令，即可删除该图形；也可以先单击"删除"命令，再选择图形进行删除。另外一种更为简单的删除图形的方法是，按 Delete 键，在相同的步骤下也可以执行图形删除操作。

【例 6-14】将图 6-52 中的虚线删除。

步骤：

✧　对于例 6-14 要求的删除操作，首先单击图形删除命令 ✐。

✧　然后分别单击选择三条需要删除的虚线，即可完成删除操作。操作步骤相反亦可。

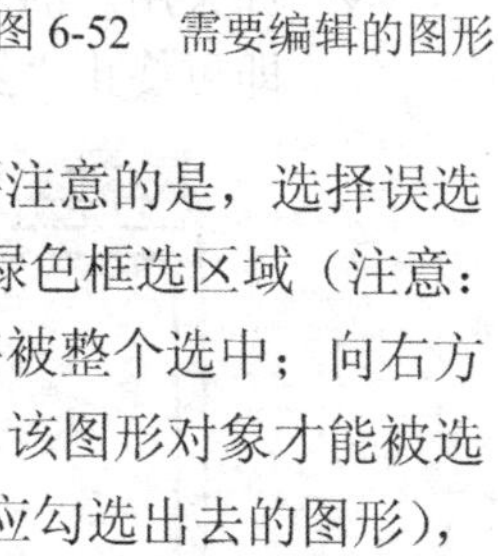

如果当用户误将不需要删除的图形也一并选中，可以通过按 Esc 键，退出删除命令，然后重新选择删除图形即可。或者也可以按住 Shift 键，再对误选的对象进行选择，即可把多选的对象勾选出去。这里需要注意的是，选择误选的对象时，按住 Shift 键的同时，按住鼠标，向左上方或左下方拉出一绿色框选区域（注意：一定是向左方拉出，才是压线式选择模式，即绿色框压住的图形对象将被整个选中；向右方拉出的区域，为窗选式模式，只有蓝色框区域覆盖住整个图形对象时，该图形对象才能被选中），该区域包含该误选图形的某一部分时（绿色区域不要压住其他不应勾选出去的图形），即可将该图形整个勾选出去，如图 6-53 所示。

图 6-52　需要编辑的图形

6.4.2　图形复制

当图形对象是由多个相同的图形组成时，用户只需绘制一个图形，其余相同图形通过图形复制命令即可完成。进行图形的复制时，先单击图形复制命令图标 ❀ 或选择"修改"→"复制"命令，然后选择需要复制的图形对象，并对复制后的图形放置位置进行指定，即可完成图形的复制操作。

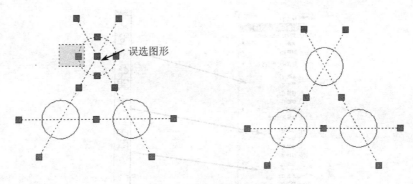

图 6-53　勾选出误选的图形

【例 6-15】将图 6-54 中的阀杆图形复制到距离原图形 160 个单位的位置上。

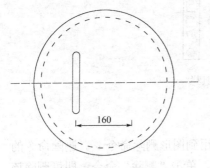

图 6-54　需要复制阀杆的人孔图形

步骤：

◇　首先单击复制命令按钮，这时在 AutoCAD 绘图界面上，鼠标由十字形状变为小方框。

◇　在命令行中提示用户要"选择对象"，单击需要复制的对象阀杆。选择完成后回车，表明用户"选择对象"操作完毕。

◇　然后开始定义要复制图形的具体位置。与 Word 等办公软件的"复制"命令不同，不是鼠标在某个位置单击一下，图形对象就会复制到那个位置上去。在 AutoCAD 的图形复制操作中，需要先将该图形对象的某个点设置为基点（复制对象的参考点），将鼠标水平向右移动，然后输入复制后的图形距该基点的距离大小（也可以输入相对于该基点的某个位置的相对坐标），才能确定复制后图形的位置，与此同时，复制好的图形会在该位置出现，而原有被复制的图形则在原地保持不变。这时，观察绘制图形空间的鼠标形状发现，鼠标上带有刚才要复制的图形，如图 6-55 所示，这表明如果继续输入相对于基点的距离大小，可以继续图形的复制操作。

◇　如果用户的复制操作已经完成，单击鼠标右键，在弹出的菜单中选择"确认"命令即可终止"复制"命令；或者按 Esc 键也可退出"复制"命令。

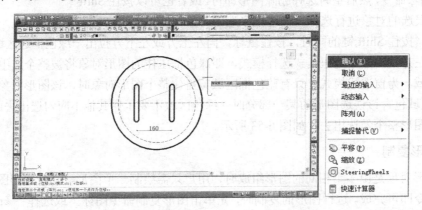

图 6-55　可以继续复制阀杆的人孔图形

命令提示行如下：

命令：_copy

选择对象：找到 1 个

选择对象：

当前设置：复制模式 = 多个

指定基点或 [位移(D)/模式(O)] <位移>：指定第二个点或 <使用第一个点作为位移>：
160

指定第二个点或 [退出(E)/放弃(U)] <退出>：

6.4.3　图形镜像

当绘制完全对称的两个图形对象时，只需绘制出其中一个，另一个通过图形镜像命令来完成绘制过程。单击编辑工具栏中的图形镜像命令图标⚠或选择"修改"→"镜像"命令，即可激活"镜像"命令。"镜像"命令的操作特点是在选择要镜像的对象后，要指定一面"镜子"，从而确定镜像后图形的具体位置，并保证该图形与源对象以"镜子"为对称轴，相互对称。在 AutoCAD 中，"镜子"其实是一条由两点确定的直线，该直线即为对称轴，也可称为"镜像线"。

【例 6-16】通过镜像命令完成例 6-15 的图形绘制要求。

根据题意，所要绘制阀杆的位置与原阀杆正好对称，对称轴为经过圆心的竖直中心轴线。因此，在确定另一阀杆的位置时，只需确定过圆心的对称轴线即可。

步骤：

✧ 首先，单击图形镜像命令图标⚠。

✧ 这时命令行提示用户选择要镜像的对象，选择"阀杆"图形后，回车，表明选择对象的操作结束。

✧ 命令行提示用户指定镜像线（即对称轴）的第一点，用户可以先单击选择圆心，然后再选择经过圆心的竖直中心轴线上的任一点，即为镜像线的第二点。根据两点确定一线原则，对称轴线的确定，也同时确定了另一阀杆的位置。值得注意的是，虽然用户已经确定了镜像对象和对称轴线，但此时在对称的位置上并没有出现所要的另一根阀杆，这是因为镜像操作还剩最后一道子命令没有完成。

✧ 最后的命令行提示问道"要删除源对象吗？"。用户如果不需要之前的那根阀杆，输入英文字母 Y 即可。所得效果为源对象删除的同时，在其对称的位置上会出现与其相同的图形对象。反之，输入 N，则在保留源对象的同时，镜像后的对象也会在指定的对称位置上出现。根据题意，用户应选择 N 或直接回车（命令行默认为 N，直接回车时软件会采用默认命令），即可完成本题要求。

命令提示行如下：

命令：_mirror

选择对象：找到 1 个

选择对象：

指定镜像线第一点：指定镜像线的第二点：

要删除源对象吗？[是(Y)/否(N)] <N>：N

6.4.4　图形偏移

　　在 AutoCAD 中，"偏移"命令与"移动"命令不同。"偏移"命令并不是指某一图形的偏移，而是当绘制相似但可能尺寸不同的图形，且与源对象有一定距离时所使用的一种命令。

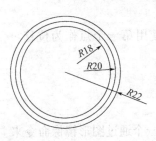

图 6-56　同心圆的绘制

比如同心圆的绘制就属于这种情况。单击编辑工具栏图形偏移命令 或选择主菜单中的"修改"→"偏移"命令，即可进行图形的偏移操作。偏移命令的操作特点为，先确定将要偏移对象的具体距离尺寸，然后选择该对象以及所要偏移的方向，即可进行源对象的偏移操作。

　　【例 6-17】通过"偏移"命令完成如图 6-56 所示图形绘制要求。

　　如图 6-56 所示，三个同心圆的半径分别为 18，20 和 22 个长度单位，各圆的距离量均为 2。根据"偏移"命令的特点，首先绘制中间半径为 20 的圆，然后将其作为源对象，再进行另外两个圆的绘制。

步骤：

✧　单击圆对象绘制命令 。

✧　在空间上任意选择一点作为该圆的圆心，输入半径 20，完成中间圆的绘制。

✧　单击"图标"按钮 。

✧　根据命令行提示，首先输入其他圆距离中间圆的距离 2。

✧　然后单击中间圆，即选择该圆作为另外两圆的绘制参照对象。这时，命令提示用户要选择参照圆的哪一边作为偏移的方向。根据题意，在中间圆的外侧和内侧需要分别画一个圆才能完成三个同心圆的绘制过程。因此，用户可以先在中间圆的内侧或外侧单击，即可以确定要偏移的方向，另一个同心圆也会随之出先在屏幕上。但这样的操作过程仅偏移了一个圆。

✧　另一个圆，要根据命令提示，再选择一次中间圆后，再确定一下偏移方向，则第三个圆也可以确定。当三个圆绘制完成后，直接回车即可退出"偏移"命令。

命令提示行如下：

命令: _circle 指定圆的圆心或 [三点(3P)/两点(2P)/相切、相切、半径(T)]:

指定圆的半径或 [直径(D)] <20.0000>: 20

命令: _offset

当前设置: 删除源=否　图层=源　OFFSETGAPTYPE=0

指定偏移距离或 [通过(T)/删除(E)/图层(L)] <通过>: 2

选择要偏移的对象，或 [退出(E)/放弃(U)] <退出>:

指定要偏移的那一侧上的点，或 [退出(E)/多个(M)/放弃(U)] <退出>:

选择要偏移的对象，或 [退出(E)/放弃(U)] <退出>:

指定要偏移的那一侧上的点，或 [退出(E)/多个(M)/放弃(U)] <退出>:

选择要偏移的对象，或 [退出(E)/放弃(U)] <退出>:

　　另外，"偏移"命令也可以用于相似且尺寸相同的图形，这种情况仅适用于绘制直线对象时。比如如图 6-57 所示的直线网格图形，用户仅需绘制垂直和水平各一条直线，其余直线均可通过"偏移"命令实现，且直线长度均相同。

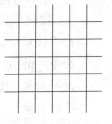

图 6-57　直线网格

6.4.5　图形阵列

当某一个图形以一定阵列排布时，利用图形阵列命令不仅可以实现该图形对象的复制过程，并且可以按照用户设定的位置将图形对象进行排列，省去用户手动进行排布图形对象的烦琐步骤。图形阵列命令的图标按钮为 ▦。也可以通过选择主菜单中的"修改"→"阵列"命令来激活图形阵列命令。图形阵列命令可以进行矩形（方形）阵列、路径阵列和圆形阵列三种排布。对于矩形阵列，用户仅需在绘制某一图形后，设定该图形进行排列时的横纵距离，以及横纵排列位置上的图形对象个数，即可实现该图形的矩形排列；对于圆形排列，用户需要设定的是进行圆形排列时所对应的圆心位置，以及进行圆形排列的对象数目，即可实现该图形的圆形排列。

【例 6-18】通过阵列命令完成如图 6-58 所示图形绘制要求。

如图 6-58 所示，方形底座上的 4 个螺孔以矩形阵列排布。根据阵列排布命令特征，用户只需绘制一个螺孔，其余三个螺孔可以通过阵列命令绘制其图形以及具体的排布位置。

步骤：

✧ 首先，根据 6.3.4 节和 6.3.6 节相关知识，使用矩形命令和圆命令绘制出圆角矩形底座（矩形尺寸为 200×100，圆角半径为 20 个长度单位）以及矩形底座左下角的一个螺孔，如图 6-59 所示。

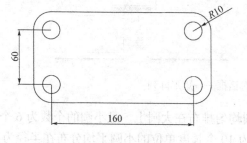

图 6-58　圆角矩形底座螺孔

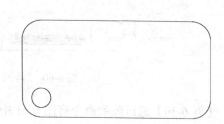

图 6-59　方形底座和左下角螺孔

✧ 然后，单击图形阵列命令图标按钮 ▦ 右下三角的黑色小三角，弹出 ▦ᵖ✦，根据题意，勾选"矩形阵列"。

✧ 再单击"选择对象"前方的按钮，这时，阵列命令对话框消失，进入绘图界面，用户选择所要排布的螺孔图形对象。

✧ 选择需要排布的图形对象后，回车。以螺孔图形的圆心为基点，设置行数和列数，由题目所示图形可知，"行"和"列"中的相同图形数目均为 2，表明该阵列为两行两列矩阵；设置行间距和列间距，如图 6-58 所示，图形上所示的行间距和列间距分别为 60 和 160。这里注意，在默认的情况下，如果输入的行偏移为正值，则行会添加在选择图形对象的上方；如果输入的列偏移为正值，则列会添加在所选图形对象的右边。如果输入偏移量为负值，则行与列的添加方向正好相反。在本题中，所添加偏移量均为正值，因此可以从对话框的右侧预览图框中看出，所选图形为黑色加粗，行和列中其余图形对象均在所选图形的上侧和右侧排列。

✧ 当完成上述设定后，单击"退出"命令，回到绘图界面，如图 6-58 所示，整个图形绘制完毕。整个绘制过程如图 6-60 所示。

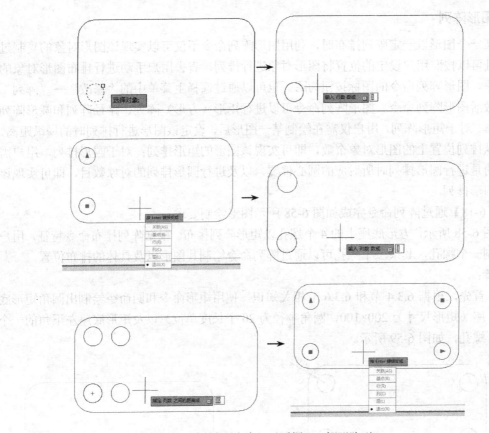

图 6-60 "阵列命令"对话框——矩形阵列

【例 6-19】通过阵列命令将图 6-61 中的小圆均匀排布在大圆上，且小圆的个数为 6 个。

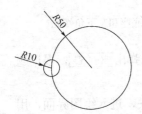

根据题意，6 个半径为 10 个长度单位的小圆平均分布在半径为 50 的大圆上。用户可以使用"阵列"命令中的"环形排列"命令，将小圆作为排布对象，以大圆圆心（100，100）为环形排布中心进行均匀排列。具体步骤与例 6-18 相似，但在"阵列命令"对话框的部分设置有所改变。

步骤：

图 6-61 环形阵列排布

✧ 单击图形阵列命令图标按钮 右下角的黑色小三角，弹出 ，选择"环形阵列"。单击"选择对象"前方的按钮，选择小圆为图形排布对象。选择完毕，回车。

✧ "阵列命令"对话框再次出现。在"中心点"的空白格处填写环形排布中心点坐标（100，100），也可以通过单击"中心点"坐标右侧的"拾取中心点"按钮，回到绘图界面选择环形排列中心点。

✧ 环形阵列中心点选择完毕后，"阵列命令"对话框重新出现，在"项目总数"和"填充角度"中填写要排布对象的个数以及角度，根据题意，6 个小圆要环形布满整个大圆，因此填充角度为 360°。如果仅排布某个弧度，也可以输入该弧度的角度，这样图形对象仅在所设定的弧度角度中进行排布。另外，用户也可以根据需要填写"项目间角度"对排布对象进行距离设定。当所有设定完成后，单击"退出"命令，即完成"环形排列"命令，如图 6-62 所示。

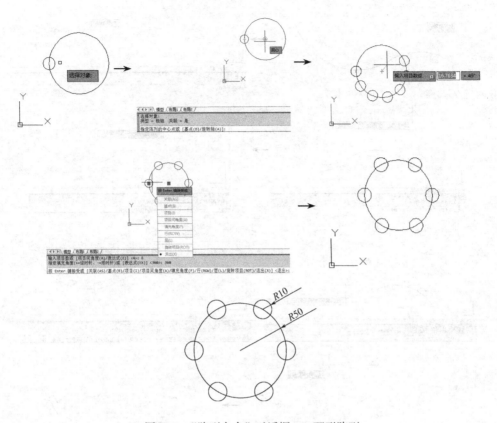

图 6-62　"阵列命令"对话框——环形阵列

【例 6-20】通过"阵列"命令将图 6-63 中的小三角形按照路径曲线均匀排布，且小三角形的个数为 8 个。

图 6-63　路径阵列排布

步骤：

◇ 单击图形阵列命令图标按钮 ⊞ 右下角的黑色小三角，弹出 ⊞ ⌇ ⊞ ，选择"路径阵列"。单击"选择对象"前方的按钮，选择三角形为图形排布对象。选择完毕，回车。

◇ 路径阵列选择完毕后，根据"阵列"命令对话框提示，分别输入命令：选择对象，选择小三角形，按 Enter 键；选择路径曲线，输入"方向"o；指定基点，选择小三角形底边的中点，显示"当前"，按 Enter 键；输入项目数 8 按 Enter 键；输入"定数等分"D，按 Enter 键；单击"退出"命令，即完成"路径阵列"命令，如图 6-64 所示。

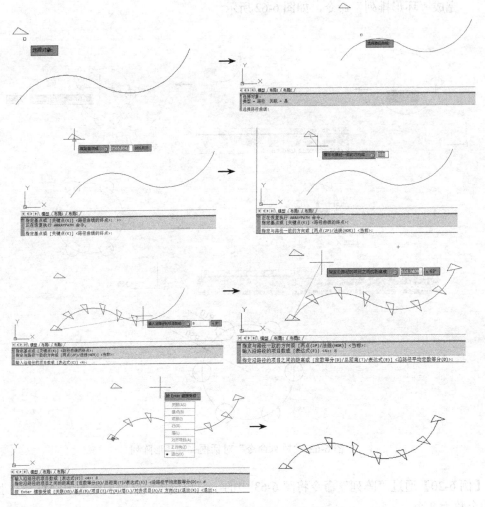

图 6-64　"阵列命令"对话框——路径阵列

6.4.6　图形移动

移动图形对象至某个位置，在 AutoCAD 中是常见的操作之一，可以通过图形移动命令来实现。单击移动命令按钮 ✛，或选择"修改"→"移动"命令，即可启动"移动"命令。

【例 6-21】通过"移动"命令将图 6-65 中的小圆移动到图中大圆中心内部。

步骤：

✧　单击移动命令按钮 ✛，选择要移动的对象小圆，回车，表明选择对象操作结束。

✧　这时，命令行提示"指定基点或[位移(D)]："。默认状态下，用户在屏幕上拾取一点即进行"指定基点"，这样就确定了小圆的移动路径的起点。

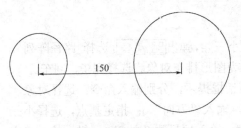

图 6-65　图形对象

✧　然后指定第二点即移动路径的终点时，只需输入 150 即可确定第二点。这样就完成了小圆的移动，如图 6-66 所示。如果用户不进行基点的指定，也在命令行"指定基点或[位移(D)]:"的冒号后面输入英文字母 d,然后输入位移 150,也可实现小圆的移动操作。

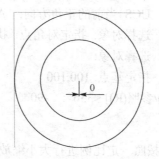

图 6-66　移动图形对象结果

在 AutoCAD 2012 中,某些简单的移动也可以通过单击图形上的某些特征点以及鼠标的拖动来实现。仍以例 6-20 为例。单击小圆,会出现小圆的 5 个特征点,中间一点为圆心,如图 6-67 所示。单击小圆圆心,然后水平向右移动(如图 6-68 所示),移动的距离可以直接通过键盘输入 150,回车,即可呈现同样的移动效果,如图 6-69 所示。

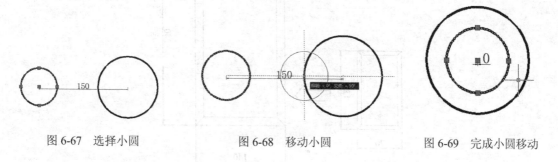

图 6-67　选择小圆　　　　　图 6-68　移动小圆　　　　　图 6-69　完成小圆移动

6.4.7　图形旋转

旋转图形对象也是 AutoCAD 中常见的操作之一。单击移动命令按钮 ⟳,或选择"修改"→"旋转"命令,即可启动"旋转"命令。

【例 6-22】通过"旋转"命令将图 6-70 中的竖直实线图形旋转为水平位置,旋转轴心坐标为(100, 100)。

步骤:

◇ 单击移动命令按钮 ⟳,选择要进行旋转的对象——竖直图形。

◇ 选择完毕后,回车。这时,命令行会提示用户要"指定基点",该基点是要进行旋转的轴心点。用户如果已知轴心坐标,输入即可。若不清楚具体坐标,也可以在屏幕上拾取合适的轴心位置点,作为旋转轴心。

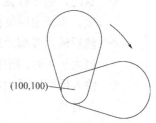

图 6-70　图形旋转

◇ 然后,输入要旋转的角度,根据题意,竖直图形由竖直状态转为水平状态,即顺时针旋转 90°。因此,在命令行中输入要旋转的角度 90°,回车,即可完成图形旋转,如图 6-71 所示。

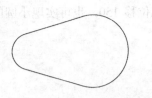

图 6-71　顺时针旋转 90°的图形

命令提示行如下：

命令: _rotate

UCS 当前的正角方向：　ANGDIR=逆时针　ANGBASE=0

选择对象: 指定对角点: 找到 4 个

选择对象:

指定基点: 100,100

　　指定旋转角度，或 [复制(C)/参照(R)] <356>:　　-90

6.4.8　图形缩放

　　图形缩放命令是将图形对象按照一定比例进行大小缩放的命令工具。与 6.2.3 节中介绍的图形放大或缩小工具不同，图形缩放命令是把图形的整个尺寸进行了放大，而不是视觉的放大效果。单击编辑工具栏中的"图标"按钮□或选择"修改"→"缩放"命令，即可激活"缩放"命令。

　　【例 6-23】通过"缩放"命令将图 6-72 中的图形放大为原来的二倍。

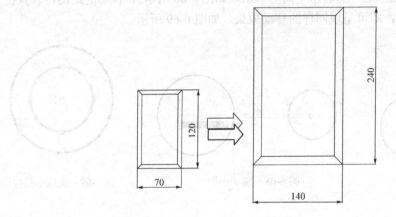

图 6-72　图形缩放

步骤：

◇　单击图形缩放命令按钮□后，选择要缩放的图形对象，回车，结束选择对象操作。

◇　这时，命令行提示指定基点，该基点一般选择图形的角点或中心点，也可以任意拾取。本例中用鼠标单击选取外侧矩形的左下角点。

◇　然后输入要缩放的比例因子，即缩放倍数 2。这里的比例因子必须输入正值，当数值大于 1 时，则图形将会被放大；当 0<比例因子<1 时，则图形将会按照倍数来缩小。

◇　输入比例因子后，回车，完成图形缩放，原来的图形消失，取而代之为放大后的图形对象。

6.4.9　图形拉伸

　　当仅仅是图形的某个方向延长或缩短时，就需要用到图形拉伸命令。单击编辑工具栏中的"图标"按钮□或选择"修改"→"拉伸"命令，即可激活"拉伸"命令。使用"拉伸"命令时，要特别注意在选择要拉伸的图形对象时，需用向左方拖动鼠标的方式选择（即压线式选择模式或交叉窗口选择模式），然后再选择基点，向一定方向进行拉伸或缩短。否则，将不能进行图形的拉伸操作。

【例 6-24】通过"拉伸"命令将图 6-73 中的图形水平方向向左拉长 50 个长度单位。

步骤：

✧ 单击图形拉伸命令按钮▫，这时命令行提示"以交叉窗口或交叉多边形选择要拉伸的对象…"，其意义为需要用户通过压线式选择模式进行拉伸对象选择，如图 6-74 所示。

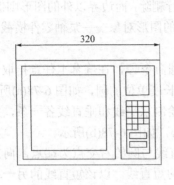

图 6-73　图形拉伸对象

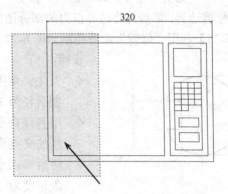

图 6-74　交叉窗口选择拉伸图形对象

✧ 以交叉窗口模式选择图形后，回车，表明对象选择操作结束。

✧ 然后单击选择左下角点，水平向左拉出，如图 6-75 所示。拉出的距离用键盘输入 50，即可完成图形的拉伸操作，最后效果如图 6-76 所示。

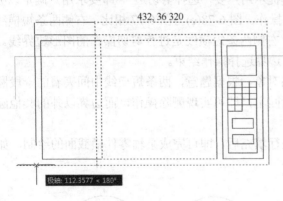

图 6-75　拉伸图形对象

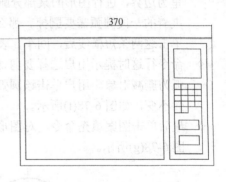

图 6-76　完成图形拉伸

命令提示行如下：

命令：_stretch

以交叉窗口或交叉多边形选择要拉伸的对象…

命令：指定对角点：

命令：

STRETCH

拉伸由最后一个窗口选定的对象…找到 4 个

指定基点或 [位移(D)] <位移>：

指定第二个点或 <使用第一个点作为位移>：50

6.4.10 图形修剪

当图形对象的某个部分需要做删除时需要用到图形修剪命令。注意，"修剪"命令与"删除"命令不同。"删除"命令是用来删除独立的整个图形对象，而"修剪"命令则可以实现对独立图形对象的某一部分作出删除操作。单击编辑工具栏中的"图标"按钮 ⊬ 或选择菜单栏中"修改"→"修剪"命令，即可激活"修剪"命令。使用"修剪"命令时，需要先设定修剪对象的修剪边界，然后再将边界以内的部分图形进行删除，而边界以外的图形则保持不变。

【例 6-25】利用"修剪"命令绘制如图 6-77 所示的图形对象——泵轴零件横截面。

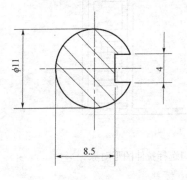

图 6-77　泵轴零件横截面

步骤：
◇ 首先，单击画圆命令 ⊙，在屏幕上任意拾取一点，绘制直径为 11 个长度单位的圆，如图 6-78(a)所示。
◇ 用直线命令 ∕ 绘制水平线和垂直线各一条，并且两条线的交点为圆心，如图 6-78(b)所示。
◇ 然后，以水平直线与圆的右交点为端点，向左绘制一条长度为 2.5 的短直线。以该短直线的另一端点为中心，绘制一条垂直直线，长度为 4，如图 6-78(c)所示。从该垂直直线的两个端点分别引出两条直线，与圆相交即可，如图 6-78(d)所示。

◇ 删除短直线。当上述步骤完成后，所得图形如图 6-78(e)所示。
◇ 单击图形剪切命令按钮 ⊬，命令行提示用户要"选择剪切边"，即要求用户确定以哪里为边界，进行图形的某部分删减操作。图 6-78(e)与图 6-77 相比，右侧两条短横线夹着的一段圆弧需要删掉。那么，右侧两条短横线是进行剪切操作的图形边界线。单击这两条短横线后，回车，表明边界选择操作结束。
◇ 命令行这时提示用户选择要剪切的对象，根据题意，两条短横线中间夹着的一段圆弧为删减对象。用户单击该圆弧后回车，即可实现删除操作，而边界以外的其他圆弧不变，如图 6-78(f)所示。
◇ 最后单击图案填充命令，对图形进行填充后，即可完成泵轴零件横截面的绘制，如图 6-78(g)所示。

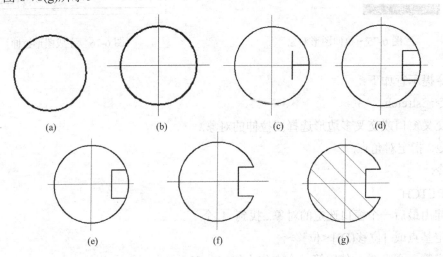

图 6-78　泵轴零件横截面绘制步骤

　　这里要提示用户注意，要删减哪一部分，单击该部分即可删减；对于该例来说，如果单击边界以外的大圆弧，则会将大圆弧删除。

　　命令提示行如下（这里仅显示剪切部分命令）：

当前设置:投影=UCS，边=无

选择剪切边...

选择对象或 <全部选择>:　找到 1 个

选择对象: 找到 1 个，总计 2 个

选择对象:

选择要修剪的对象，或按住 Shift 键选择要延伸的对象，或

[栏选(F)/窗交(C)/投影(P)/边(E)/删除(R)/放弃(U)]:

　　即使不指定剪切边界，也可以进行剪切操作。这时，系统往往默认距离需要剪切部分最近的图形作为边界，进行图形的剪切操作。如图 6-79 所示，需要将两条短横线中间的圆弧删掉。单击图形剪切命令按钮，命令行提示用户要"选择剪切边"，不需选择，直接回车。命令行这时提示用户选择要剪切的对象，根据题意，用户单击两短横线中间的圆弧后回车，同样可以实现删除操作，如图 6-80 所示。

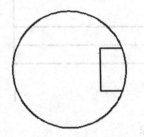 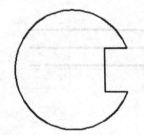

图 6-79　需要修剪的泵轴横截面图　　　　图 6-80　修剪完成的泵轴横截面

6.4.11　图形延伸

　　与图形剪切命令相反，图形延伸命令可以在边界设定的情况下，将离边界一定距离的对象的某一部分延伸到边界上去。单击图形延伸命令图标或选择"修改"→"延伸"命令，即可激活"延伸"命令。用法与"剪切"命令相似，先设定延伸的边界，然后选择要延伸的对象，即可实现延伸操作。

　　【例 6-26】利用"延伸"命令将如图 6-81 所示的图形对象延伸到指定边界上。

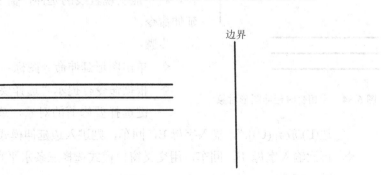

图 6-81　需要延伸的图形对象

步骤：

◇ 单击图形延伸命令图标 -/，命令行提示选择边界的边，根据题意，单击右侧的垂直直线，回车。

◇ 这时选择要延伸的对象。根据题意，要延伸的对象为三条水平线段，用户分别单击水平线段靠近边界的一侧，即可实现延伸操作，如图 6-82 所示。

图 6-82　延伸图形对象

◇ 当延伸的边界相同，但延伸对象较多时，用户可通过交叉窗口模式（鼠标由左向右拉出）将延伸对象一并选择，即可实现同时延伸，如图 6-83 所示。

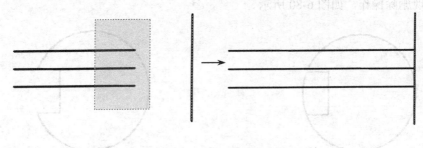

图 6-83　延伸多个图形对象

需要注意的是，当选择延伸对象时，一定要单击或用交叉窗口模式选择靠近边界的一侧，否则将不能实现延伸操作。

当延伸边界与延伸后的图形对象不相交时，也可以实现延伸操作。

【例 6-27】利用"延伸"命令将如图 6-84 所示的图形对象延伸到指定边界上。

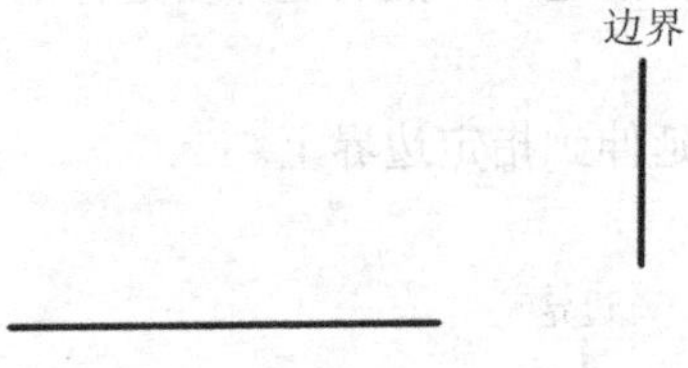

如图 6-84 所示，很明显，需要延伸的三条水平线段只能延伸到垂直直线的延长线上。如果按照例 6-27 所述的延伸操作，将不能实现直线的延伸，需要另外做一些设定才能完成延伸命令。

步骤：

◇ 单击图形延伸命令图标 -/，选择边界线，回车。

◇ 根据命令行提示"选择要延伸的对象，或按住 Shift 键选择要修剪的对象，或[栏选(F)/窗交(C)/投影(P)/边(E)/放弃(U)]:"，输入字母 E，回车，则进入边延伸模式。

◇ 再次输入字母 E，回车，用交叉窗口模式选择三条水平直线即可完成延伸操作，如图 6-85 所示。

边界

图 6-84　无相交时延伸图形对象

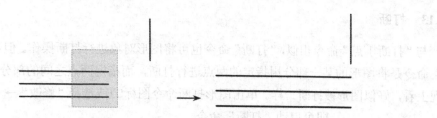

图 6-85　无相交时延伸图形对象操作步骤

命令提示行如下：

当前设置:投影=UCS，边=延伸

选择边界的边…

选择对象或 <全部选择>：找到 1 个

选择对象：

选择要延伸的对象，或按住 Shift 键选择要修剪的对象，或

[栏选(F)/窗交(C)/投影(P)/边(E)/放弃(U)]： e

输入隐含边延伸模式 [延伸(E)/不延伸(N)] <延伸>: e

选择要延伸的对象，或按住 Shift 键选择要修剪的对象，或

[栏选(F)/窗交(C)/投影(P)/边(E)/放弃(U)]： 指定对角点：

6.4.12　打断于点

当某个图形对象需要进行分割时，可以通过"打断于点"命令指定分割点，即可将图形以起点和分割点为界进行分割。单击打断于单命令图标匚，即可启动"打断于点"命令。

比如一条直线，需要以中点为界，将其进行分割。单击打断于点命令图标匚，命令行提示用户选择要打断的对象，然后再选择直线中点（在直线的中点单击），即可以直线的起点和中点为分割点，将直线分成两个独立直线图形对象，如图 6-86 所示。

图 6-86　打断直线图形对象操作步骤

对于矩形或多边形等图形对象，也可以实现分割操作。如图 6-87 所示，首先以左下角点为起点，进行正五边形的绘制（即左下角点为起点）。单击打断于点命令图标匚，选择要打断的对象，然后再选择五边形右上侧边中点为分割点，即可实现以五边形的起点和右上侧中点为分割点，将五边形分成两个独立直线图形对象，如图 6-87 所示。

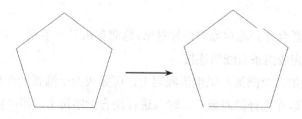

图 6-87　打断五边形图形对象操作步骤

6.4.13　打断

　　与"打断于点"命令相似，"打断"命令也可将图形对象进行打断操作。但不同的是，"打断"命令是将图形的某一部分用指定的两点进行打断，而指定两点之间的部分会被删掉。从外观上看，好似图形被打断一样。单击图形打断命令图标或选择"修改"→"打断"命令，即可启动"打断"命令。

　　【例 6-28】利用"打断"命令绘制如图 6-88 所示的图形。

　　步骤：

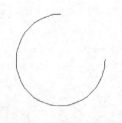

图 6-88　四分之三圆弧

　　◇　首先利用绘制圆的命令，绘制一个圆，圆心半径自定。

　　◇　然后单击图形延伸命令图标。命令行提示选择对象，单击该圆。这里要特别注意的是，在选择该圆的时候，单击圆的位置，系统即默认为是打断的第一点。如果该点并非是打断的第一点，可根据命令行提示，输入字母 f，重新进行打断第一点的指定。

　　◇　指定第一点后，回车，再指定第二点。根据题意，圆对象打断的部分应由一个 90° 圆弧的两个端点来确定，按照上述步骤，分别指定，即可完成四分之三圆弧的绘制。

　　命令提示行如下：

　　命令: _break　选择对象:

　　指定第二个打断点　或　[第一点(F)]: f

　　指定第一个打断点

　　指定第二个打断点:

6.4.14　合并

　　"合并"命令可以看做是"打断"命令的反操作过程。该命令可执行的前提条件是必须处于同一水平面的图形对象。比如当两条不相接直线处于同一直线方向上，或者被打断的两个圆弧处于同一假想圆上，均可以通过"合并"命令，将看似被断开的两个图形对象连接起来。单击图形合并命令图标或选择"修改"→"合并"命令，即可启动"合并"命令。

　　【例 6-29】利用"合并"命令将如图 6-89 所示的图形连接起来。

　　步骤：

　　对于第一组断裂的两条直线。

　　◇　首先单击图形合并命令图标，命令行提示用户选择进行合并的源对象，单击其中一条直线，将其作为要合并的源对象。

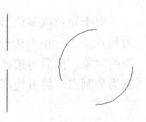

图 6-89　断裂的图形对象

　　◇　然后再选择要合并到源对象的目标对象,这时单击另一条直线，回车。完成两条直线的连接。

　　对于第二组断裂的两个圆弧，采用步骤同上，可完成两个圆弧的连接。若要继续将剩余的缺口连接起来，可以在选择源对象后，输入进行闭合的字母 L，即可完成。

　　以上过程如图 6-90 所示。

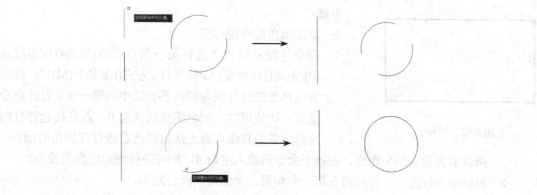

图 6-90　合并断裂的图形对象

命令提示行如下：

命令: _join 选择源对象:

选择要合并到源的直线: 找到 1 个

选择要合并到源的直线:

已将 1 条直线合并到源

命令:

命令: _join 选择源对象:

选择圆弧，以合并到源或进行 [闭合(L)]:

选择要合并到源的圆弧: 找到 1 个

已将 1 个圆弧合并到源

命令:

命令: _join 选择源对象:

选择圆弧，以合并到源或进行 [闭合(L)]: L

已将圆弧转换为圆。

6.4.15　倒角

在某些零件图形中，有些部位以倒角的形式出现，如图 6-91 所示。因此，在 AutoCAD 中专门提供可以绘制倒角的命令。单击倒角命令图标◻或选择"修改"→"倒角"命令，即可激活"倒角"命令。

对某个夹角进行打倒角操作时，首先要指定倒角两个端点分别距离夹角顶点之间的大小（即倒角距离），然后选择构成夹角的两条边直线，即可完成打倒角的操作。

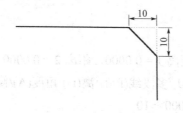

图 6-91　倒角

【例 6-30】利用倒角命令将如图 6-92 所示的矩形图形进行打倒角操作，第一个倒角距离=10，第二个倒角距离=20。

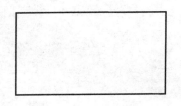

图 6-92 矩形

步骤：
✧ 单击倒角命令图标⌐。
✧ 命令行提示用户"选择第一条直线或[放弃(U)/多段线(P)/距离(D)/角度(A)/修剪(T)/方式(E)/多个(M)]"。此意为选择要进行打倒角的两条直线中的第一条。若此命令是第一次使用时，倒角距离默认为 0，若直接选择打倒角的两条边直线，将无法按照题意进行打倒角的操作，所以需先设定倒角距离，在该子命令后输入字母 d，则可进行倒角距离的设定。
✧ 根据命令行提示，分别输入第一个和第二个倒角距离，回车。
✧ 选择打倒角的两条直线，选择完成后，倒角操作即可完成，如图 6-93 所示。

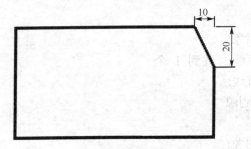

图 6-93 带倒角的矩形

若矩形的 4 个角均要进行打倒角操作，重复选择"倒角"命令，分别选择边直线即可。与第一次使用"倒角"命令不同，不需重复设置倒角距离，系统会默认第一次设置的倒角距离即为以后操作的倒角距离。如果倒角距离需要改变，重新输入字母 d，将倒角距离重新设置即可。

若设置的倒角距离为 0，则打倒角操作对不相交的两条直线则相当于"延伸"命令；而对相交出头的两条直线相当于剪切操作，如图 6-94 所示。

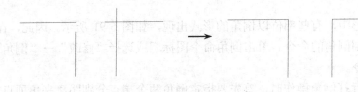

图 6-94 倒角操作的延伸与剪切

命令提示行如下：

命令: _chamfer

("修剪"模式)当前倒角距离 1 = 0.0000，距离 2 = 0.0000

选择第一条直线或 [放弃(U)/多段线(P)/距离(D)/角度(A)/修剪(T)/方式(E)/多个(M)]: d

指定第一个倒角距离 <0.0000>: 10

指定第二个倒角距离 <10.0000>:20

选择第一条直线或[放弃(U)/多段线(P)/距离(D)/角度(A)/修剪(T)/方式(E)/多个(M)]:

选择第二条直线，或按住 Shift 键选择要应用角点的直线:

6.4.16 圆角

"圆角"命令与"倒角"命令相似。对某个夹角进行打圆角操作时，首先要指定圆角所在假想圆的半径（即圆角半径)，然后选择构成夹角的两条边直线，即可完成打圆角的操作。单击圆角命令图标⌒或选择"修改"→"圆角"命令，即可激活"圆角"命令。

【例 6-31】利用"圆角"命令将图 6-92 的矩形图形进行打圆角操作，圆角半径=10。

步骤：

◇ 单击"圆角"命令图标⌒。

◇ 命令行提示"当前设置: 模式 = 修剪，半径 = 0.0000"，因此需要先设置圆角半径。输入字母 r，回车。

◇ 进入半径设置状态，输入半径为 10 个单位，回车。

◇ 然后根据命令行提示，选择构成夹角的两条边直线，即可完成打圆角的操作，如图6-95 所示。

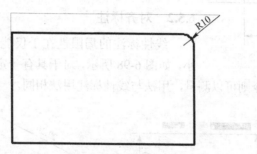

图 6-95 圆角操作

若设置的圆角半径为 0，则打圆角操作对不相交的两条直线相当于"延伸"命令；而对相交出头的两条直线相当于剪切操作，与打倒角命令相似。

6.4.17 分解

当图形对象由多个 AutoCAD 基本对象组合而成为一个整体时，一般被称为组合图形。"分解"命令是用来分解组合对象，将组合对象拆分为 AutoCAD 基本对象的操作命令。分解的结果取决于组合对象的类型。单击分解命令图标⊡或选择"修改"→"分解"命令，即可激活"分解"命令。

【例 6-32】利用"分解"命令将图 6-96 进行分解操作。

图 6-96 分解操作

步骤：

◇ 在未将图形进行分解时，单击该图形，则整个图形对象被选中。

◇ 然后，单击分解命令图标⊡进行分解。

再次单击该图形时，这时图形已经被分解为数字、直线以及箭头等多个 AutoCAD 基本对象。

6.5 标注图形对象

AutoCAD 图形对象的尺寸如长度、坐标、角度、半径等信息均可以通过标注进行说明。可以通过单击主菜单中的"标注"命令，在弹出的下拉菜单中选择如何进行标注。下面以几种常用标注命令为例进行介绍。

6.5.1 线性标注

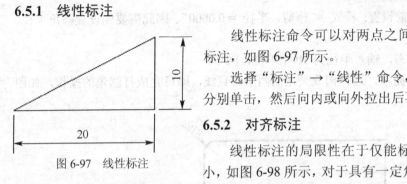

图 6-97 线性标注

线性标注命令可以对两点之间的水平或垂直距离进行标注，如图 6-97 所示。

选择"标注"→"线性"命令，在要进行标注的两点上分别单击，然后向内或向外拉出后再单击即可。

6.5.2 对齐标注

线性标注的局限性在于仅能标注水平或垂直距离的大小，如图 6-98 所示，对于具有一定角度的直线距离大小却无法测量，对齐标注命令则可以测量，用法与线性标注用法相同。

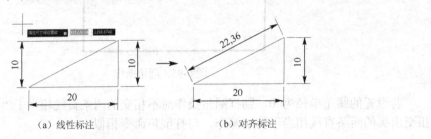

(a) 线性标注　　　　　　(b) 对齐标注

图 6-98 对齐标注与线性标注的区别

6.5.3 弧长标注

弧长标注命令用来测量圆弧的长度。选择"标注"→"弧长"命令，在要进行标注的圆弧上单击，然后向内或向外拉出后再单击左键，如图 6-99 所示。

6.5.4 坐标标注

坐标标注命令用来标注某点的坐标值。选择"标注"→"坐标"命令，单击某点后，向左右或向上下拉出为该点的 x 轴或 y 轴坐标，如图 6-100 所示。

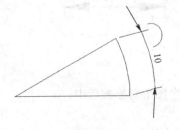

图 6-99 弧长标注

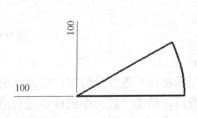

图 6-100 坐标标注

6.5.5 半径、折弯、直径标注

半径、折弯、直径标注命令用来标注圆、弧等图形的半径或直径尺寸。选择"标注"→"半径"或"折弯"或"直径"即可启动相应命令。半径、直径用法基本相似,选择相应标注命令后,选择要标注的圆或弧即可。折弯标注除了选择标注对象以外,还要指定尺寸线位置和折弯位置,如图 6-101 所示。

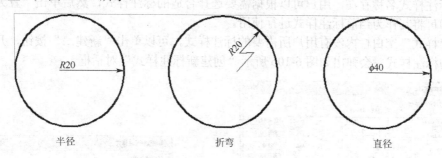

图 6-101 半径、折弯、直径标注

6.5.6 角度标注

角度标注命令用来标注弧度或夹角的角度。选择"标注"→"角度"命令,单击圆弧或构成夹角的两条直线,然后向内或向外拉出即可标出相应角度,如图 6-102 所示。

6.5.7 基线标注

基线标注命令用于在图形中以第一尺寸线为基准标注图形尺寸。选择"标注"→"基线"即可启动相应命令。使用方法是选择基线命令后,根据命令行提示首先选择已有的线性、坐标、角度或对齐标注作为基准,然后,根据用户需要来选取第二条、第三条等标注线,如图 6-103 所示。

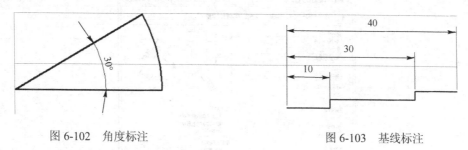

图 6-102 角度标注

图 6-103 基线标注

这里需要注意的是,在使用基线标注命令之前,在图形中必须有已标注的线性、坐标、角度或对齐标注,否则无法进行基线标注。

6.5.8 连续标注

连续标注命令是以上一个标注或已选定标注的第二条尺寸界线处为新的标注第一尺寸界线,进行新标注的标注命令。选择"标注"→"连续"命令即可启动相应命令。使用方法与基线标注类似,如图 6-104 所示。

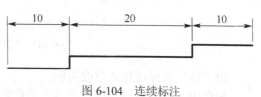

图 6-104 连续标注

6.5.9　标注样式

标注的样式可以根据用户需要进行修改和选择。选择"标注"→"标注样式"命令，则进入标注样式修改模式，会弹出如图 6-105 所示的"标注样式管理器"对话框。

从图 6-105 可以看出，当前的标注样式是系统自带的标注样式 ISO-25。在对话框左侧的"样式"空白栏内当前的标注样式是蓝底白字，表明目前已被选中。如果在"样式"空白栏内有其他标注样式名称存在，用户可以根据需要选择合适的标注样式，然后单击"置为当前"按钮，即可将其作为当前标注样式进行使用。

若"样式"空白栏内没有用户所需要的标注样式，可以单击"新建…"按钮，开始创建一个新的标注样式，会弹出如图 6-106 所示"创建新标注样式"对话框。

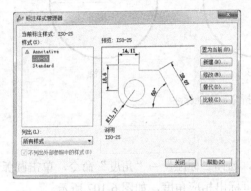

图 6-105　标注样式管理器

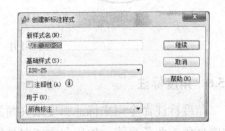

图 6-106　"创建新标注样式"对话框

在"新样式名"文本框处输入新样式名，如"化工标注"，并以当前 ISO-25 为基础样式，然后单击"继续"按钮，弹出如图 6-107 所示对话框。在此对话框中，包含"线"、"符号和箭头"、"文字"、"调整"、"主单位"、"换算单位"以及"公差"等标签，用户可以根据需要分别单击不同标签，对相应的对象进行修改或重新设定。

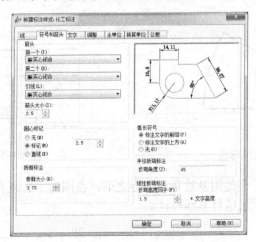

图 6-107　"新建标注样式"对话框

以"线"的标注样式修改为例。

先单击"线"标签，进行"线"的设定，如图 6-108 所示。从图上可以看出，该标签可以对标注的"尺寸线"和"尺寸界线"的颜色、线宽、线型、基线间距甚至是否出现都可以进行设定，用户可以根据需要，单击每一栏右侧的下拉箭头，从中选择合适的样式。"尺寸线"

和"尺寸界线"的含义如图 6-109 所示。

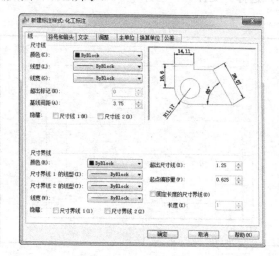

图 6-108　"新建标注样式"对话框——"线"的设置

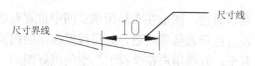

图 6-109　标注的尺寸界线和尺寸线

其他样式修改方法与此设置比较相似，在此不再一一赘述。

6.6　图形对象的布局与打印

化工图形绘制完成后，若不作图幅的设置，直接选择 AutoCAD 绘图区域底部的"布局 1"选项卡，进入图纸空间，界面如图 6-110 所示。具有阴影边界的空白区域是图纸，虚线是默认的可打印区域的边界线，实线矩形是自带的视口。打印文稿的样式即为图 6-110 中所示的文稿模式。

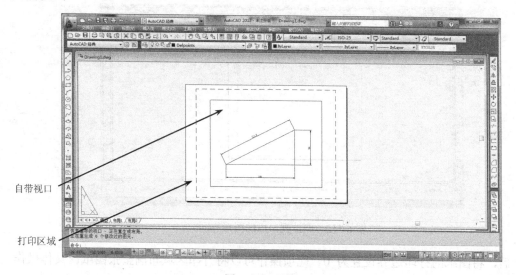

图 6-110　"布局"显示

如果需要直接打印，选择"文件"→"打印"命令，选择合适的联机打印机即可。打印效果如图 6-111 所示。

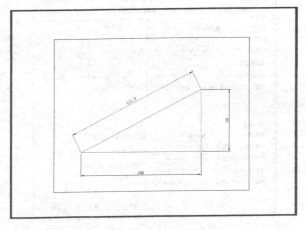

图 6-111　图形对象的打印效果

但是，从图 6-111 可以看出，图形在布局图纸空间中位置有些偏，存在有自带视口的黑框，而且有图框过小、没有注释表格等问题，如果按照图示的图形进行直接打印输出，所打印出的文稿不甚美观。甚至，有些用户在"模型"空间画好图后，可能会出现在布局空间仅能看到图形对象的一部分或者图形对象消失等状况。

以上问题均可以通过 AutoCAD 的其他设置予以改善。下面以"某化工工艺流程图的绘制"为例对各个步骤进行详细叙述。

6.6.1　进行图纸布局

首先，为防止在后面的操作过程中出现图的重叠，须删除自带视口。单击选中自带视口的边框，按"Delete"键即可实现视口的删除。用户会发现原有的图形对象也会随之消失，如图 6-112 所示，这是由于视口删除的缘故。这并不影响图形的布局和打印，在后续的操作中（6.6.3 节）会讲到如何重新将图形对象调入布局。

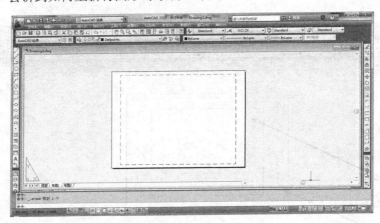

图 6-112　删掉视口后的图形界面

然后，将图纸的打印边界设置为 0。此项操作可以将打印区域布满整张图纸。具体操作如下。

◇ 单击"文件"→"页面设置管理器"命令，启动"页面设置管理器"对话框，也可以通过右击"布局 1"选项卡，在弹出的快捷菜单中选择"页面设置管理器"，调出"页面设置管理器"对话框，如图 6-113 所示。在"当前页面设置"中选择"布局 1"，单击"修改"按钮，弹出"页面设置-布局 1"对话框，如图 6-114 所示。

图 6-113　"页面设置管理器"对话框　　　　　图 6-114　"页面设置-布局 1"对话框

◇ 从"打印机/绘图仪"选项中，选择打印机型号，如图 6-114 所示。

◇ 将"图纸尺寸"选择为如图 6-114 所示设置。因为本例中图形对象为横向，因此选择横向图纸尺寸"ISO A4(297.00×210.00 毫米)"（图纸尺寸可根据用户需求自由设置）。

◇ 单击"特性"按钮，弹出"绘图仪配置编辑器"对话框，选择"设备和文档设置"选项卡，如图 6-115 所示。选择"修改标准图纸尺寸（可打印区域）"选项，激活修改标准图纸"尺寸"列表，在该下拉列表中，选择与"页面设置-布局 1"中一样的"图纸尺寸"，如本例中之前在"页面设置-布局 1"对话框中已选择"ISO A4（297.00×210.00 毫米）"，则这里也需要选择同样的图纸尺寸，且规格要务必一致，否则将无法达到修改边界的效果。

◇ 单击"修改"按钮，启动"自定义图纸尺寸-可打印区域"向导，如图 6-116 所示。设置上、下、左、右的边界都为"0"。

图 6-115　绘图仪配置编辑器　　　　　图 6-116　"自定义图纸尺寸-可打印区域"对话框

◇ 单击"下一步"按钮定义新图纸尺寸文件名，弹出"自定义图纸尺寸-文件名"对话框。

✧ 单击"下一步"按钮弹出"自定义图纸尺寸-完成"对话框，如图 6-117 所示。单击"完成"按钮结束打印区域设置，系统返回"绘图仪配置编辑器"对话框。

图 6-117　"自定义图纸尺寸-完成"对话框

✧ 单击"确定"按钮，弹出"修改打印机配置文件"对话框，单击"确定"按钮，返回"页面设置-布局 1"对话框。打印边界设置前后图纸对比如图 6-118 所示。

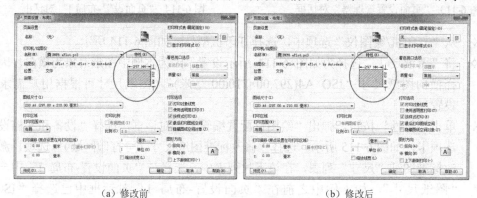

（a）修改前　　　　　　　　　　（b）修改后

图 6-118　打印边界修改前后对比

✧ 单击"确定"按钮返回"页面设置管理器"对话框，单击"关闭"按钮，返回 CAD 界面。结果如图 6-119 所示，A4 图纸全在打印区域，此时，系统坐标原点即为 A4 图纸的左下角点。此时便完成了图纸的布局。

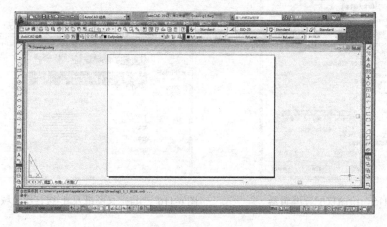

图 6-119　页面边界为"0"时的 A4 图纸

6.6.2　制作图框和标题栏并进行粘贴至布局

6.6.2.1　标题栏制作

在模型空间，使用"矩形"、"直线"、"偏移"、"修剪"等命令画出如图 6-120 所示的标题栏，注意使用正确的粗细线。标题栏的样式可根据客户需要自行绘制，示例中的标题栏是常用的一种。

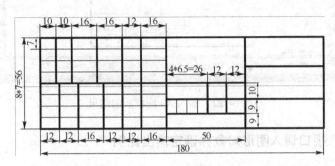

图 6-120　标题栏框线

标题栏中的文字可用"多行文字"命令注写，并拖放至表格中即可，如图 6-121 所示。

图 6-121　标题栏文字示例

6.6.2.2　图框绘制

所选图纸为 A4 图幅，因此图框要选用相应的 A4 图框。在模型空间创建图框的命令行显示为：

命令：_rectang

指定第一个角点或 [倒角(C)/标高(E)/圆角(F)/厚度(T)/宽度(W)]：

指定另一个角点或 [面积(A)/尺寸(D)/旋转(R)]：@295,205

这里需要注意的是，化工图样的图框尺寸需遵守国家标准 GB/T 14689—2008《技术制图图纸幅面和格式》的规定。

6.6.2.3　插入图框

在模型空间，将已经绘制完成的表格通过"移动"命令拖放至图框右下角点即可。

6.6.2.4　将图框和标题栏一同插入到"布局"空间

首先，在"模型"空间将标题栏连同图框一同选择，单击"复制"命令。然后，回到"布局"空间，右击，选择"粘贴"命令，将标题栏连同图框放置在合适的位置上，如图 6-122 所示。

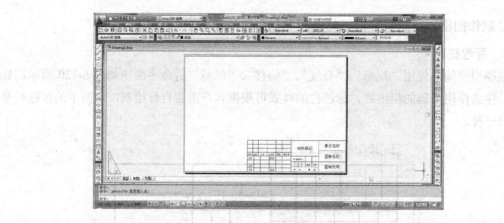

图 6-122　插入 A4 图框后的结果

6.6.3　在"布局"视口调入图形对象并确定输出比例

6.6.3.1　调入图形

在命令行中输入"mview"，创建新视口，将所绘制的图形调入图纸空间。命令行中的输入如下所示。

命令: mview

指定视口的角点或 [开(ON)/关(OFF)/布满(F)/着色打印(S)/锁定(L)/对象(O)/多边形(P)/恢复(R)/图层(LA)/2/3/4]

<布满>:

正在重生成模型。

图形对象调入图纸空间后，如图 6-123 所示。

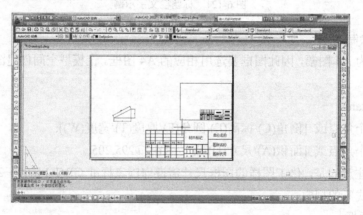

图 6-123　使用"mview"命令后的页面设置

从图 6-123 可以看出，被调入的图形分布较乱，一些不需要的图形也出现在"布局"空间。这些不需要的图形以及需要图形的位置可以进行删除或修改。

6.6.3.2　修改图形对象的显示

首先在"布局"空间中，单击"图纸"按钮，当变为"模型"时，即在布局中切换到"模型"空间状态，如图 6-124 所示。

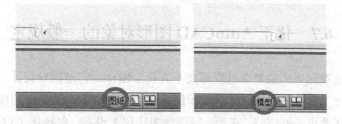

图 6-124　在布局中将"布局"空间向"模型"空间转换

　　然后，单击"实时平移"⊚和"实时缩放"⊛按钮将所绘图形移动至合适的位置上，如图 6-125 所示。通过滑动或按住鼠标的滚轮也可以实现上述操作。

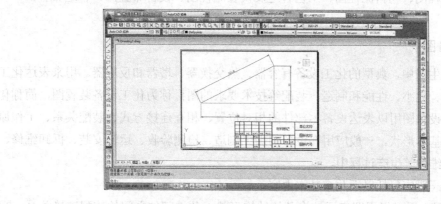

图 6-125　设置完成的图形对象布局

6.6.4　图纸打印

　　图纸的打印是出图的最后一步。选择"文件"→"打印"命令，如图 6-126 所示，可供选择的打印机型号均列在"打印机/绘图仪"中的"名称"中，选择合适的联机打印机即可。其中，DWF6 ePlot.pc3 为虚拟电子打印模式。所谓虚拟电子打印，是 AutoCAD 软件的一种打印形式，不需要连接实际的打印机进行打印，而是通过软件进行的一种电子打印模式，所输出的图形稿件是以 dwf6 为后缀名的电子打印稿。这种打印稿不需要启动 AutoCAD 就可以查看，是 CAD 的 dwf 绘图文件。虽然是电子文稿，但是只能看而不能修改。如果未安装实际联机打印机，又想看到最终的打印效果时，可以采用这种模式进行打印。采用虚拟电子打印模式时，打印对象的文件后缀名为".dwf"，打印结束可查看打印和发布的详细信息，如图 6-127 所示。

图 6-126　"打印-布局 1"对话框

图 6-127　"打印和发布详细信息"对话框

6.7　化工 AutoCAD 图形对象的一般规定

从化工厂的建设到生产的整个过程都离不开化工图样。它是指导设计、安装和生产的技术资料。其中，化工设备图和化工工艺流程图是化工行业中常用的工程图样。

化工设备图样要求能够完整、正确、清晰地表达化工设备，包括化工设备总图、装配图、部件图、零件图、管口方位图、表格图及预焊接件图等。化工工艺流程图是工艺设计的关键文件，它表示工艺过程选用设备的排列情况、物流的连接、物流的流量和组成以及操作的条件，包括方案流程图、物料流程图、工艺管道及仪表流程图、设备布置图、管道布置图、管道轴测图等。

6.7.1　化工设备图

在化学工业生产中，典型的化工设备有容器、热交换器、塔器和反应器。用来表达化工设备的结构形状、大小、性能和制造、装配等技术要求的图样称为化工设备装置图，简称化工设备图。化工设备图用以表达设备零部件的相对位置、相互连接方式、装配关系、工作原理和主要零件的基本形状。一般应用在设备的加工制造、检测验收、运输安装、拆卸维修、开工运行、操作维护等生产过程中。

化工设备图一般应包括以下几个基本内容。

- ◇ 一组视图：用一组视图表示该设备的结构形状、各零部件之间的装配连接关系，视图是图样中的主要内容。
- ◇ 必要的尺寸：包括尺寸基准（如设备筒体和封头焊接时的中心线、设备制作的底面、设备容器法兰的端面等），尺寸种类（如反映化工设备的主要性能、规格、直径、容积；零部件之间的相对位置尺寸；设备安装在基础、墙面、梁柱或其他构架上所需的尺寸等），为制造、装配、安装、检验等提供数据。
- ◇ 零部件编号和明细表：组成该设备的所有零部件必须按顺时针或逆时针方向依次编号，并在明细栏内填写每一编号零部件的名称、规格、材料、数量、重量以及有关图号内容。
- ◇ 管口符号及管口表：设备上所有管口均需注出符号，并在接管口表中列出各管口的有关数据和用途等内容。
- ◇ 技术特性表：表中列出设备的主要工艺特性，如操作压力、操作温度、设计压力、设计温度、物体名称、容器类别、腐蚀程度和焊缝系数等。
- ◇ 技术要求：用文字说明设备在制造、检验、安装和运输等方面的特殊要求。
- ◇ 标题栏：用以填写该设备的名称、主要规模、作图比例和图样编写等项内容。
- ◇ 其他：如图纸目录、修改表、选用表、设备总量、特殊材料重量和压力容器设计许可证章等。

以上内容在图幅中的位置安排格式通常如图 6-128 所示。当技术要求的内容在数据表内交代不清楚时，才另写技术要求进行详尽说明。

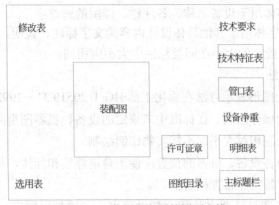

图 6-128　化工设备图的图面安排

绘制化工设备图之前，首先要弄清所绘部件的用途、工作原理、零件间的装配关系、主要零件的基本结构和部件的安装情况；然后确定视图表达方案；最后根据图面标准格式进行绘图。

6.7.2　化工流程图

化工流程图的设计要遵循 HG 20559－93（国际通用设计体制和方法）《管道仪表流程图设计规定》。绘制工艺流程图应根据图面设计的基本方案进行，大致步骤如下。

◇ 根据图面设计确定的设备图例大小、位置，以及相互之间的距离，采用细点画线按照生产流程的顺序，从左至右横向标示出各设备的中心位置。

◇ 用细实线按照流程顺序和标准（或自定）图例画出主要设备的图例及必要内构件。

◇ 用细实线按照流程顺序和标准图例画出其他相关辅助、附属设备的图例。

◇ 先用细实线按照流程顺序和物料种类，逐一分类画出各主要物流线，并给出流向。

◇ 用细实线按照流程顺序和标准图例画出相应的控制阀门、重要管件、流量计和其他检测仪表，以及相应的自动控制用的信号连接线。

◇ 对照流程草图和已初步完成的流程图图画，按照流程顺序检查，看是否有漏画、错画情况，并进行适当的修改和补画。尤其是从框图开始绘制流程图，必须注意补全实际生产过程所需的泵、风机、分离器等辅助设备与装置，以及其他必需的控制阀门重要管件、计量装置与检测仪表等。工艺流程图绘制完成后，应反复检查，直至满意为止。

◇ 按标准将物流线改画为粗实线，并给出表示流向的标准箭头。

◇ 标注设备位号、管道号和检测仪表的代号和符号，以及其他需要标注的文字。

◇ 给出集中的图例与代号、符号说明。

◇ 按标准绘制标题栏，并给出相应的文字说明。

具体到化工流程图的绘制应遵循下列规定。

6.7.2.1　图纸规格

一般采用 0 号（A0）标准尺寸图纸，也可用 1 号（A1）标准尺寸图纸，对同一装置只能使用一种规格的图纸，不允许加长、缩短（特殊情况除外）。流程简单时，可采用 A2 图幅。

6.7.2.2　文字和字母的高度

汉字高度不宜小于 2.5mm（2.5 号字），0 号和 1 号标准尺寸图纸的汉字高度应大于 5mm。指数、分数、注脚尺寸的数字一般采用小一号字体。分数数字最小高度为 3mm，且和分数线之间至少应有 1.5mm 的空隙，推荐的字体适用对象如下。

◇　7 号和 5 号字体用于设备名称、备注栏、详图的题首字。

◇　5 号和 3.5 号字体用于其他具体设计内容的文字标注、说明、注释等。

◇　文字、字母、数字的大小在同类标注中大小应相同。

6.7.2.3　设备的表示方法

化工设备与机器的图形表示方法在原化工部 HG/T 20519.31—1992 标准中已作了规定。表 6-1 摘录了标准中的部分图例。在标准中未规定的设备、机器图形可以根据其实际外形和内部结构特征绘制，只取相对大小，不按实物比例绘制。

化工工艺流程图中各设备、机器的位置应便于管道连接和标注，其相互间物料关系密切者的相对高低位置与设备实际布置相吻合。

对于需隔热的设备和机器要在其相应部位画出一段隔热层图例，必要时标出其隔热等级；管道有伴热的也要在相应部位画出一段伴热管，必要时可标出伴热类型和介质代号。

地下或半地下的设备、机器在化工工艺流程图上要表示出一段相关的地面。设备、机器的支撑和底(裙)座可不表示。

表 6-1　化工设备与机器的图形表示（摘自 HG/T 20519.31—1992）

设备类别	代号	图　　　　例
压缩机、空压机	C	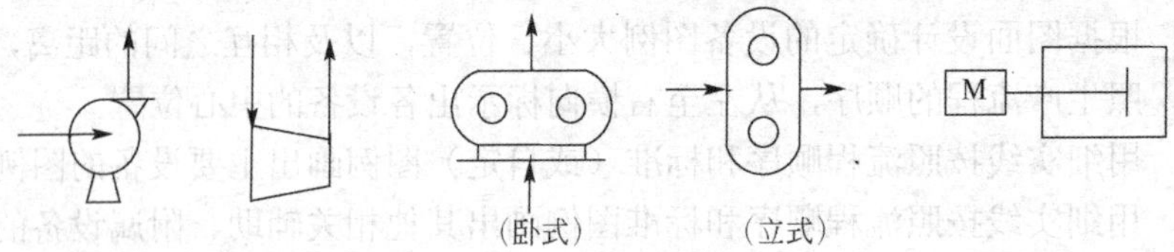 风机　　离心压缩机　　旋转式压缩机 (卧式)(立式)　　单级往复式压缩机
反应器	R	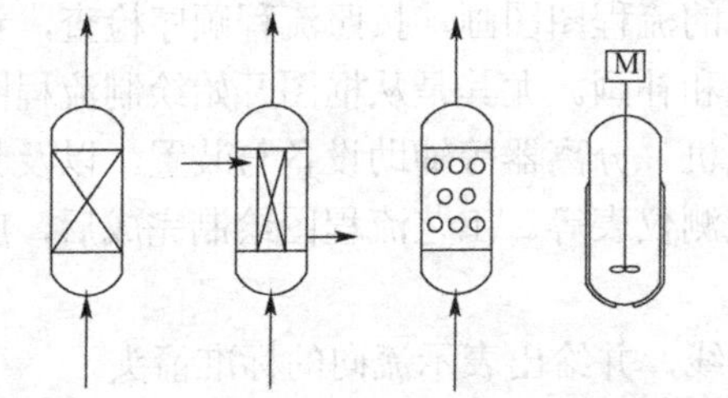 固定床反应器　列管式反应器　流化床反应器　釜式反应器
塔	T	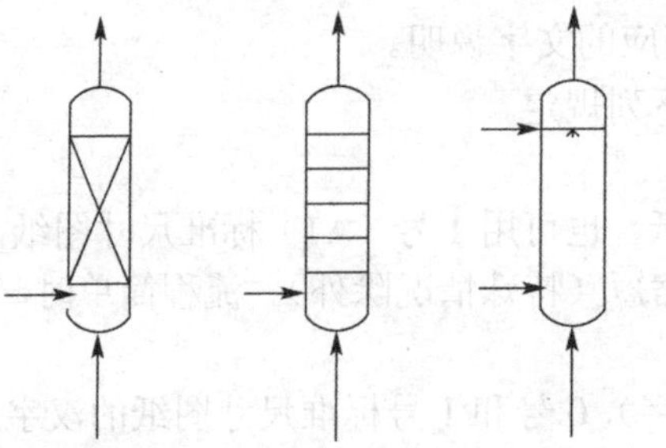 填料塔　　板式塔　　喷洒塔

续表

设备类别	代号	图　　　　　　　　例
换热设备	E	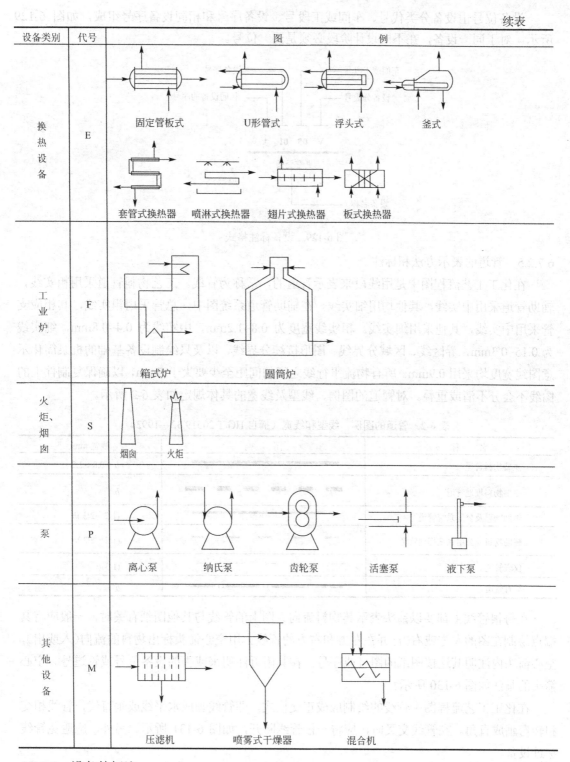
工业炉	F	
火炬、烟囱	S	
泵	P	
其他设备	M	

6.7.2.4　设备的标注

设备一般在两个地方标注：一是在设备的上方或下方进行标注，要求排列整齐，并尽可能正对设备，标注形式如分式，在位号线的上方（分子）标注设备位号，在位号线的下方（分母）标注设备名称；二是在设备内或其近旁进行标注，仅标注设备位号，不标注设备名称。

设备位号由设备分类代号、车间或工段号、设备序号和相同设备序号组成，如图 6-129 所示。对于同一设备，在不同设计阶段必须是同一位号。

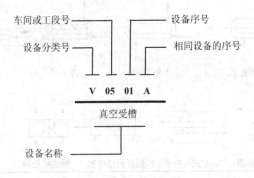

图 6-129　设备标注格式

6.7.2.5　管道的表示方法和标注

在化工工艺流程图中是用线段来表示管道的，常称为管线。工艺物料管道采用粗实线，辅助管道采用中实线，其他均用细实线。在辅助管道系统图中，总管采用粗实线，其相应支管采用中实线，其他采用细实线。粗实线宽度为 0.8~1.2mm，中实线为 0.4~0.8mm，细实线为 0.15~0.3mm，界区线、区域分界线、图形接续分界线，以及只绘制设备基础的机泵简化示意图线宽度均采用 0.9mm。所有物流平行线之间的间距至少要大于 5mm，以确保复制件上的图线不会分不清或重叠。对管道的图例、线型及线宽的具体规定如表 6-2 所示。

表 6-2　管道的图例、线型和线宽（摘自 HG/T 20519.32—1992）

名　称	图　例	线宽/mm
主要物料管道	▬▬▬▬▬▬▬▬	$b = 0.8 \sim 1.2$
主要物料埋地管道	▬ ▬ ▬ ▬ ▬	b
辅助物料及公用系统管道	▬▬▬▬▬▬▬	$(1/2 \sim 2/3)b$
辅助物料及公用系统埋地管道	▬ ▬ ▬ ▬	$(1/2 \sim 2/3)b$
仪表管道	▬▬▬▬▬▬	$(1/3)b$
原有管道	▬▪▪▬ ▪▪ ▬▪▪ ▬	b

在每根管线上都要以箭头表示其物料流向。图上的管线与其他图纸有关时，一般应将其端点绘制在图的左方或右方，并在左方和右方的管线上用空心箭头标出物料的流向（入或出），空心箭头内注明其连接图纸的图号或序号，在其附近注明来或去的设备位号或管道号。空心箭头的画法如图 6-130 所示。

在化工工艺流程图中管线的绘制应成正交模式，即管线画成水平线或垂直线，管线相交和转弯画成直角。在管线交叉时，应将一根管线断开，如图 6-131 所示。另外，应避免管线穿过设备。

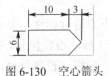

图 6-130　空心箭头

图 6-131　交叉管线标记

　　管线标注是用一组符号标注管道的性能特征。这组符号包括物料代号、工段号、管段序号和管道尺寸等，如图 6-132 所示。

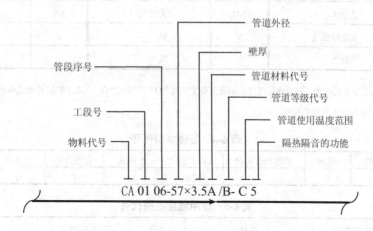

图 6-132　管线标注格式

　　在图 6-132 中，物料代号、工段号和管段序号这三个单元称为管道号（或管段号）。原化工部 HG/T 20519.36—1992 标准中规定的物料代号如表 6-3 所示。管道外径和壁厚构成管道尺寸，管道尺寸以 mm 为单位，只标注数字，不标注单位。在管道尺寸后应标注管道材料代号，管道材料代号如表 6-4 所示。管道等级代号和隔热隔音代号可分别参见原化工部 HG/T 20519.30—1992 和 HG/T 20519.38—1992 标准。表 6-5～表 6-7 给出了使用温度范围代号和隔热隔音功能类型代号。对简单工艺、管道品种不多时，管道等级和隔热隔音代号等单元可省略，此时只在管道尺寸后标注管道材料代号。

　　每根管线（即由管道一端管口到另一端管口之间的管道）都应进行标注。对横向管线，一般标注在管线的上方；对竖向管线，一般标注在管道的左侧，也可用指引线引出标注。

表 6-3　物料名称及代号

代号	物料名称	代号	物料名称	代号	物料名称
A	空气	FO	燃料油	PA	工艺空气
AM	氨	FS	熔盐	PG	工艺气体
BD	排污	GO	填料油	PL	工艺液体
BF	锅炉给水	H	氢	PW	工艺水
BR	盐水	HM	载热体	R	冷冻剂
CA	压缩空气	HS	高压蒸汽	RO	原料油
CS	化学污水	HW	循环冷却水回水	RW	原水
CW	循环冷却水上水	IA	仪表空气	SC	蒸汽冷凝水
CWR	冷冻盐水回水	IG	惰性气体	SL	泥浆
CWS	冷冻盐水上水	LO	润滑油	SO	密封油
DM	脱盐水	LS	低压蒸汽	SW	软水
DR	排液、排水	MS	中压蒸汽	TS	伴热蒸汽

续表

代号	物料名称	代号	物料名称	代号	物料名称
DW	饮用水	NG	天然气	VA	真空排放气
F	火炬排放气	N	氮	V	放空气
FG	燃料气	O	氧		

注：为避免与数字 0 的混淆，规定物料代号中如遇到英文字母"O"应写成"Ō"；在工程设计中遇到本规定以外的物料时，可予以补充代号，但不得与上列代号相同。

表 6-4　管道材料代号

材料类别	铸铁	碳钢	普通低合金钢	合金钢	不锈钢	有色金属	非金属	衬里及内防腐
代号	A	B	C	D	E	F	G	H

表 6-5　使用温度范围代号

代号	温度范围/℃	管材	代号	温度范围/℃	管材
A	−100～2	碳钢和铁合金管	G	−100～2	不锈钢管
B	>2～20	碳钢和铁合金管	H	>2～20	不锈钢管
C	21～70	碳钢和铁合金管	J	21～93	不锈钢管
D	71～93	碳钢和铁合金管	K	94～650	不锈钢管
E	94～400	碳钢和铁合金管	L	>650	不锈钢管
F	401～650	碳钢和铁合金管			

表 6-6　隔热隔音功能数字类型代号

类型代号	用途	备注	类型代号	用途	备注
1	热量控制	采用保温材料	6	隔音(低于 21℃)	采用保冷材料
2	保温	采用保温材料	7	防止表面冷凝 (低于 15℃)	采用保冷材料
3	人身防护	采用保温材料	8	保冷(高于 2℃)	采用保冷材料
4	防火	采用保温材料	9	保冷(低于 2℃)	采用保冷材料
5	隔音(21℃和更高)	采用保温材料			

表 6-7　隔热隔音功能字母类型代号

代号	功能类型	代号	功能类型
H	保温	S	蒸汽伴热
C	保冷	W	热水伴热
P	防烫	O	热油伴热
D	防结露	J	夹套伴热
E	电伴热	N	隔声

6.7.2.6　阀门、管件和管道附件的表示方法

在化工工艺流程图中，一般用细实线按规定的图形符号全部绘制出管道上阀门、管件和管道附件（但不包括管道之间的连接件，如弯头、三通、法兰等），但为安装和检修等原因所加的法兰、螺纹连接件等仍需画出。阀门、管件和管道附件的图形符号，如表 6-8 所示。其中，阀门图形符号一般长为 6mm，宽为 3mm，或长为 8mm，宽为 4mm。

表 6-8　常用阀门、管件和管道附件的图形符号（摘自 HG/T 20519.32—1992）

名称	图形符号	名称	图形符号
闸阀		截止阀	
球阀		隔膜阀	
节流阀		三通截止阀	
三通球阀		三通旋塞阀	
四通截止阀		四通球阀	
角式球阀		角式弹簧安全阀	
角式重锤安全阀		减压阀	
阻火器		同心异径管	
喷射管		视镜	
锥形过滤器		文氏管	
法兰连接		T 型过滤器	
软管连接		螺纹管帽	
管端盲板		管帽	
消声器		管端法兰	
放空管		安全淋浴器	

6.7.2.7　仪表、控制点的表示方法

在化工工艺流程图上要绘出和标注全部与工艺有关的检测仪表、调节控制系统、分析取样点和取样阀等。这些仪表控制点用细实线在相应管线上的大致安装位置用规定符号画出。该符号包括仪表符号和仪表图形符号，它们组合起来表示工业仪表所处理的被测变量和功能。

仪表符号由两部分组成：一部分为字母组合代号，字母组合代号的第一字母表示被测变量，后继字母表示仪表的功能；另一部分为工段序号，工段序号由工段号和顺序号组成，一般用 3～5 位阿拉伯数字表示，如图 6-133 所示。

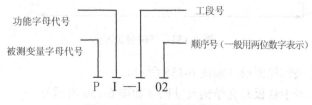

图 6-133　仪表位号示意图

仪表的图形符号为一直径 10mm 的细实线圆圈，圆圈中标注仪表符号。字母组合代号填写在仪表圆圈的上半圆中，工段序号填写在下半圆中。表示仪表安装位置的图形符号如表 6-9 所示。

表 6-9 仪表安装位置的图形符号

安装位置	图形符号	安装位置	图形符号
就地安装仪表	○	就地安装仪表	⊖
集中仪表盘面安装仪表	⊖	集中仪表盘后面安装仪表	⊖
就地仪表盘面安装仪表	⊜	就地仪表盘后面安装仪表	⊜

表 6-10 和表 6-11 分别列出了常用被测变量和仪表功能代号。

表 6-10 常用被测变量代号

参量	代号	参量	代号	参量	代号
温度	T	质量（重量）	m(W)	频率	f
温差	ΔT	转速	N	位移	S
压力	P	浓度	C	长度	L
压差	ΔP	密度	γ	热量	Q
流量	G 或 F	厚度	Φ	酸值	pH
液位	H 或 L	湿度	δ		

表 6-11 常用仪表功能代号

功能	代号	功能	代号	功能	代号
指示	Z 或 I	信号	X	联锁	L
记录	J 或 R	积算	S	变送	B
调节	T 或 C	手动遥控	K		

习　题

1. 请绘制椭圆封头图形（如图 6-134 所示）。

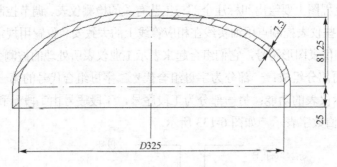

图 6-134　椭圆封头图形

2. 请绘制六角头螺栓图形（如图 6-135 所示）。

3. 请绘制换热器中管板开孔结构尺寸图（如图 6-136 所示）。

4. 请绘制螺杆图（如图 6-137 所示）。

5. 请制作如图 6-120 所示的标题栏，然后制作带此标题栏的图框，并将习题 4 中的螺杆图形放入相应的图框中。

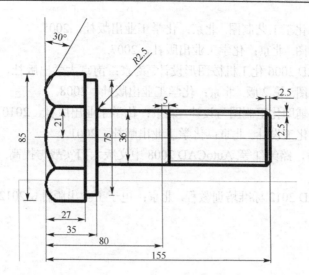

图 6-135　六角头螺栓图形

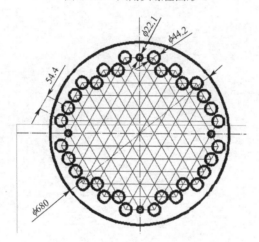

图 6-136　换热器中管板开孔结构尺寸图

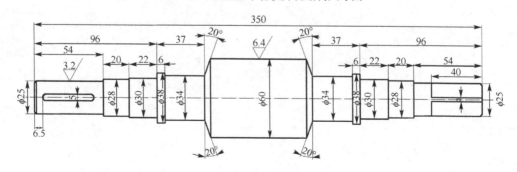

图 6-137　螺杆图

参 考 文 献

[1]　季阳萍. 化工制图. 第 2 版. 北京：化学工业出版社，2009.

[2]　路平. 化工工艺流程图与 CAD 二次开发应用. 武汉：武汉大学出版社，2005.

[3]　周大军，揭嘉. 化工工艺制图. 北京：化学工业出版社，2005.

[4]　熊洁羽. 化工制图. 北京：化学工业出版社，2007.

[5]　刘善淑. AutoCAD 2006 化工机械图形设计. 南京：南京大学出版社，2006.

[6]　胡建生. 化工制图. 第 2 版. 北京：化学工业出版社，2008.

[7]　方利国. 计算机辅助化工制图与设计. 北京：化学工业出版社，2010.

[8]　黄璐，王保国. 化工设计. 北京：化学工业出版社，2001.

[9]　胡仁喜，古德桥，路纯红等. AutoCAD 2008 中文版入门实战与提高. 北京：电子工业出版社，2009.

[10] 程光远. AutoCAD 2012 标准培训教程. 北京：电子工业出版社，2012.

第7章 SmartDraw

业务流程图是一种非常直观的交流工具，几乎所有的办公领域都会运用到它。例如，人事部门有人事结构图，软件开发部门有开发流程图，化学工程师有工艺流程图，企业有组织结构图，等等。流程图形的表达方式简洁明了，使得流程图的绘制成为办公过程中最常见的工作之一。因此，如何准确、简洁、精美地完成这项工作，就显得非常重要。

绘制流程图，必须有具有绘图功能的软件的支持。在众多的应用软件中，有人使用比较经典的 Microsoft Office Visio，它的功能非常强大，但操作较为复杂。也有人使用 Word 自带的流程图绘图工具，但其绘图工具功能过于简单，难以绘制出专业水准的精美图表。

相比而言，SmartDraw 比较容易上手，操作简单，功能也比较强大，基本上可以满足绝大多数领域流程图绘制的需要。SmartDraw 是目前世界上最流行的商业绘图软件，多年来获得不少权威杂志、报纸和网站的极力推荐。2006 年，其成为美国政府司法部专用软件，2007年被美国政府商务部选用。利用 SmartDraw 可以轻松地绘制组织机构图、流程图、地图、房间布局图、数学公式、统计表、化学分析图表、解剖图表等。随带的图库里包含数百个示例、数千个符号和外形供用户直接套用，用户还可以去该公司的网站（www.smartdraw.com）下载更多的符号和外形，总量达数百兆，可以充分满足制作各类图表的需要。SmartDraw 可以实现快速绘图，侧重于绘图的最终结果，而不只是绘制的过程。用 SmartDraw 软件，不需要每次都从空屏幕开始绘制，因为可以从成百上千的不同领域的专业模板中选择所需要的模板，然后用简单的命令来添加针对性的相关信息，最后由软件自身来完成图表绘制的大部分事情，因此非常简洁、实用和高效。

SmartDraw 最新的版本为 2013 版。为方便起见，本章将基于目前非常流行的 SmartDraw 2010 版，对其基本功能和使用方法逐一进行介绍。

7.1 建立图表

7.1.1 打开视图模板

SmartDraw 具有很多的视图模板（Visual Template），借此可以实现快速、容易地进入主题工作。但是，不同模板的含义、参数设置、功能都不相同。因此，首先必须选择好正确的模板。首次进入 Smartdraw 时，可以看到的主屏幕如图 7-1 所示。同时，具有多种方式可以开启视图，进入工作模式。

（1）开启基础视图模板 （Basic Visual Template） 第一次打开 SmartDraw 时，可以注意到主屏幕左边 Basics 已经默认选中。在右边的可视化模板预览区，用户可以根据自己的需要，快速地选择模板。如不能满足需要，还可以单击 More 文件夹，查看更多的可视化模板。

（2）使用关键词搜索模板　如果知道所需模板的类型，可以输入关键词来搜索模板，检索界面位于主屏幕的上部。例如，输入"Medical Processes & Procedure"关键词，可以得到一系列模板主题，如图 7-2 所示。一旦单击某一主题（如 Cancer）进入，会自动联网下载模板文件。

（3）打开特定模板和实例　在主屏幕的左边，单击 New 条目下的 Templates 目录，在模板预览区，即可看到一系列的可视化模板的子目录，单击进入，即可打开（或下载后打开）。这些文件目录一般根据功能相近的原则组织在一起，如图 7-3 所示。

图 7-1　SmartDraw 打开时的主屏幕

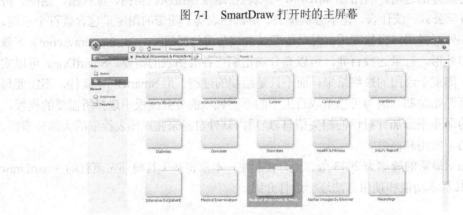

图 7-2　SmartDraw 模板搜索界面

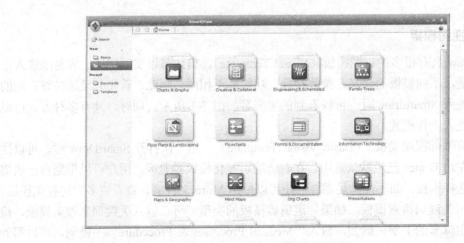

图 7-3　SmartDraw 模板展开界面

在主屏幕的顶部有导航条，如图 7-4 所示，从左到右依次有：Back、Forward、Home 和分层导航按钮。其中，Back 和 Forward 分别代表"前翻"和"后翻"，Home 按钮能返回到主屏幕最初的状态。

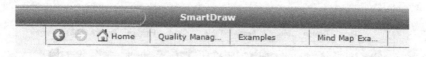

图 7-4　主屏幕的导航条

（4）打开近期图表　在主屏幕的左边，单击 Recent 条目下的 Documents 目录，在模板预览区，即可看到之前保存过的 SmartDraw 文档，单击进入，即可打开编辑。

（5）打开近期模板　在主屏幕的左边，单击 Recent 条目下的 Templates 目录，在模板预览区，即可看到之前保存过的模板，单击进入，即可访问这些模板，如图 7-5 所示。

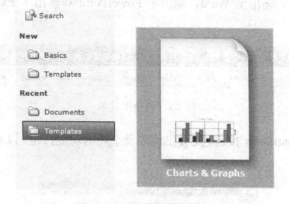

图 7-5　近期模板预览

7.1.2　进入应用视屏

一旦打开了一个可视化模板，即进入应用视屏（Application Screen），在此可以创立所需要的图表。应用视屏分为 4 个区域，即功能区（Ribbon）、面板区（SmartPanel）、工作区（Work Area）和帮助区（SmartHelp），如图 7-6 所示。

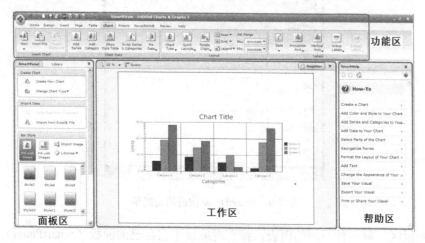

图 7-6　SmartDraw 的应用视屏

（1）功能区　含有进行基本操作所需要的所有按钮。单击某个菜单，可以进一步分为具有很多细节参数的功能按钮群。例如，Picture 菜单可以分为 Get Images、Picture Size 和 Exposure 功能按钮群，分别表示插入图像、改变图像尺寸或形状、调节图像亮度或对比度，如图 7-7 所示。

图 7-7　功能区菜单

除此之外，在应用视屏顶端标题栏的左边，是快速工具条，依次包含撤销、重做、保存、打印、存为 PDF 文件、输出至 Word、输出至 PowerPoint 和输出至 Excel 等按钮，如图 7-8 所示。

图 7-8　快速工具条

单击左上角的 SmartDraw 按钮，还会出现涉及全局的功能按钮，以对文件整体进行操作，如图 7-9 所示。

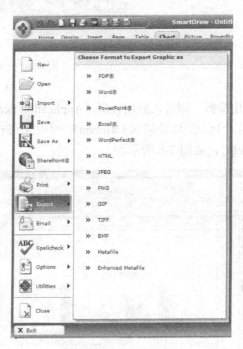

图 7-9　SmartDraw 按钮的功能单

（2）面板区　每一种不同的图表，都有对应属于它自己的面板（SmartPanel）。有的含有符号群以加入符号，有的带有 Add Text 按钮以插入文本，有的还带有其他特定的按钮，可以加入特定的任务或专题。这些需要在软件使用中及时关注，现学现用。

（3）工作区　在工作区编辑的内容，所见即所得。需要注意的是，尽管工作区看起来只有一页，其实在打印之后可以分为多页。这需要根据页面设置的大小和打印设置来确定。如果页面很大，却要强行打印在一个页面上，将导致有些图标元素的尺寸缩小，甚至被忽略掉，打印后显示不出来。

（4）帮助区　因为图表类型不尽相同，所面对的问题各异，SmartDraw 为此建立了针对性的帮助系统（SmartHelp），以强化对面板区和功能区的使用，还可以通过及时的网络连接，运用视频来演示如何完成任务。帮助系统的界面如图 7-10 所示。

图 7-10　SmartDraw 的帮助区

7.1.3　加入颜色和风格

（1）图表整体色彩调整　通过对 Home 菜单下的 Theme 功能按钮群内容进行选取，可以容易地实现对图形的整体配色方案进行调整，如图 7-11 所示。

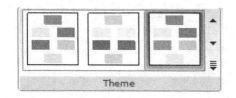
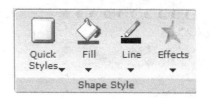

图 7-11　色彩及风格调整界面

（2）快捷风格调整　通过 Home 菜单下的 Shape Style 功能按钮群中的 Quick Styles 按钮

（见图 7-11），可以方便地实现对图形的色彩填充、线条颜色和样式、文本（字体、大小、颜色）等风格进行整体调整。调整过程如图 7-12 所示。

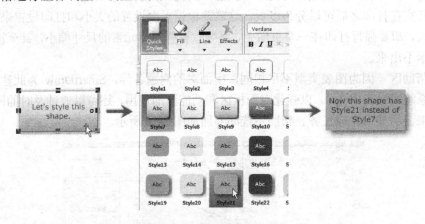

图 7-12　SmartDraw 的快速风格调整

（3）改变色彩填充　通过 Shape Style 功能按钮群中的 Fill 按钮，可以调整图形的色彩填充式样，如图 7-13 所示。需要注意的是，在色彩填充改变之后，如果再应用 Quick Styles 按钮进行主题风格调整，所做的色彩填充改变将被覆盖而无效。

（4）应用效果　通过 Shape Style 功能按钮群中的 Effects 按钮，可以调整图形的展示效果，如阴影、反射、发光、倾斜等风格，如图 7-14 所示。

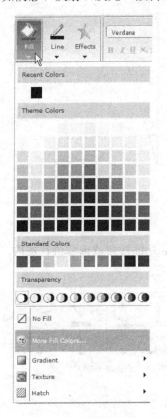

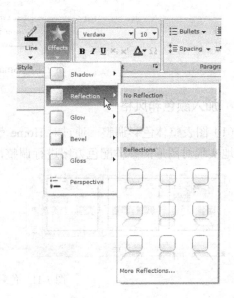

图 7-13　改变填充色彩　　　　　　　　　　　图 7-14　应用效果

需要指出的是，最后一个选项 Perspective 有些特殊，它可以将整个图像作为一个透视图。但一旦选择了此项，图表将不能再编辑，直到关闭了该选项。这种情况类似于 Word 下的打印预览功能，如图 7-15 所示。

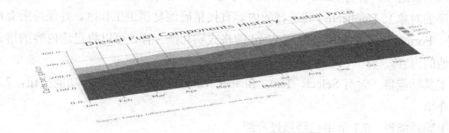

图 7-15　SmartDraw 的 Perspective 效果展示

（5）形状、线型、箭头设置　通过 Home 菜单下 Tools 功能按钮群中的 Shape、Line、Arrowheads 按钮，可以对图形或线型的形状、式样、粗细、箭头形式等内容进行选取设置，见图 7-16。

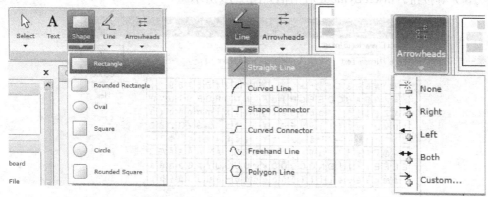

图 7-16　形状、线型、箭头等设置

7.2　功能区介绍

本节将详细介绍功能区菜单的详细功能。一般而言，图表应该首先通过面板区来快速建立，但功能区含有更加丰富的功能。

7.2.1　Home 菜单

Home 菜单下含有简单、通用的功能按钮群，可以用于图表的绘制或格式化。通常含有 6 种功能按钮群（功能群），如图 7-17 所示。

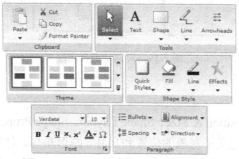

图 7-17　Home 菜单的 6 种功能按钮群

（1）剪贴板功能群　含有剪切、拷贝、粘贴、格式刷等功能按钮。简单单击 Paste 按钮，即可将复制过的内容（包括其他程序中复制的内容）粘贴进工作区。还可以进一步打开 Paste 菜单，进入高级选项，含有 Paste（简单粘贴功能）、Paste Special（允许以嵌入的方式粘贴来自其他程序的对象）、Duplicate（将选择的内容直接精确地复制进工作区，并保持所有格式不变）。此外，Format Pain 格式刷功能与 Word 的格式刷功能一样，可以将已选内容的格式复制固定到其他的内容。

（2）工具功能群　含有 Select、Text、Shape、Line 和 Arrowheads 等功能按钮，7.1 节中已经做过介绍。

（3）主题功能群　7.1 节中已经做过介绍。

（4）形状风格功能群　含有 Quick Styles、Fill、Line 和 Effects 等功能按钮，7.1 节中已经做过介绍。

（5）字体功能群　有字体、大小、粗体、斜体、下划线、下标、上标、字体颜色、插入字符（Ω）等按钮。Insert Symbol 对话框如图 7-18 所示。

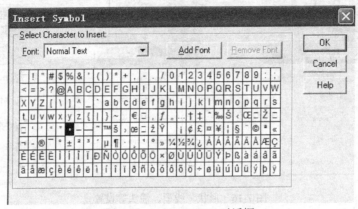

图 7-18　Insert Symbol 对话框

（6）段落功能群　有段落符号、段落间距（单倍，1.5 倍，2 倍行距）、对齐方式（靠左、靠右、居中等）、方向（选择文本是水平方向，还是沿线方向）等按钮，如图 7-19 所示。

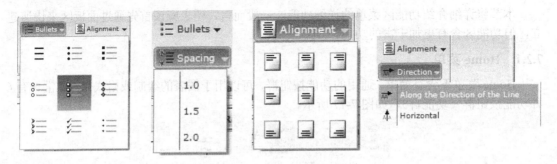

图 7-19　段落功能群选项

7.2.2　Design 菜单

Design 菜单下含有 Position & Size、Shape Layout、Shape Properties 和 OLE 4 种功能按钮群，如图 7-20 所示，分别定义了对象的位置和尺寸、图形布局、对象链接和嵌入的具体设置。

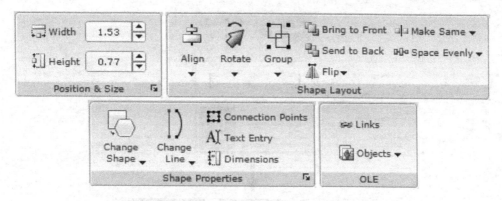

图 7-20　Design 菜单的 4 种功能群

（1）**Position & Size 功能群**　使用该功能，可以精确地定义对象的位置和尺寸，比如方框的宽度（Width）和高度（Height）。可以输入确切的数据或者通过增、减按钮，来直接控制对象的宽度和高度数值，单位一般为厘米（cm）。

单击下拉按钮 🔲，还可以打开对话框，进行更加详细的定位设置，包括上、下、左、右的具体位置，宽度和高度会自动计算得出，如图 7-21 所示。

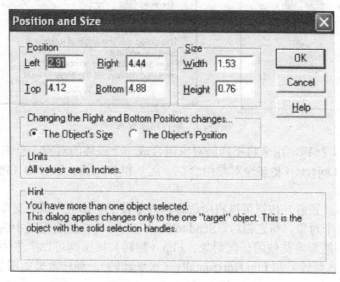

图 7-21　位置和尺寸设置

（2）**Shape Layout 功能群**　使用该功能，可以将工作区之中的对象有序地排列在一起，获得整洁有序的图表效果。通常，在单击第一个对象之后，按住 Shift 键，再单击其他对象，即可实现多个对象的选择。并且，最后选中的对象手柄为黑边，其余对象的手柄为白边。如果单击 Align（排列）按钮，并在下拉列表框中选择需要的排列方式，将以最后选中的对象为基准，进行对齐排列。图 7-22 为三个对象的底部对齐排列的例子。

Rotate（旋转）按钮，可以将对象根据自身的中心位置来旋转，可以逆时针旋转 0°、45°、90°、135°、180°、225°、270°、315°，也可以单击 🔲 按钮，打开 Set Rotation Angle 对话框，设置精确的旋转角度，如图 7-23 所示。

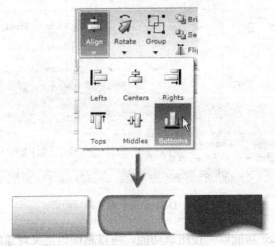

图 7-22　底部对齐排列

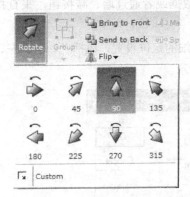
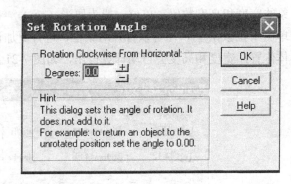

图 7-23　旋转角度设置

Group（组群）按钮，用来将不同的对象组合成一个整体的对象。单击 ▾ 按钮，会出现两个选项：Group Objects（将多个对象组合在一起）和 Ungroup Objects（将组合在一起的对象重新分割开来）。

Bring to Front（置前）按钮可以将所选择的对象置于工作区中所有对象的顶端，其他的对象将不能覆盖整个对象。与之相对，Send to Back（置后）按钮将把选中的对象置于其余对象的后面，使它不能覆盖其他的任何对象。Flip（翻转）按钮则可以产生两种镜像对象，即Flip Vertically（垂直翻转）和 Flip Horizontally（水平翻转），翻转效果如图 7-24 所示。

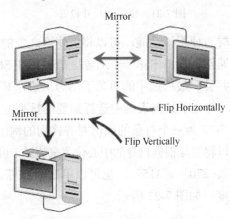

图 7-24　垂直翻转和水平翻转

Make Same（置同）按钮可以将所选择的对象的高度、宽度，或两者同时设置成相同，这非常方便需要整齐划一的多对象的设置。而 Space Evenly（置匀）按钮，可以将三个或三个以上的对象，按照垂直、水平，或两个方向同时进行的方式，设置成均匀排列，如图7-25 所示。

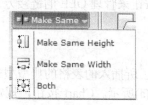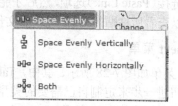

图 7-25　置同与置匀设置

（3）Shape Properties 功能群　使用该功能，可以改变对象的形状。一般通过两种方式来调整图形的形状，一种是改变成（Change Shape）选定的形式，一种是通过编辑外形（Edit Shape Outline）来改变，如图 7-26 所示。

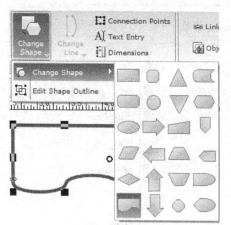

图 7-26　改变对象形状设置

Change Line 按钮则可以将所选择的线条改变成想要的形状，如图 7-27 所示。

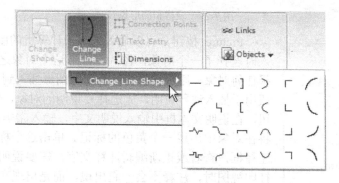

图 7-27　改变线条设置

此外，单击 Connection Points 按钮，可以设置图形或者符号的连接点；单击 Text Entry 按钮，可以设置图形中输入文本时图形随之变化的方式，水平方向变化、垂直方向变化或者双向变化；单击 Dimensions 按钮，可以设置选中图形时维度信息的显示方式和显示内容。这些功能的具体设置，可以非常清楚地从所打开的对话框中了解到，在此不再赘述。

（4）OLE 功能群　Links 按钮可以打开链接对话框，管理 OLE 链接的方式。为了将对象链接起来，需要使用 Home 菜单下的选择性粘贴（Paste Special）功能来插入，并选择对话框中的粘贴链接（Paste Link）选项，然后才能通过 Links 按钮来管理 OLE 的链接方式。而 Objects 按钮则可以查看所粘贴的 OLE 对象的文件来源。

7.2.3　Insert 菜单

Insert 菜单如图 7-28 所示，其中，Table 按钮规定了所插入的表格的典型型式，或者单击 Define 按钮进一步来定制自己需要的类型，如图 7-29(a)所示。Chart 按钮，规定了所插入的图形的类型，如图 7-29(b)所示。

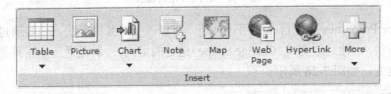

图 7-28　Insert 菜单

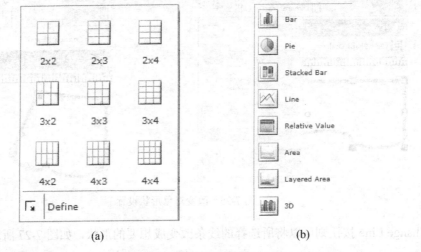

(a)

(b)

图 7-29　表格和图形设置

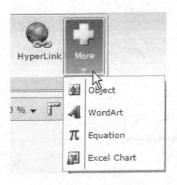

图 7-30　插入其他对象

Picture 按钮，可以插入来源于计算机的图片文件，如果插入时选择了一个对象，图片将插入这个对象之内。如果没有选择任何对象，则直接作为一个新的图形插入到工作区。Note 按钮用于插入注释说明，先选择要说明的对象，然后单击 Note 按钮，在说明文本框中输入说明文字，输入完毕，单击其他地方，将在对象中出现一个黄色的标记。单击这个标记，则可以打开注释框，查看或重新编辑注释文字。需要说明的是，在输出或打印视图时，注释不会一起出现，而是出现在另外的单独一页上。Map 按钮，用来打开 Google 地图，产生一份定制的地图。Web Page 按钮，用来捕捉和插入网页上的截屏。HyperLink 按钮，用来将所选择的对象链接至网页或某个文件。More 按钮用来插入其他的对象，如艺术字、公式、Excel 表格等，如图 7-30 所示。

7.2.4　Page 菜单

Page 菜单下含有 Page Style、Page Setup、Rulers & Grid 和 Find & Replace4 个功能按钮群，主要对页面的风格和外观进行设置，如图 7-31 所示。

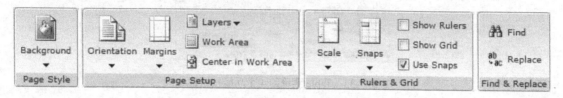

图 7-31　Page 菜单的 4 个功能按钮群

（1）Background 按钮　将工作区页面背景设置成单色、包含图片、颜色梯度、纹理等形式。

（2）Page Setup 功能群　Orientation 按钮用来设置页面的方向，纵向（Portrait）还是横向（Landscape）。Margins 按钮，用来设置打印时的典型页边距，或者定制自己所需要的打印页边距。Layers 按钮，用来加入新的图层。Work Area 按钮，用来定义图形位于哪一页，还可以控制整个工作区的页数规模。在正式打印前，非常有必要使用此按钮，查看并确保打印效果的一致性，以免出现被分割成多页打印或大图缩小至单页打印的错误。Center in Work Area 用于将整个图形置于页面的中间，可以自动美化绘制效果。

（3）Rulers & Grid 功能群　Scale 按钮，定义工作区的标尺，可以指示图形编辑时的尺寸定位。标尺的设置单位一般为英制（英寸）和米制（厘米），打开 Custom 定制窗口，还可以进一步设置标尺的参数，如每个大刻度显示的小刻度数量，以及起始刻度的位置等，如图 7-32 所示。

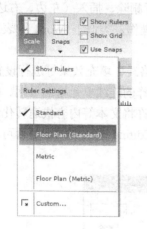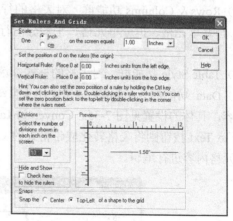

图 7-32　标尺参数设置

Rulers & Grid 功能群含有三个快捷功能选项：Show Rulers 用于显示或者隐藏工作区顶部和左边的标尺；Show Grid 用于显示或者隐藏工作区的网格线，网格的大小与标尺的刻度一致；Use Snaps 用于开启或者关闭对目标对象的捕捉功能，指鼠标选择到指定的部位后即认为捕捉到目标。

（4）Find & Replace 功能群　这与 Word 等软件的功能一致，不再赘述。

7.2.5　Table 菜单

含有 Insert Table、Rows & Columns、Table Style 和 Data4 个功能按钮群，如图 7-33 所示。

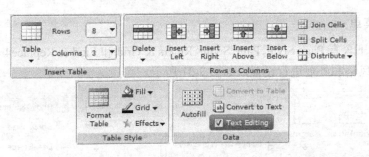

图 7-33　Table 菜单的 4 个功能按钮群

（1）Insert Table 功能群　直接指定插入表格的行数和列数，还可以进一步设置表格的经典格式，如图 7-34 所示。

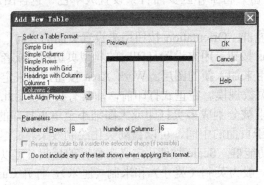

图 7-34　表格格式设置

（2）Rows & Columns 功能群　对表格的行或者列进行删除、插入（左边、右边、上部、下部）、合并单元格、拆分单元格、平均分配行或者列等操作，类似于 Word 中表格的操作方式。

（3）Table Style 功能群　对表格的格式、填充色、网格线、填充效果等进行设置。

（4）Data 功能群　Autofill 按钮，用于自动填充所选择的连续单元格的日期、数字、月份等内容，具体的设置见图 7-35。Convert to Table 按钮允许将文本等内容快速转化成表格，Convert to Text 按钮则将表格转化成带格式的文本。Text Editing 选项则规定是否可以对所选定的单元格内容进行编辑。

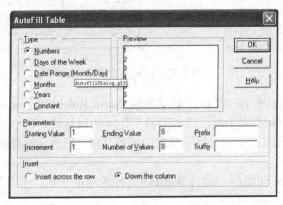

图 7-35　AutoFill Table 对话框

7.2.6　Chart 菜单

用于生成或格式化图表或图形。生成图表时，应使用 SmartPanel 中的 Charts & Graphs 视图模板。含有 Insert Chart、Chart Data、Layout 和 Labels 4 个功能按钮群，如图 7-36 所示。

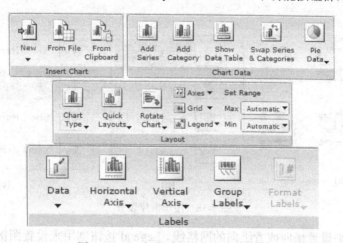

图 7-36　Chart 菜单的 4 个功能按钮群

（1）Insert Chart 功能群　New 按钮，用来新建插入各类图形，如柱形图、饼形图、折线图、面积图等；From File 按钮，用来插入来源于其他程序（如 Excel）生成的图形；From Clipboard 按钮，用来自己通过剪贴板来插入图形。

（2）Chart Data 功能群　Add Series 按钮，用来插入一个图形数据系列，使每一个数据种类（Category）都增加一个系列，如增加图 7-37 的系列 3（Series 3）。Add Category 按钮，用来插入一个图形数据种类，如将图中的种类由 4 个增加到 5 个。Show Data Table 按钮，用来显示或者隐藏对应于图形的数据表，一旦表格中的数据发生变化，则图形也随之更新、变化。Swap Series & Categories 按钮，用来对调图形的种类和系列，如将图 7-37 中的种类和系列对调了，将由 4 种类 3 系列的柱形图，生成得到 3 种类 4 系列的柱形图。Pie Data 按钮，可以将图形的某一个种类的系列数据转化成饼图，选择改变种类，可以生成对应种类的饼图。

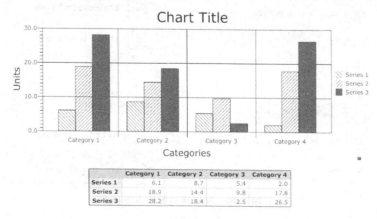

图 7-37　图形及数据对话框

（3）Layout 功能群　Chart Type 按钮，用来改变图形的类型，如将图 7-37 的柱形图变成折线图。Quick Layouts 按钮，可以快速设置生成选定格式的图形，可以满足大部分的图表格式（包括注释）的要求，如图 7-38(a)所示。Rotate Chart 按钮，用来旋转坐标轴，生成不同方向的图表，如图 7-38(b)所示。Axes 按钮，用来设置对坐标轴的显示，如只显示底轴，见图 7-38(c)。

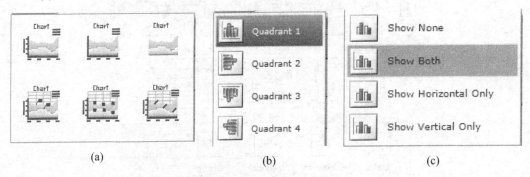

(a)　　　　　　　　　　(b)　　　　　　　　　　(c)

图 7-38　图形编排设置

　　Grid 按钮用来设置横向或者纵向的网格线。Legend 按钮则用来设置图例，设置内容如图 7-39 所示。

　　（4）Labels 功能群　Data 按钮，用来设置对数据点的标记显示方式，如显示或者不显示，显示在图条里面或者外面。Horizontal Axis 按钮用来设置横轴坐标轴的标记显示方式，如不显示、常规显示或斜排。Vertical Axis 按钮则用来设置纵轴坐标轴的标记显示方式。还可以通过 Format Labels 按钮对各类标识进行格式化。

　　至此，就可以绘制出非常精美、专业化的图形了。

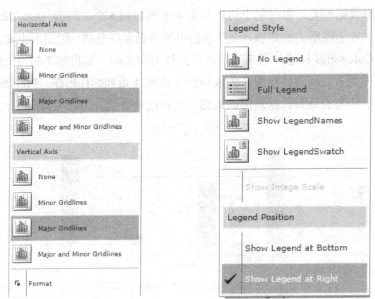

图 7-39　网格线与图例设置

7.2.7　Picture 菜单

　　其可对图像的来源、尺寸、亮度和对比度进行简单的设置，菜单内容如图 7-40 所示。

图 7-40　Picture 菜单

7.2.8　PowerPoint 菜单

通过本菜单，可以将图形输出到 PowerPoint 中，并且可以分步骤设置在幻灯片展示时的动画效果，非常有利于在做报告时进行针对性的对比分析。菜单内容如图 7-41 所示。

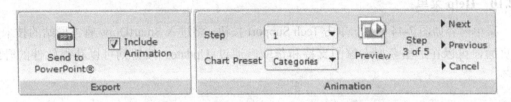

图 7-41　PowerPoint 菜单

Send to PowerPoint®按钮，用来将整个图形输出到一张 PowerPoint 幻灯片之中，如果幻灯片已经打开，将插入到最后一张；如果幻灯片文件没有打开，将建立一个新的幻灯片文件，并将图形插入到第一张。如果选择了 Include Animation 选项，则意味着在 SmartDraw 中设置的动画效果将一起输入到 PowerPoint 之中。

Animation 功能群用来控制动画展示的步骤和次序，还可以预览动画效果。用 Step 可设置所选择的对象在第几步播放动画时显示，可以认为是定义播放的顺序。如果播放的是图表，则可以用 Chart Preset 快速设置动画播放程序，这是根据图表的一些因素（种类、系列、数据点等）进行播放的，如图 7-42 所示。

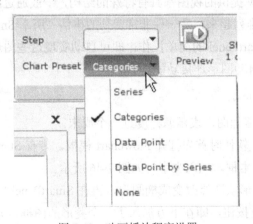

图 7-42　动画播放程序设置

7.2.9　Review 菜单

通过本菜单，可以写入和浏览评论（Comments）。单击 Add Comment 按钮将紧挨着所选择的对象打开一个临时性文本框，用户名（User's Name）和评论号将出现在左上角的彩色小框里（此例为 HRC8，见图 7-43）。输入评论完毕，单击其他位置即可关闭评论文本框，只留下彩色的评论标识，单击标识又可以打开文本框查看评论内容。

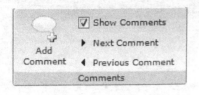 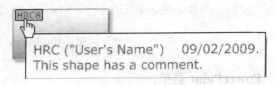

图 7-43　添加评论

7.2.10　Help 菜单

菜单内容如图 7-44 所示。单击 Tech Support 按钮，将进入 SmartDraw 官方网站的技术支持页面，可以在那里获得专家的支持和帮助。通过 Updates 按钮则可以获得软件的升级服务。

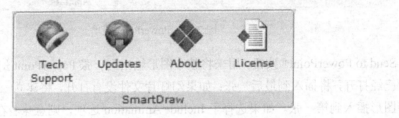

图 7-44　Help 菜单

7.3　自动图形连接

绝大部分 SmartDraw 提供的视图都具有特殊的结构，一般通过线连接起来。要确保这些图形元素都非常精确地排列起来，是一件非常费劲的事情。所幸 SmartDraw 提供了自动图形连接功能，只要通过 SmartPanel 的简单操作，即可自动实现这些图形的自动生成。下面通过几类典型的实例来说明自动图形连接功能。

7.3.1　流程图

图 7-45 为要绘制的流程图，表示怎样度过一个周末。

　◇　运行 SmartDraw 软件时首先打开 Flowchart 模板，带有 Start 的文本框已经预置在工作区了，单击文本框，填入文字，如图 7-46 所示。

　◇　然后将文本框的形状选择改变成椭圆形，再在 SmartPanel 中单击 Decision 符号，并单击 Add Below 按钮，即在下方加入了一个菱形的图框，并实现了自动连接，如图 7-47 所示。

　◇　以此类推，在右边和下边继续加入新的图框，如图 7-48(a)所示。双击箭头线的中间，即可输入文本，如图 7-48(b)所示。

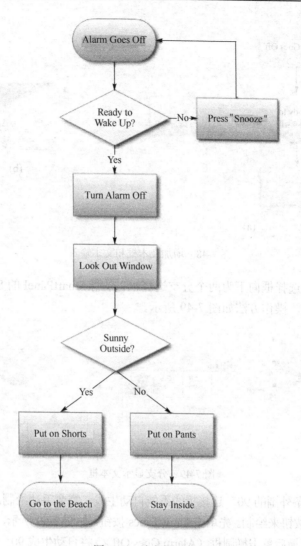

图 7-45　流程图示意图

图 7-46　输入文本

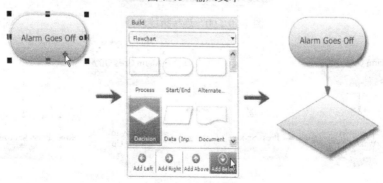

图 7-47　自动连接

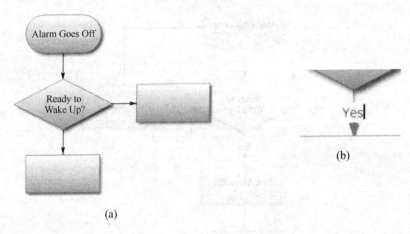

图 7-48 增加文本框和文本输入

✧ 第二个菱形选择框向下为两个分支选择框，采用 SmartPanel 的 Split Path 的向下分支按钮来实现，操作方法如图 7-49 所示。

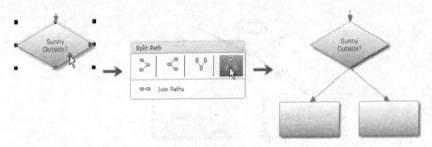

图 7-49 分支显示文本框

✧ 接下来，一条外围的 90° 连接折线不能自动生成，需要手动绘制。使用 SmartPanel 的 Draw Lines 按钮来绘制。先单击 Draw Lines 按钮，如图 7-50 所示，再单击矩形框（Press "Snooze"），最后单击椭圆框（Alarm Goes Off），将自动生成 90° 折线，并连接好两个图形框。而且，如果移动一个图形框，连接线将随之自动调节变动，如图 7-51 所示。

图 7-50 90° 连接折线选择

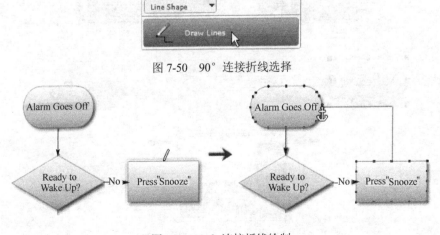

图 7-51 90° 连接折线绘制

✧ 最后，使用 Home 菜单下的 Quick Styles 按钮和 Themes 按钮，即可实现对整个流程图的快速格式化，得到精美的流程图。

7.3.2　示意图

假设要建立如图 7-52 所示示意图，表示一项商业计划。

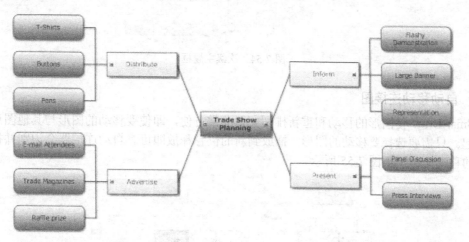

图 7-52　示意图

绘制过程如下：

✧ 运行 SmartDraw 软件时首先打开 Mind Map 模板，带有 Main Topic 的文本框已经预置在工作区了，单击文本框，填入文字。再使用 SmartPanel 的 Add Topic 按钮，即可添加新的主题框，连续单击三次，将添加三个主题框，如图 7-53 所示。

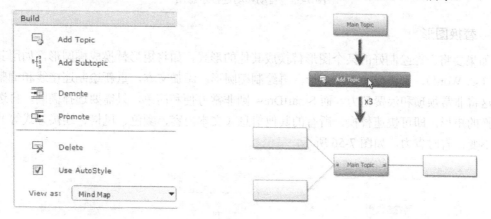

图 7-53　添加主题框

✧ 如要添加一个次级主题，只需选择要添加次级主题的上级主题框，然后单击图 7-53 中的 Add Subtopic 按钮，即可添加一个次级主题框。如连续单击 4 次，则添加 4 个次级主题框，并且这 4 个次级主题框自动排列如图 7-54 所示。需要注意的是，所添加的次级主题框的风格和颜色会与上级主题框有所区别。这是因为在 SmartPanel 中选择了 Use AutoStyle（图 7-53 中的选项），如取消选择，则关闭了这项功能，次级主题框与上级主题框的风格就变成一致了。

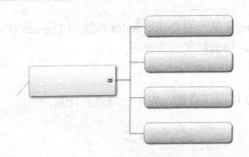

图 7-54　次级主题框

7.3.3　自动移动连接图

SmartDraw 使图形的移动和重新排列变得非常方便，即使要移动的图形与其他图形连接在一起。只需要选择要移动的图形，拖放到新的位置释放即可。自动连接器会识别并指示出图形的移动定位，如图 7-55 所示。

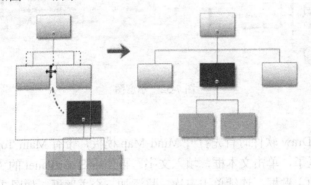

图 7-55　自动移动连接示意图

7.3.4　替换图形

如果要将已经绘制好的某个图形替换成其他的形式，如将矩形替换成椭圆形，如用其他软件（如 Word），则需要先删除矩形，再绘制椭圆形，添加文本，重新绘制连接线和调整位置，这将非常烦琐和浪费精力。而 SmartDraw 则非常方便和简单，只需要选择椭圆，再选定要替换的矩形，即可快速替换，所有的其他信息（文本内容、颜色、风格、连接方式等）都维持不变，省时省力，如图 7-56 所示。

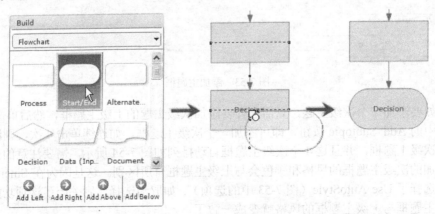

图 7-56　图形替换示意图

7.3.5　折叠分支图形

有时候，一些图形如组织结构图（Org Chart）或示意图（Mind Map）存在很多分支的次级图框，显示起来太大。这时，可以将次级图框暂时折叠起来。通过单击图形的折叠（减号）标记折叠次级结构，折叠后再单击展开（加号）标记，又可以将折叠隐藏起来的次级结构显示出来。折叠和展开效果如图 7-57 所示。

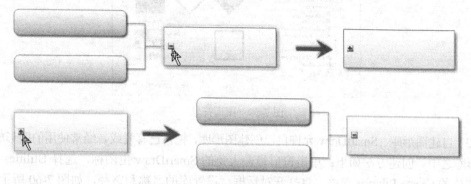

图 7-57　折叠和展开效果

7.4　工作区操作

7.4.1　图形符号操作

（1）加入图形符号　在不同的模板视图下，均可以通过 SmartPanel 加入各种图形，包括表格、图画、框图等。除了典型的图形之外，还可以通过 Library 加入更多的图形。图 7-58 为加入图画的一个操作实例。

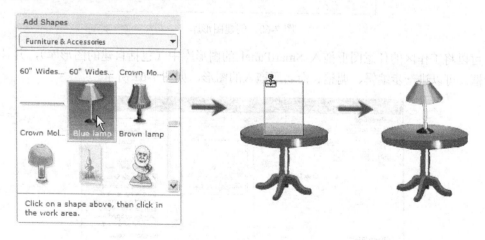

图 7-58　加入图画的操作

（2）查找更多的图形　SmartDraw 具有成百上千的图形库，可以通过 Library Selector 搜索、下载更多的图形。如 Flowcharts 具有的更多的图形符号（见图 7-59）。

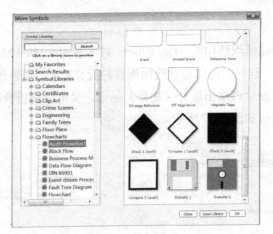

图 7-59　图形符号

（3）自建图形库　SmartDraw 允许自己创建图形库，把自己喜爱或者经常使用的图形放置一个图形库之中。创建方法如下：单击窗口最左上角的 SmartDraw 主图标，选择 Utilities 条目，单击右边的 Create Library 选项，将打开对话框，设置库的名称和路径，如图 7-60 所示。

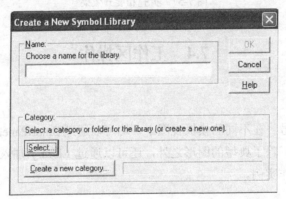

图 7-60　创建图形库

可以将工作区的任意图形拖入 SmartPanel 的图形库中（包括自建的图形库），并且出现对话框，可以进一步编辑、调整和命名所拖入的图形，如图 7-61 所示。

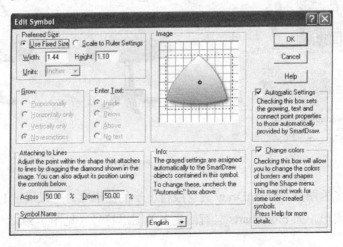

图 7-61　Edit Symbol 对话框

7.4.2　线条操作

通过 Home 目录中的 Line 按钮，可以方便地在工作区插入各种类型的线条。能够加入的线条类型有：直线（Straight Line）、曲线（Curved Line）、图形连接线（Shape Connector）、曲线连接线（Curved Connector）、自由线（Freehand Line）、多边形线（Polygon Line）。

拖动曲线中间的黑框手柄，可以改变曲线的弧度，如图 7-62 所示。

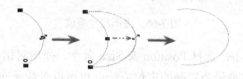

图 7-62　改变曲线的弧度

拖动图形连接线中间的黑框手柄，可以移动连接线的位置，如图 7-63 所示。

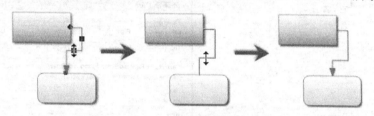

图 7-63　移动连接线位置

拖动自由线的黑框手柄，可以改变线的形状，如图 7-64 所示。

图 7-64　改变线的形状

7.4.3　表格操作

包括表格的创建、表格风格、行列和单元格操作等，与 Word 的表格操作方法类似，并在前面 Table 目录中做了介绍，不再重复叙述。

7.4.4　文本操作

直接单击图形框，即可输入添加文本，选中文本即可对其进行格式化。需要指出，图形框的大小，会随着文本的增多而发生对称增长改变，以容纳下所有的文本，如图 7-65 所示。

图 7-65　图形框增大

文本的排列方式，通过 Home 菜单 Paragraph 功能群下的 Alignment 来改变，有上中下、左中右排列组合构成的 9 种排列方式。

7.4.5　尺寸改变

拖动图形右下角的双向箭头，即可实现尺寸的缩放，如图 7-66 所示。

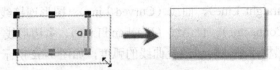

图 7-66　图形尺寸缩放

还可以选中图形后右击，选择 Position & Size 命令，弹出对话框，设置图形精确位置和大小，如图 7-67 所示，这是最为精确的定位方法；也可以对线条实现精确的定位。

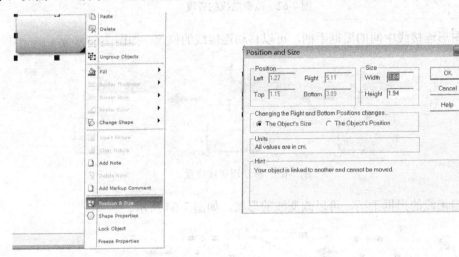

图 7-67　图形大小与位置设置

可以选择多个图形，快速将它们设定为同宽、等高，或者宽度和高度都相等，如图 7-68 所示。

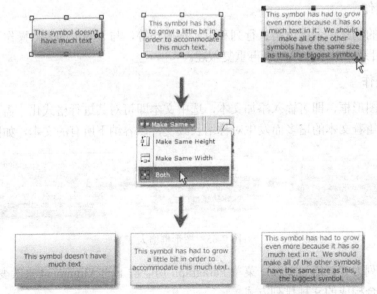

图 7-68　同宽同高操作

7.4.6　旋转图形

有两种方式实现图形的旋转，一种是使用旋转手柄来拖动旋转，如图 7-69 所示。

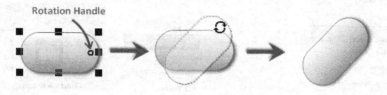

图 7-69　使用旋转手柄旋转图形

另外一种方式是使用 Rotate 按钮来实现间隔 45°的旋转，也可以使用 Custom 设置任意角度的旋转，如图 7-70 所示。

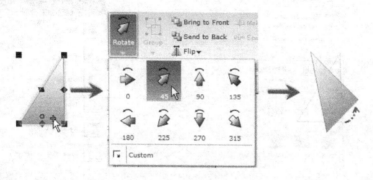

图 7-70　选择图形设置

7.4.7　组合图形

有两种方式实现多个图形（包括线条）组合，一种是通过 Design 目录下的 Group 按钮，将选中的图形组合在一起。这样有助于保持组合整体的格式稳定。另外一种方法是使用右键的 Group Objects 功能。多个图形对象的选取，可以用鼠标直接选取，也可以按住 Shift 键来逐个选取。还可以通过 Ungroup Objects 功能来解除组合，如图 7-71 所示。

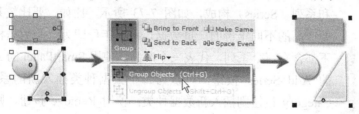

图 7-71　组合图形

7.4.8　绘制图表

（1）绘制新图　尽管通过 Chart 目录可以生成图表，但最快捷高效的图表产生方法是用 SmartDraw 主菜单的 New→Basics 子目录，或者 New→Templates 子目录，来选择 Charts & Graphs 模板，然后用 SmartPanel 的各式工具来创建专业化的图表。操作界面如图 7-72 所示。所绘制的图表可以变换类型，如由柱形图改成饼图。

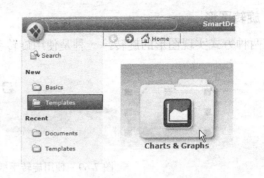

图 7-72　创建图表

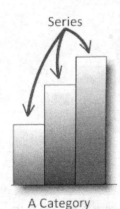

图 7-73　种类与系列

（2）添加新的数据种类或系列　图表一般由数据种类（Category）和系列（Series）构成，如图 7-73 所示。比如，要比较某个公司三个主要产品的不同年份的产量数据，每个年份即为一个数据种类，每个种类下都含有三个系列，代表三个产品。使用 SmartPanel 的 Add to Chart 下的 Add Series 按钮，可以为每个数据种类插入新的系列；使用 Add Category 按钮则插入新数据种类；使用 Remove 按钮，则可以移去系列或者种类。

（3）改变图表数据　有三种方法可以手动改变图表系列的数据：① 编辑数据表；② 编辑数据标记；③ 拖动数据系列手柄。以下分别叙述这三种方法。

使用 Chart 目录 Chart Data 功能群中的 Show Data Table 按钮，即可在图表下方显示出数据表。直接编辑数据表中的数据，上方图表的数据系列值将相应变化，比如柱形图的高度将随之调整。

使用 Chart 目录 Labels 功能群中的 Data 按钮，可以选择数据标记的显示方式。如果数据标记在图上并已经显示，则直接编辑改动标记数值，图形即可随着调整，调整效果如图 7-74 所示（系列 1 的数值由 6 调整至 22）。

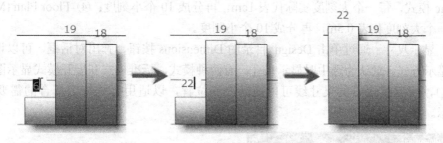

图 7-74　编辑标记数值调整图形

如果选中某一个数据系列，图上将出现黑色的正方形手柄，拖动手柄，即可自动显示出数据，以及调整之后的数值，图形也随之调整变化。操作实例如图 7-75 所示（系列 2 的数值由 6 调整至 13）。

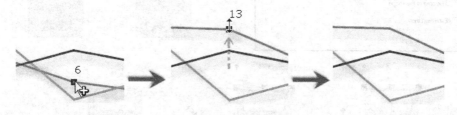

图 7-75　拖动手柄调整图形

（4）填充数据系列　使用 SmartPanel 的 Bar Style 下的 Fill with Colors 按钮，可以将某个数据系列填充或者更换颜色；使用 Fill with Images 按钮，则可以将图片填充到数据系列，如图 7-76 所示。

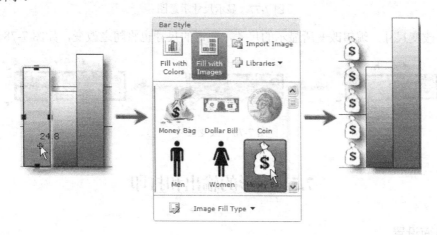

图 7-76　图片与颜色填充示意图

7.4.9　图表尺寸

有些图形，如室内设计图等，需要标注出每个部件的尺寸。

（1）设置刻度　通过 Page 目录下的 Scale 按钮，可以设置标尺刻度的显示方式。

SmartDraw 有 4 种刻度方式：① Standard 模式，每一个大刻度实际代表 1 英寸，再分成 10 个小刻度；② Floor Plan（Standard）模式，每一个大刻度代表 4 英尺，再分成 10 个小刻度；③ Metric 模式，每一个大刻度实际代表 1cm，再分成 10 个小刻度；④ Floor Plan (Metric)模式，每一个大刻度代表 0.5m，再分成 10 个小刻度。

（2）显示尺寸　通过单击 Design 目录的 Dimensions 按钮，弹出对话框，可以设置图形的尺寸显示方式，默认为选中时显示尺寸。有两种模式，标准模式和展开模式显示图形的尺寸。其中，展开模式下的尺寸线可以拖动改变位置，以适用有些特定场合的需要，如图 7-77 所示。

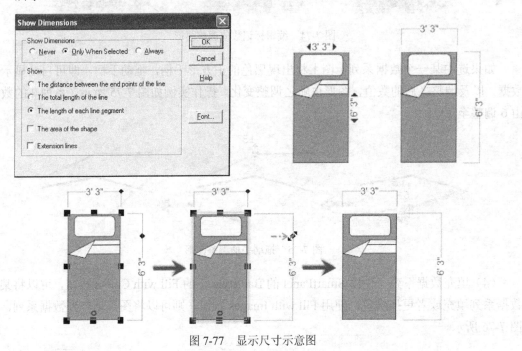

图 7-77　显示尺寸示意图

（3）改变尺寸　编辑改变所显示的尺寸，图形的尺寸也将随之改变，如图 7-78 所示。

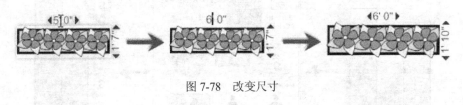

图 7-78　改变尺寸

7.5　图形的输出和打印

7.5.1　页面设置

在正式打印图形之前，必须设置好页面，以确保打印时不出现错误。典型的错误是打印溢出，有时候甚至会打印出 100 页。单击 Page 目录 Page Setup 功能群下的 Work Area 按钮，即打开页面设置对话框，如图 7-79 所示，可以预览页面效果，定义到底分为多少页。还可以将工作区的扩展功能关闭，这样，页面的数量就得到了固定，无论加入了多少图形元素。

图 7-79　页面效果预览

单击 SmartDraw 主按钮，选择 Page Setup，即可打开对话框，设置页面方式（纸张大小和来源，页面方向等），并可以调整页边距，如图 7-80 所示。

图 7-80　Page Setup 对话框

7.5.2　输入图形到 PowerPoint

在 PowerPoint 菜单中已经叙述，包括动画效果的输出。

7.5.3　输入图形到 Word

单击快捷工具栏上的 DOC 按钮，如图 7-81 所示，即可方便地将工作区中的图形作为一个完整的图片输入到 Word 之中。如果 Word 文档已经打开，将输入到 Word 文档中鼠标停留的位置。如果 Word 文档没有打开，将打开一个新的文档，并将图形插入到文档的第一页。插入的图形如果太大，将自动调整到 Word 文档的一页大小。

图 7-81　输入图形到 Word

7.5.4　输入图形到 Excel

单击快捷工具栏上的 XLS 按钮，即可方便地将工作区中的图形，作为一个完整的图片输入到 Excel 之中。输入方式与 Word 中类似。

7.5.5　保存为 PDF 文件

单击快捷工具栏上的 PDF 按钮，即打开对话框，如图 7-82 所示，将工作区中的图形保存为 PDF 文件。注意左下角的 Fit on One Page 复选框，如果选择了，将保存为一张 PDF 页面，否则将根据实际的页数保存。

7.5.6　保存为其他文件

还可以将工作区中的图形，输出保存为其他格式的文件，如 JPEG 图片文件。输出方法和可能的格式如图 7-83 所示。

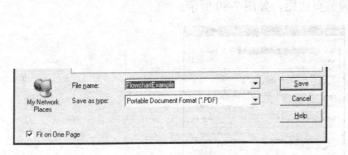

图 7-82　保存为 PDF 文件　　　　　　　　　图 7-83　保存为其他格式

7.5.7　打印图形

单击快捷工具栏中的打印按钮，或者 SmartDraw 主按钮，选择 Print，进入打印预览和打印模式，类似于 Word 的打印设置，设置好对话框，即可将工作区中的图形打印出来，如图 7-84 所示。

图 7-84　打印图形设置

习　题

1. 绘制生物产品分离工艺流程图（图 7-85）。

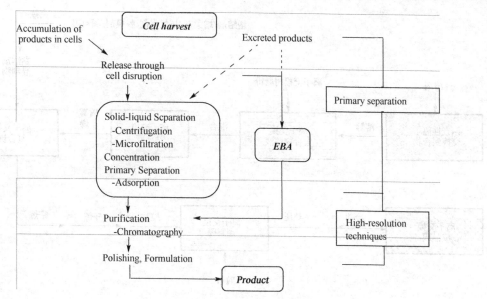

图 7-85　生物产品分离工艺流程图

2. 绘制单克隆抗体的生产过程示意图（图 7-86）。

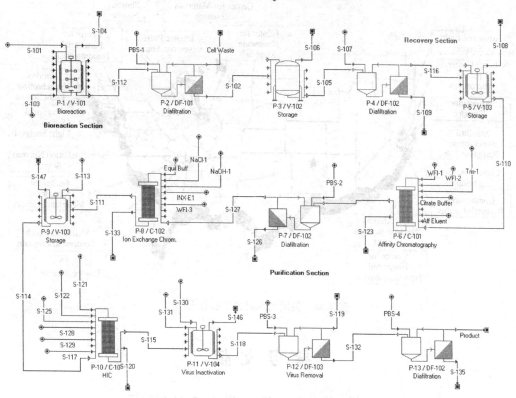

图 7-86　单克隆抗体的生产过程示意图

3. 绘制离子交换膜制备过程示意图（图 7-87）。

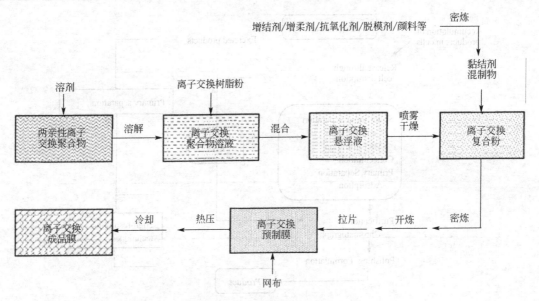

图 7-87   离子交换膜制备过程示意图

4. 绘制美国纳米研究中心分布图（图 7-88）。

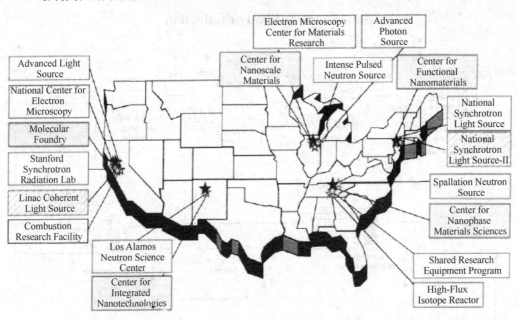

图 7-88   美国纳米研究中心分布图

参 考 文 献

SmartDraw User Guide，2011 版，美国 SmartDraw 公司，2011 年发行.